इंजीनियरिंग यांत्रिकी

लैब मैन्युअल सहित

भांखर भारत गोकलदास

KHANNA BOOK PUBLISHING CO. (P) LTD.
PUBLISHER OF ENGINEERING AND COMPUTER BOOKS
4C/4344, Ansari Road, Darya Ganj, New Delhi-110002
Phone: 011-23244447-48 **Mobile:** +91-99109 09320
E-mail: contact@khannabooks.com
Website: www.khannabooks.com

Dear Readers,

To prevent the piracy, this book is secured with HIGH SECURITY HOLOGRAM on the front title cover. In case you don't find the hologram on the front cover title, please write us to at contact@khannabooks.com or whatsapp us at +91-99109 09320 and avail special gift voucher for yourself.

Specimen of Hologram on front Cover title:

Moreover, there is a SPECIAL DISCOUNT COUPON for you with EVERY HOLOGRAM.
How to avail this SPECIAL DISCOUNT:
Step 1: Scratch the hologram
Step 2: Under the scratch area, your "coupon code" is available
Step 3: Logon to www.khannabooks.com
Step 4: Use your "coupon code" in the shopping cart and get your copy at a special discount
Step 5: Enjoy your reading!

ISBN: 978-93-5538-010-4
Book Code: DIP184HI

Engineering Mechanics
by Bhankhar Bharat Gokaldas
[Hindi Edition]

First Edition: 2021
Reprint: 2022, 2023, **2026**

Published by:
Khanna Book Publishing Co. (P) Ltd.
CIN: U22110DL1998PTC095547

Visit us at: **www.khannabooks.com**
Write us at: **contact@khannabooks.com**

To view complete list of books,
Please scan the QR Code:
KPH

Printed in India.

अखिल भारतीय तकनीकी शिक्षा परिषद्
(भारत सरकार का एक सांविधिक निकाय)
(शिक्षा मंत्रालय, भारत सरकार)
नेल्सन मंडेला मार्ग, वसंत कुंज, नई दिल्ली–110070
दूरभाष : 011–26131498
ई–मेल : chairman@aicte-india.org

सत्यमेव जयते

प्रो. अनिल डी. सहस्रबुद्धे
अध्यक्ष
Prof. Anil D. Sahasrabudhe
Chairman

ALL INDIA COUNCIL FOR TECHNICAL EDUCATION
(A STATUTORY BODY OF THE GOVT. OF INDIA)
(Ministry of Education, Govt. of India)
Nelson Mandela Marg, Vasant Kunj, New Delhi-110070
Phone : 011-26131498
E-mail : chairman@aicte-india.org

प्राक्कथन

इंजीनियरिंग ने सदियों से समाज की प्रगति और विस्तार में बहुत महत्वपूर्ण भूमिका निभाई है। भारतीय उपमहाद्वीप में उपजे इंजीनियरिंग विचारों ने संपूर्ण विश्व के चिंतन को प्रभावित किया है।

अखिल भारतीय तकनीकी शिक्षा परिषद (अभातशिप) ने वर्ष 1987 में अपने स्थापना से ही तकनीकी विद्यार्थियों को सर्व संभव सहायता देने में अग्रणी भूमिका का निर्वहन किया है। अभातशिप का लक्ष्य गुणवत्तापूर्ण तकनीकी शिक्षा को प्रोत्साहन देते हुए इसके माध्यम से उद्योग जगत को नवीन उत्कर्ष पर पहुँचाना एवं अंततः मातृभूमि भारत को एक आधुनिक विकसित राष्ट्र के रूप में स्थापित करना है| यहां यह उल्लेख करना अनुचित नहीं होगा कि इंजीनियर आधुनिक समाज की रीढ़ हैं - बेहतर इंजीनियर अर्थात बेहतर उद्योग और उद्योग जितने बेहतर होंगे राष्ट्र उतना ही विकास करेगा।

राष्ट्रीय शिक्षा नीति 2020 की परिकल्पना है कि सभी के लिए क्षेत्रीय भाषा में शिक्षा उपलब्ध हो, जो सुनिश्चित करती है कि प्रत्येक विद्यार्थी समग्र रूप से सक्षम एवं दक्ष हो ताकि राष्ट्रीय विकास में सकल योगदान दे सके।

अभातशिप का विगत कुछ वर्षों से यह अथक प्रयास रहा है कि, इंजीनियरिंग के सभी विद्यार्थियों को उच्च गुणवत्ता वाली अंतरराष्ट्रीय स्तर की पुस्तकें क्षेत्रीय भाषाओं में तैयार कर, उचित मूल्य पर उपलब्ध कराई जाएँ। ये पुस्तकें न केवल सरल भाषा में व्यावहारिक जीवन के उदाहरणों तथा समृद्ध विषय सामग्री को ध्यान में रखकर तैयार की गई हैं, अपितु इनमें दिन प्रति दिन बदलते वैश्विक परिदृश्य तथा उद्योग जगत की आवश्यकताओं का भी ध्यान रखा गया है। क्षेत्रीय भाषाओँ में तैयार की गई ये पुस्तकें, अभातशिप के इंजीनियरिंग एवं प्रौद्योगिकी के मॉडल पाठ्यक्रम - 2018 के अनुरूप हैं।

संपूर्ण भारत के अनुभवी एवं विषय के निष्णात प्रख्यात प्राध्यापकों द्वारा इन पुस्तकों को अकादमिक समुदाय के लाभ के लिए लिखा गया है। अभातशिप को पूर्ण विश्वास है कि, विषय सामग्री की दृष्टि से समृद्ध, ये पुस्तकें तकनीकी शिक्षा के विद्यार्थियों को अधिक सुगमता और गुणवत्ता के साथ विषयों में दक्षता प्राप्त करने में सहायक होंगी|

अभातशिप इन पुस्तकों और इंजीनियरिंग विषयों को अधिक सुस्पष्ट एवं प्रभावी बनाने के लिए सभी मूल लेखकों, समन्वयकों तथा अनुवादकों के अथक प्रयास और परिश्रम की प्रशंसा करता है।

(Anil D. Sahasrabudhe)

आभार

इंजीनियरिंग एवं प्रौद्योगिकी के विद्यार्थियों के लिए तकनीकी पुस्तकों के प्रकाशन हेतु कुशल नियोजन, संयोजन एवं क्रियान्वयन हेतु अखिल भारतीय तकनीकी शिक्षा परिषद् के प्रति लेखक हृदय से कृतज्ञ हैं।

पुस्तक को विद्यार्थियों के अनुकूल रोचक एवं कलात्मक रूप देने में पुस्तक के समीक्षक श्री पारेख दिव्यकुमार नरेन्द्र के बहुमूल्य योगदान के प्रति भी लेखक हृदय से आभारी हैं।

लेखक के लिए अत्यंत गौरव का विषय है कि, यह पुस्तक एआईसीटीई के मॉडल पाठ्यक्रम एवं राष्ट्रीय शिक्षा नीति (NEP) – 2020 के दिशा-निर्देशों के अनुरूप तैयार की गई है। साथ ही क्षेत्रीय भाषाओं में शिक्षा को बढ़ावा देने के लिए इस पुस्तक का अनुसूचित भारतीय क्षेत्रीय भाषाओं में भी अनुवाद किया जा रहा है।

हम इस पुस्तक के हिंदी भाषा में अनुवाद के लिए श्री दिलीप गांगिल एवं समीक्षा के लिए श्री अमित जैन के प्रति आभार व्यक्त करते हैं।

हम श्री बुद्धा चंद्रशेखर, मुख्य समन्वय अधिकारी (CCO), NEAT, एआईसीटीई के प्रति हार्दिक सम्मान व्यक्त करते हैं जिनके द्वारा विकसित आर्टिफिशियल इंटेलिजेंस (AI) आधारित ट्रांसलेशन टूल का उपयोग अनुवाद के लिए किया गया।

अंत में, लेखक, खन्ना बुक पब्लिशिंग कंपनी प्राइवेट लिमिटेड, नई दिल्ली के सभी सदस्यों जिन्होंने प्रकाशन के दौरान तत्परता से सहयोग प्रदान किया एवं इसे एक स्मरणीय अनुभव बनाया, के प्रति भी हार्दिक धन्यवाद ज्ञापित करते हैं।

भांखर भारत गोकलदास
वंदना सोमकुवर

प्रस्तावना

''इंजीनियरिंग यांत्रिकी एवं प्रयोगशाला'' नामक पुस्तक मेरे बुनियादी पाठ्यक्रम के शिक्षण के लम्बे अनुभव का परिणाम है। इस पुस्तक को लिखने का उद्देश्य यांत्रिकी के मूल सिद्धान्तों को सुगम बनाने के साथ-साथ विषय की गहरी समझ प्राप्त करने में सक्षम बनाना है। व्यापक कवरेज के उद्देश्य के साथ-साथ आवश्यक पूरक जानकारी प्रदान करने के उद्देश्य को ध्यान में रखते हुए, मैंने सम्पूर्ण पुस्तक एआईसीटीई मॉडल पाठ्यक्रम के अनुसार विषयों को उचित क्रम में तथा व्यवस्थित तरीके से सम्मिलित किया है। विषय की मौलिक अवधारणाओं को सरलतम संभव तरीके से समझाने का प्रयास किया गया है।

पांडुलिपि की तैयारी की प्रक्रिया के दौरान, मूल सिद्धान्तों को तुरन्त दोहराने के लिए परिभाषाओं, तकनीकी पदों, नियमों और सूत्रों के व्यापक सारांश पर भी जोर दिया गया है। पुस्तक में सभी प्रकार की मध्यम और उच्च स्तर की समस्याओं को सम्मिलित किया गया है और इन्हें बहुत ही तार्किक और व्यवस्थित तरीके से प्रस्तुत किया गया है। इन समस्याओं के क्रम-निर्धारण का परीक्षण अनेक विविधताओं वाले विद्यार्थियों के साथ कई वर्षों के शिक्षण के आधार पर किया गया है।

मैंने संबंधित विषयों की उचित समझ के लिए प्रत्येक यूनिट में कई हल की गई समस्याओं के साथ पुस्तक को समृद्ध किया है। यह ध्यान रखना महत्वपूर्ण है कि इस पुस्तक में, मैंने प्रत्येक यूनिट से संबंधित प्रायोगिक कार्य को सम्मिलित किया है। इसके अलावा, ''अधिक जानें'' शीर्षक के तहत उपयोगकर्ताओं के लिए कुछ आवश्यक जानकारी और परिशिष्ट एवं अनुलग्नक में कुछ आवश्यक बुनियादी जानकारी को स्पष्ट किया।

जहाँ तक वर्तमान पुस्तक का संबंध है,''इंजीनियरिंग यांत्रिकी एवं प्रयोगशाला'' का अर्थ कवर किए गए विषयों पर अनुप्रयुक्त यांत्रिकी में पूरी तरह से आधार प्रदान करना है। यह पुस्तक विद्यार्थियों को 21वीं सदी और आगे की इंजीनियरिंग सम्बन्धी चुनौतियों से निपटने के लिए इंजीनियरिंग यांत्रिकी के ज्ञान का उपयोग करने के लिए तैयार करेगी और क्षेत्र के कार्य से संबंधित प्रश्नों को हल करने में सहायता करेगी।

मुझे पूरी उम्मीद है कि यह पुस्तक विद्यार्थियों को इंजीनियरिंग यांत्रिकी के मूल सिद्धान्तों के विचारों को सीखने और उसकी चर्चा करने के लिए प्रेरित करेगी और निश्चित रूप से विषय से सम्बंधित ठोस आधार बनाने में योगदान देगी। मैं टिप्पणियों और सुझावों के लिए सभी पाठकों का बहुत-बहुत आभारी रहूँगा, जो इस पुस्तक के भविष्य के संस्करणों के सुधार में योगदान देंगे। इस पुस्तक को शिक्षकों और विद्यार्थियों के हाथों में सौंपते हुए हमें बहुत खुशी हो रही है। इस पुस्तक में शामिल विभिन्न पहलुओं पर कार्य करना वास्तव में एक बड़ी खुशी थी।

भांखर भारत गोकलदास
वंदना सोमकुवर

परिणाम आधारित शिक्षा

परिणाम आधारित शिक्षा (आउटकम बेस्ड एजुकेशन) के क्रियान्वयन के लिए प्रथम आवश्यकता है, परिणाम आधारित पाठ्यक्रम विकसित करना एवं शिक्षा प्रणाली में परिणाम आधारित मूल्यांकन का समावेश करना। परिणाम आधारित आकलन के माध्यम से मूल्यांकनकर्ता यह मूल्यांकन करने में सक्षम हो सकेंगे कि क्या विद्यार्थियों ने उल्लेखित मानक, विशिष्ट और मापने योग्य लक्ष्यों (परिणामों) को प्राप्त कर लिया है। परिणाम आधारित शिक्षा के उचित समावेश से सभी विद्यार्थियों में, प्रोग्राम बीच में छोड़े बिना, न्यूनतम मानक अर्जित करने के लिए एक निश्चित प्रतिबद्धता होगी। परिणाम आधारित शिक्षा युक्त प्रोग्राम के अंत में, विद्यार्थी निम्नलिखित लक्ष्यों (परिणामों) तक पहुंचने में सक्षम होगे।

PO1 : **मूलभूत एवं अध्ययन संकाय विशिष्ट ज्ञान** : गणित, विज्ञान, इंजीनियरिंग के आधारभूत ज्ञान और इंजीनियरिंग विशेषज्ञता को इंजीनियरिंग समस्याओं के समाधान के लिए उपयोग करना।

PO2 : **समस्या विश्लेषण** : संहिताबद्ध मानक विधियों का उपयोग करके सुपरिभाषित इंजीनियरिंग समस्याओं को पहचानना और उनका विश्लेषण करना।

PO3 : **समाधानों की रूपरेखा / विस्तार** : सुपरिभाषित तकनीकी समस्याओं के लिए समाधानों की रूपरेखा (डिजाईन) तैयार करना और निर्दिष्ट आवश्यकताओं को पूरा करने के लिए प्रणाली के घटकों या प्रक्रियाओं के डिजाइन में सहायता करना।

PO4 : **इंजीनियरिंग उपकरण, प्रयोग और परीक्षण** : मानक परीक्षण और माप करने के लिए आधुनिक इंजीनियरिंग उपकरण और उपयुक्त तकनीक का उपयोग करना।

PO5 : **समाज एवं पर्यावरणीय स्थायित्व के लिए इंजीनियरिंग कार्यप्रणाली** : समाज, स्थिरता, पर्यावरण और नैतिक कार्यप्रणालियों के संदर्भ में उपयुक्त प्रौद्योगिकी का उपयोग करना।

PO6 : **परियोजना प्रबंधन** : इंजीनियरिंग और प्रबंधन के सिद्धांतों का उपयोग व्यक्तिगत एवं समूह के सदस्य अथवा परियोजना प्रमुख के रूप में परियोजना प्रबंधन करना एवं सुपरिभाषित इंजीनियरिंग गतिविधियों के विषय में प्रभावी ढंग से संप्रेषित करना।

PO7 : **जीवन-पर्यन्त सीखना** : व्यक्तिगत आवश्यकताओं का विश्लेषण करने की क्षमता और तकनीकी परिवर्तनों के व्यापक संदर्भ में जीवन-पर्यन्त सीखना।

कोर्स आउटकम्स

इस पाठ्यक्रम के पूर्ण अध्ययन के बाद, विधार्थी निम्न में सक्षम होंगे :

CO-1 : यांत्रिकी के मूल सिद्धांतों के प्रयोग से दी गई शर्तों के अंतर्गत बल निकायों की पहचान करना।

CO-2 : विभिन्न इंजीनियरिंग निकायों के अज्ञात बलों को ज्ञात करना।

CO-3 : उपयोगी उद्देश्यों के लिए विभिन्न परिस्थितियों में घर्षण के सिद्धान्तों को लागू करना।

CO-4 : इंजीनियरिंग निकायों के विभिन्न घटकों के केंद्रक और गुरुत्व केन्द्र को ज्ञात करना।

CO-5 : दिए गए उद्देश्यों की पूर्ति के लिए उचित सरल उत्थापक मशीन का चयन करना।

कोर्स आउटकम्स	प्रोग्राम आउटम्स के साथ अपेक्षित सम्बन्ध (1. कमजोर सहसम्बन्ध; 2. मध्यम सहसम्बन्ध; 3. मजबूत सहसम्बन्ध)						
	PO-1	**PO-2**	**PO-3**	**PO-4**	**PO-5**	**PO-6**	**PO-7**
CO-1	3	-	-	2	1	-	-
CO-2	2	3	3	3	2	-	-
CO-3	2	3	3	2	2	1	1
CO-4	2	3	2	2	2	1	1
CO-5	2	2	2	3	3	1	2

संक्षेपण और प्रतीक

संक्षेपण सूची

सामान्य पद			
संक्षिप्त रूप	विस्तृत रूप	संक्षिप्त रूप	विस्तृत रूप
CG	गुरुत्व केन्द्र	RHS	दायाँ सिरा
CO	कोर्स आउटकम	UDL	समवितरित भार
LHS	बायाँ सिरा	UO	यूनिट आउटकम
MA	यांत्रिक लाभ	UVL	एकसमान परिवर्तनशील भार
PO	प्रोग्राम आउटकम	VR	वेगानुपात

प्रयुक्त इकाइयाँ			
संक्षिप्त रूप	विस्तृत रूप	संक्षिप्त रूप	विस्तृत रूप
cm	सेंटीमीटर	mm^2	वर्ग मिलीमीटर
GN	गीगा न्यूटन	mm^3	घन मिलीमीटर
kg	किलोग्राम	MN	मेगा न्यूटन
kN	किलो न्यूटन	N	न्यूटन
kN m	किलो न्यूटन मीटर	N m	न्यूटन मीटर
kN/m	किलो न्यूटन प्रति मीटर	N mm	न्यूटन मिलीमीटर
m	मीटर	°	डिग्री
mm	मिलीमीटर	%	प्रतिशत

प्रतीक सूची

प्रतीक	विवरण	प्रतीक	विवरण
A	क्षेत्रफल	d	दूरी
C	केन्द्र	k	किलो / शुद्ध गतिकी
E	साम्य बल	m	द्रव्यमान / मीटर
F	बल / घर्षण बल	s	स्थैतिक
H	क्षैतिज	w	समवितरित भार की तीव्रता (UDL)
L	लम्बाई	$(\overline{x}, \overline{y})$	गुरुत्व केन्द्र के निर्देशांक (CG)
M	बल आघूर्ण	α (Alpha)	कोण / घर्षण कोण
N	न्यूटन / अभिलम्ब प्रतिक्रिया	β (Beta)	कोण
O	अक्ष का मूल बिन्दु	η (Eta)	दक्षता
P	बल / आयास	γ (Gama)	कोण
R	प्रतिक्रिया / परिणामी बल	μ (Mu)	घर्षण गुणांक
T	समय / तनाव बल	ϕ (Phi)	विश्राम कोण
V	उर्ध्वाधर / आयतन	Σ (Sigma)	बीजगणितीय योग
W	भार / स्व-भार	θ (Theta)	कोण
X, Y, Z	अक्ष	π	पाई

चित्र सूची

तालिका सूची

शिक्षकों के लिए दिशा निर्देश

परिणाम आधारित शिक्षा (OBE) की रुपरेखा के क्रियान्वयन और ब्लूम की टैक्सोनॉमी के उपयोग पर अधिक ध्यान देने के लिए आवश्यक है कि विद्यार्थियों के ज्ञान एवं व्यावसायिक कौशल को बढ़ाया जाना चाहिए। इसके उचित क्रियान्वयन के लिए शिक्षकों को एक बड़ी जिम्मेदारी लेनी चाहिए। परिणाम आधारित शिक्षा प्रणाली में शिक्षकों के असीमित उत्तरदायित्वों में से कुछ निम्न प्रकार के हो सकते है :

- यथोचित प्रतिबंधो के अंतर्गत, सभी विद्यार्थियों के सर्वोत्तम लाभ के लिए उन्हें युक्तिपूर्ण तरीके से समय का प्रबंधन करना चाहिए।
- उन्हें विद्यार्थियों का आकलन किसी भेदभाव या अन्य संभावित अपात्रता पर विचार किए बिना केवल कुछ निश्चित मानदंडों के आधार पर ही करना चाहिए।
- उन्हें विद्यार्थियों के संस्थान छोड़ने के पूर्व उनकी सीखने की क्षमता को एक निश्चित स्तर तक बढ़ाने का प्रयास करना चाहिए।
- उन्हें यह सुनिश्चित करने का प्रयास करना चाहिए कि शिक्षा पूर्ण करने तक सभी विद्यार्थी गुणवत्तापूर्ण ज्ञान एवं योग्यता ग्रहण कर चुके हों।
- उन्हें विद्यार्थियों को उनकी श्रेष्ठ प्रदर्शन करने की क्षमताओं को विकसित करने के लिए हमेशा प्रोत्साहित करना चाहिए।
- उन्हें नए दृष्टिकोण को सुदृढ़ करने के लिए सामूहिक एवं दलगत रूप में कार्य करने के लिए सुविधा एवं प्रोत्साहन देना चाहिए।
- उन्हें आकलन के प्रत्येक चरण में ब्लूम्स टैक्सोनॉमी का पालन करना चाहिए।

ब्लूम्स टैक्सोनॉमी

स्तर	शिक्षक को जाँचना चाहिए	विद्यार्थियों को सक्षम होना चाहिए	आकलन का संभावित तरीका
सृजन Creating	विद्यार्थियों की सृजन क्षमता	डिजाइन या सृजन	लघु परियोजना
मूल्यांकन Evaluating	विद्यार्थियों की तर्क एवं मूल्यांकन की क्षमता	तर्क या प्रतिरक्षा	निर्दिष्ट कार्य
विश्लेषण Analyzing	विद्यार्थियों की विश्लेषण क्षमता	पृथक करना या भेद करना	परियोजना / प्रयोगशाला पद्धति
अनुप्रयोग Applying	विद्यार्थियों में जानकारी के उपयोग की क्षमता	प्रचालन या प्रदर्शन	तकनीकी प्रस्तुति / प्रदर्शन
समझ Understanding	विद्यार्थियों में विचारों की व्याख्या करने की क्षमता	व्याख्या / या वर्गीकरण	प्रस्तुति / संगोष्ठी
स्मरण Remembering	विद्यार्थियों को याद करने की क्षमता (या याद रखना)	परिभाषित या याद करना	प्रश्नोत्तरी

विद्यार्थियों के लिए दिशा निर्देश

विद्यार्थियों को परिणाम आधारित शिक्षा (OBE) को लागू करने के लिए समान जिम्मेदारी लेनी चाहिए। परिणाम आधारित शिक्षा प्रणाली में विद्यार्थियों के लिए असीमित जिम्मेदारियों में से कुछ इस प्रकार हैं:

- प्रत्येक पाठ्यक्रम में यूनिट शुरू होने से पहले विद्यार्थियों को प्रत्येक UO के बारे में अच्छी तरह से अवगत होना चाहिए।
- पाठ्यक्रम शुरू होने से पहले विद्यार्थियों को प्रत्येक CO के बारे में अच्छी तरह से अवगत होना चाहिए।
- पाठ्यक्रम शुरू होने से पहले विद्यार्थियों को प्रत्येक PO के बारे में अच्छी तरह से अवगत होना चाहिए।
- विद्यार्थियों को उचित चिंतन और क्रिया के साथ आलोचनात्मक और तर्कसंगत रूप से सोचना चाहिए।
- विद्यार्थियों के सीखने को व्यावहारिक और दैनिक जीवन के परिणामों के साथ सम्बद्ध और एकीकृत किया जाना चाहिए।
- विद्यार्थियों को परिणाग आधारित शिक्षा के प्रत्येक स्तर पर अपनी योग्यता से अच्छी तरह अवगत होना चाहिए।

विषय-सूची

1 यांत्रिकी के मूल सिद्धान्त एवं बल निकाय

यूनिट विशिष्ट

इस अध्याय में निम्नलिखित विषयों पर चर्चा की गई है–

- यांत्रिकी का महत्व और प्रासंगिकता
- इंजीनियरिंग यांत्रिकी से संबंधित मूल अवधारणाएं
- मापन के लिए इकाइयों के प्रकार और मौलिक एसआई इकाइयाँ
- बल : इकाई, अभिलक्षण, प्रभाव, निकाय और वर्गीकरण, आघूर्ण एवं इसके प्रकार
- बल-स्थैतिकी का सिद्धांत : साम्यावस्था का नियम, अध्यारोपण का नियम और स्थानान्तरणशीलता का नियम
- बल का वियोजन और बल का संयोजन
- परिणामी बल ज्ञात करने के लिए वैश्लेषिक और आरेखीय विधि

यह यूनिट सम्पूर्ण पाठ्यक्रम से संबंधित विभिन्न प्रकार की राशियों और उनकी इकाइयों का विवरण देती है। फिर भी, पाठ्यक्रम की बेहतर स्पष्टता के लिए कुछ मूल अवधारणाओं को भी यहाँ समझाया गया है। उदाहरणों से संबंधित कुछ बुनियादी अभ्यास (चर्चा के अलावा अन्य विधि) को भी गणना के लिए प्रोत्साहित किया गया है।

आघूर्ण के लिए दिन-प्रतिदिन के कुछ उदाहरणों को विधार्थियों के लिए एक मूल गतिविधि के रूप में लिया गया है। पृष्ठों के प्रतिबंध के आधार पर, विषय की गुणवत्ता को महत्व दिया गया है।

यूनिट विषयों के व्यावहारिक अनुप्रयोगों पर चर्चा की गई है, ताकि विधार्थियों में जिज्ञासा और रचनात्मकता पैदा करने के साथ-साथ उसकी समस्याओं को हल करने की क्षमता में सुधार किया जा सके। संबंधित प्रयोग के पश्चात्, यूनिट विषय के आधार पर, एक खण्ड "**अधिक जानिए**" है, जिसे इस पुस्तक के उपयोगकर्ताओं के लाभ के लिए पूरक जानकारी के लिए डिजाइन किया गया है। छात्रों की बेहतरी के लिए एवं उनमें रूचि उत्पन्न करने के लिए बहुबिकल्पी प्रश्न (एमसीक्यू) और अन्य विषयात्मक प्रश्नों को भी यूनिट में शामिल किया गया है।

भूमिका

इस यूनिट में यांत्रिकी के महत्व और प्रासंगिकता के साथ-साथ-राशि के प्रकार को भी सम्मिलित किया गया है। किसी भी टेक्नीशियन या इंजीनियर के लिए इकाईयों की विभिन्न प्रणालियों का ज्ञान होना आवश्यक होता है। इकाइयों की प्रणालियों के साथ-साथ अदिश और सदिश राशियों की बुनियादी जानकारी यहाँ प्रदान की गई है। इस यूनिट

में स्थैतिकी के विभिन्न सिद्धान्तों की व्याख्या की गई है, जिनका उपयोग समस्याओं को हल करने के लिए किया जाता है। यहाँ हम केवल समतलीय बलों पर ध्यान केन्द्रित करेंगे और भिन्न-तलीय बलों का अध्ययन इस पाठ्यक्रम के दायरे से बाहर है।

पूर्व अपेक्षित ज्ञान

माध्यमिक शिक्षा [कक्षा 8 से कक्षा 10 तक] के भौतिकी और गणित का बुनियादी ज्ञान

यूनिट आउटकम्स

इस यूनिट के पूर्ण अध्ययन करने के बाद, विधार्थी निम्न में सक्षम होंगे :

1. इंजीनियरिंग यांत्रिकी के महत्व और प्रासंगिकता की व्याख्या करना।
2. अदिश और सदिश राशियों की पुनः व्याख्या करना।
3. इकाई की एस.आई. प्रणाली का उदाहरण देकर स्पष्ट करना।
4. बल, बल निकाय और उसके वर्गीकरण की अवधारणा को संक्षेप में प्रस्तुत करना।
5. बल की स्थानान्तरणशीलता के सिद्धान्त को लागू करना।
6. बल का वियोजन तथा संयोजन का विश्लेषण करना।
7. बल के त्रिभुज, समान्तर चतुर्भुज और बहुभुज नियमों को लागू करना।
8. समतलीय संगामी बल निकाय, समानान्तर बल निकाय और असंगामी बल निकाय के परिणामी बल का मूल्यांकन करना।

कोर्स आउटकम्स के साथ यूनिट आउटकम्स का परस्पर सम्बन्ध

यूनिट-1 आउटकम्स	कोर्स आउटकम्स के साथ अपेक्षित सम्बन्ध *1-कमजोर सहसंबंध; 2. मध्यम सहसंबंध; 3. मजबूत सहसंबंध*				
	CO-1	CO-2	CO-3	CO-4	CO-5
U1-O1	2	-	-	-	-
U1-O2	2	-	-	-	-
U1-O3	2	-	-	-	-
U1-O4	3	1	-	-	-
U1-O5	2	2	-	-	-
U1-O6	-	3	-	-	-
U1-O7	-	2	-	-	-
U1-O8	-	3	-	-	-

1.1 यांत्रिकी का महत्व और प्रासंगिकता

यांत्रिकी को विज्ञान की उस शाखा के रूप में परिभाषित किया जा सकता है जो बलों की क्रिया के अन्तर्गत किसी पिण्ड के व्यवहार से संबंधित होता है। इंजीनियरिंग यांत्रिकी इंजीनियरिंग समस्या के लिए यांत्रिकी के सिद्धान्तों के व्यावहारिक अनुप्रयोगों को संदर्भित करता है। इंजीनियरिंग यांत्रिकी को अनुप्रयुक्त यांत्रिकी भी कहा जाता है।

व्यवहार में हम तीन प्रकार के पिण्डों को देखते हैं अर्थात् (a) दृढ़ पिण्ड (b) विकृत पिण्ड (c) तरल।

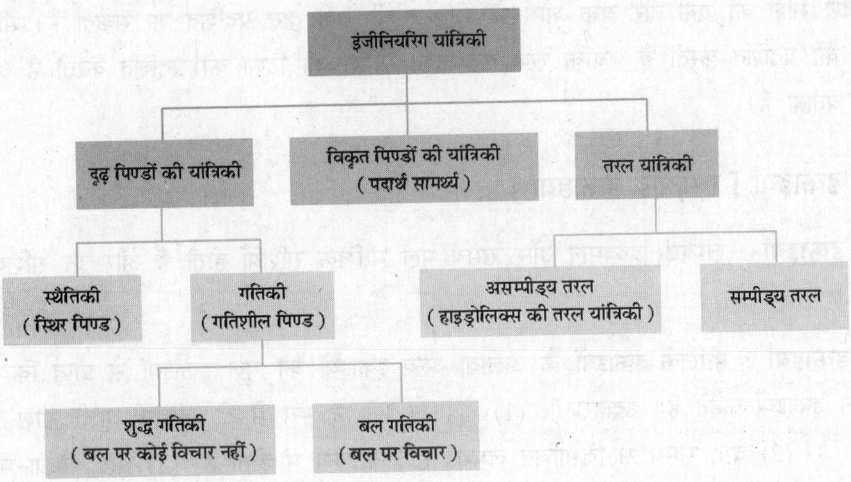

1.2 मूल अवधारणायें

यांत्रिकी के अध्ययन से हमें कुछ मूल अवधारणा को स्पष्ट रूप से समझ लेना चाहिए।

आकाश : यह एक ऐसा क्षेत्र है जो सभी दिशाओं में फैला हुआ होता है और इसमें सब कुछ समाहित होता है। उदाहरण : सूर्य, चंद्रमा, तारा आदि। आकाश में पिण्ड की स्थिति एक सन्दर्भ निकाय के सापेक्ष व्यक्त की जाती है। आकाश में वायुयान की स्थिति पृथ्वी के सापेक्ष व्यक्त की जाती है।

समय : यह घटनाओं के अनुक्रमण की माप होती है। समय को सेकंड और अन्य उचित इकाइयों में मापा जाता है। बिन्दु की स्थिति के द्वारा एक घटना का वर्णन किया जा सकता है।

द्रव्यमान : यह एक निकाय में मौजूद पदार्थ की मात्रा का एक संकेत होता है। अधिक द्रव्यमान का अर्थ है अधिक पदार्थ।

लचीला पिण्ड : एक पिण्ड जो प्रयुक्त बल की क्रिया के तहत विकृत होता है, उसे लचीला पिण्ड कहा जाता है।

दृढ़ पिण्ड : एक पिण्ड जो प्रयुक्त बल की क्रिया के तहत विकृत नहीं होता है, उसे दृढ़ पिण्ड कहा जाता है।

1.3 अदिश तथा सदिश

यांत्रिकी में भौतिक राशियों को गणितीय रूप से निम्नानुसार व्यक्त किया जा सकता है :

अदिश राशि : वे राशियाँ जिनका वर्णन उनके परिमाण द्वारा किया जाता है, अदिश राशि कहलाती है। द्रव्यमान, लम्बाई, समय, आयतन, तापमान आदि उदाहरण हैं।

सदिश राशि : वे राशियाँ जिनका वर्णन उनके परिमाण और दिशा (दोनों) के द्वारा किया जाता है, सदिश राशि कहलाती हैं। वेग, बल, त्वरण, संवेग आदि उदाहरण हैं।

एक सदिश राशि को एक तीर युक्त शीर्ष के साथ सीधी रेखा द्वारा प्रदर्शित जा सकता है। सीधी रेखा की लम्बाई परिमाण को प्रदर्शित करती है जबकि रेखा की दिशा सदिश की दिशा को प्रदर्शित करती है और तीर युक्त शीर्ष दिशा को बताता है।

1.4 माप की इकाइयाँ [एसआई इकाइयाँ]

मौलिक इकाइयाँ : लम्बाई, द्रव्यमान और समय मूल मौलिक राशियाँ होती हैं और इन राशियों की इकाई को मौलिक इकाई कहते है।

व्युत्पन्न इकाइयाँ : मौलिक इकाइयों के अलावा अन्य इकाइयों को मूल इकाइयों से प्राप्त किया जा सकता है, जिन्हें व्युत्पन्न इकाइयाँ कहते हैं। उदाहरण : (1) क्षेत्रफल L^2 के रूप में दो लम्बाई वाली राशि के गुणनफल का परिणाम होता है। (2) वेग, समय से विभाजित लम्बाई L/T के रूप में होता है। (3) बल, किग्रा-मीटर/सेकण्ड^2 के रूप में द्रव्यमान और त्वरण का गुणनफल होता है।

एसआई इकाइयाँ (SI Units) : 1960 में अंतर्राष्ट्रीय समझौते के द्वारा, इकाइयों की अंतर्राष्ट्रीय प्रणाली जिसे एसआई इकाई के रूप में जाना जाता है, को दुनिया भर में स्वीकार और उपयोग किया गया है। एसआई इकाइयों के चिन्ह और संकेत तथा उनके व्युत्पन्न को किसी भी भ्रम की संभावना से बचने के लिए मानकीकृत किया गया है।

तालिका 1.1 : मौलिक एसआई इकाइयाँ

स.क्र.	मौलिक राशि	एसआई इकाई का नाम	चिन्ह
1	लम्बाई	मीटर	m
2	द्रव्यमान	किलोग्राम	kg
3	समय	संकेड	s
4	विद्युत धारा	एम्पीयर	A
5	तापमान	केल्विन	K
6	ज्योति तीव्रता	कैन्डेला	cd

1.5 बल

1.5.1 प्रस्तावना

आपने अपने हाई स्कूल स्तर पर और विज्ञान–अनुप्रयुक्त भौतिकी पाठ्यक्रम में भी बल के बारे में अध्ययन किया है। आइए याद करें कि बल क्या है? मान लीजिए आप दीवार में कील ठोक रहे हैं। स्वाभाविक रूप से आपको दीवार में कील को ठोकने की आवश्यकता होती है। फिर यह 'दबाब' क्या है? यह बल है। अब एक और परिस्थिति पर विचार करते हैं जिसमें ड्रम लुढ़क रहा है और आप उसे रोकना चाहते हैं। तब स्वाभाविक रूप से आप इसकी गति में कुछ प्रतिरोध प्रयुक्त करेंगे। यह प्रतिरोध कुछ और नहीं बल्कि बल है। इसलिए बल एक बाहय कारक होता है जो विरामावस्था या गति अवस्था में पिण्ड की स्थिति को बदलता है या बदलने का प्रयास करता है।

1.5.2 एसआई प्रणाली में बल की इकाई

बल न्यूटन (N) में मापा जाता है। 1 न्यूटन वह बल है जो 1 किलो द्रव्यमान के पिण्ड में 1 मीटर प्रति सेकंड^2 का त्वरण उत्पन्न कर सकता है। बल की बड़ी इकाइयाँ निम्नानुसार हैं–

एक किलो न्यूटन (kN) = 1000 न्यूटन = 10^3 न्यूटन

एक मेगा न्यूटन (MN) = 1000 × 1000 न्यूटन = 10^6 न्यूटन

एक गीगा न्यूटन (GN) = 1000 × 1000 × 1000 न्यूटन = 10^9 न्यूटन

1.5.3 बल के अभिलक्षण

जैसाकि आप जानते हैं, बल एक सदिश राशि है, इसका अर्थ है कि इसे परिमाण के साथ-साथ दिशा से भी पहचाना जा सकता है। बल को पूर्ण रूप से व्यक्त करने के लिए निम्नलिखित चार तत्वों की आवश्यकता होती है जिन्हें बल के अभिलक्षण कहते हैं।

(A) परिमाण (B) दिशा (C) सेन्स-बल का प्रकार तथा (D) क्रियाबिन्दु।

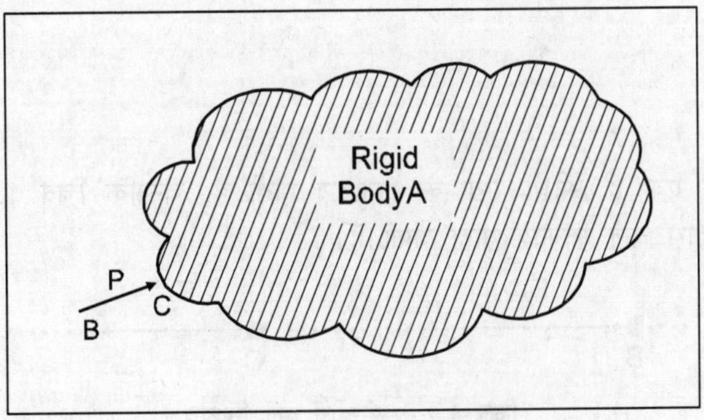

चित्र 1.1 : बल के अभिलक्षण

चित्र 1.1 एक कठोर पिण्ड A को दर्शाता है जिस पर बल P बिन्दु C पर कार्य करता है, जो कि क्रियाबिन्दु है, जबकि रेखा BC परिमाण के साथ बल P की दिशा को बताती है जिसे रेखा के ऊपर P के रूप में दिखाया गया है और बिन्दु C पर लगा तीर युक्त शीर्ष सेन्स (बल का प्रकार) को प्रदर्शित करता है।

1.5.4 बल का प्रभाव

बल जब प्रयुक्त किया जाता है, तो दृढ़ पिण्ड पर निम्नलिखित प्रभाव हो सकते हैं–

(i) इसकी विरामावस्था या गति की अवस्था बदल सकती है।
(ii) इसकी गति त्वरित या मंदित हो सकती है।
(iii) इसका आकार और आकृति बदल सकती है।
(iv) यह मुड़ या घूम सकती है।
(v) इसे साम्यावस्था में रख सकती है।

1.5.5 बल निकाय तथा वर्गीकरण

जब एक पिण्ड पर अनेक बल या बलों का समूह एक साथ क्रियाशील होता है, तो पिण्ड बल निकाय की क्रिया के प्रभाव में कहलाता है। इन बल निकायों को क्रिया रेखा के आधार पर तथा बलों की व्यवस्था के आधार पर आगे वर्गीकृत किया गया है, जैसाकि नीचे दर्शाया गया है।

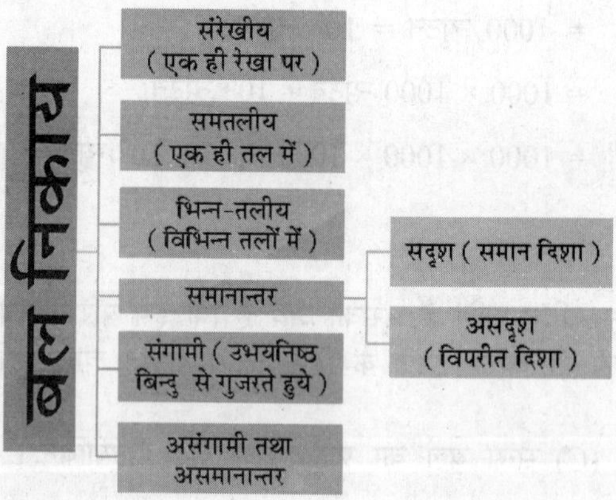

सरेखीय बल निकाय

सभी बलों की क्रिया रेखा एक ही सीधी रेखा के अनुदिश होती है, जैसाकि चित्र 1.2 में दिखाया गया है, तब उस बल निकाय को संरेखीय बल निकाय कहा जाता है।

चित्र 1.2 : संरेखीय बल निकाय

समतलीय बल निकाय

जब बल निकाय में सभी बल एक ही तल में स्थित होते हैं, तो इस निकाय को समतलीय बल निकाय के रूप में जाना जाता है। चित्र 1.3 में प्रदर्शित बल निकाय के केवल F_1, F_2 और F_3 बल एक (समान) तल XY में कार्य करते हैं जो समतलीय बल निकाय का उदाहरण है।

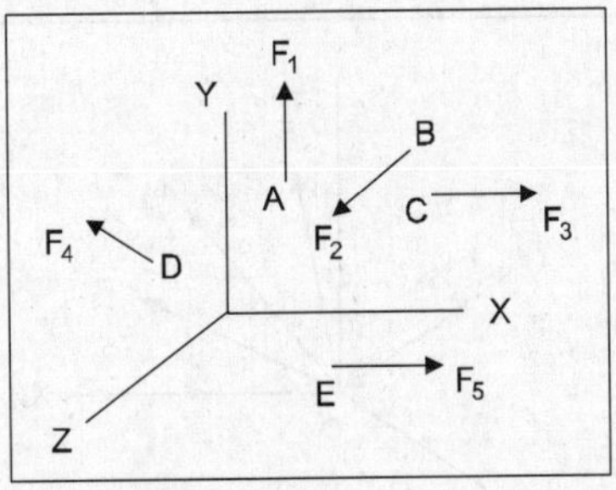

बल तथा बल निकाय के मूल सिद्धान्त

चित्र 1.3 : समतलीय बल निकाय तथा भिन्न-तलीय बल निकाय

भिन्न-तलीय बल निकाय

निकाय में सभी बल एक ही तल में स्थित नहीं होते हैं, बल्कि भिन्न तलों पर क्रियाशील होते हैं, जैसाकि चित्र 1.3 में प्रदर्शित किया गया है जो XY, YZ और ZX तलों पर क्रिया करते हैं। (बलों F_1, F_2, F_3, F_4 तथा F_5)

समानान्तर बल निकाय

क्रिया रेखा का अर्थ है कि सभी बलों की दिशा एक दूसरे के समानान्तर है और एक दूसरे को नहीं काटती है। इस निकाय को आगे उप-वर्गीकृत किया गया है, जैसे सदृश समानान्तर बल और असदृश समानान्तर बल। यदि अनेक बल एक ही दिशा में क्रियाशील है तथा एक-दूसरे के समानान्तर हैं, तो उन्हें सदृश समानान्तर बल कहा जाता है, जबकि यदि अनेक बल विपरीत दिशा में क्रियाशील हैं तथा एक दूसरे के समानान्तर है, तो उन्हें असदृश समानान्तर बल कहा जाता है, जैसाकि चित्र 1.4 में दिखाया गया है।

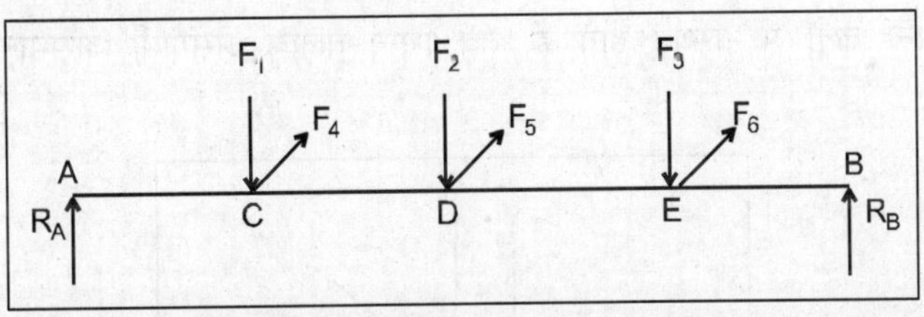

चित्र 1.4 : समानान्तर बल निकाय

बलों F_1. F_2 और F_3 इस बल निकाय के लिए सदृश समानान्तर बल हैं, जबकि बल निकाय के सभी बल F_1, F_2, F_3 और R_A और R_B असदृश समानान्तर बल हैं। यहाँ सभी बल एक तल में हैं, इसलिए ये समतलीय समानान्तर बल निकाय बनाते हैं। लेकिन अगर हम F_4, F_5 और F_6 बलों को सम्मिलित करते हैं जो दूसरे तल में स्थित हैं, तो सभी बल F_1, F_2, F_3, F_4, F_5, F_6 और R_A एवं R_B भिन्न-तलीय समानान्तर बल निकाय बनाते हैं।

संगामी बल निकाय

सभी बलों की दिशा .अलग-अलग होती है लेकिन उनकी क्रिया रेखा (दिशा) एक ही उभयनिष्ठ बिन्दु से होकर गुजरती है। ऐसी बल निकाय को संगामी बल निकाय कहा जाता है। वह बिन्दु जहाँ सभी बलों की क्रिया रेखा मिलती है, बल निकाय के संगामी बिन्दु के रूप में जाना जाता है।

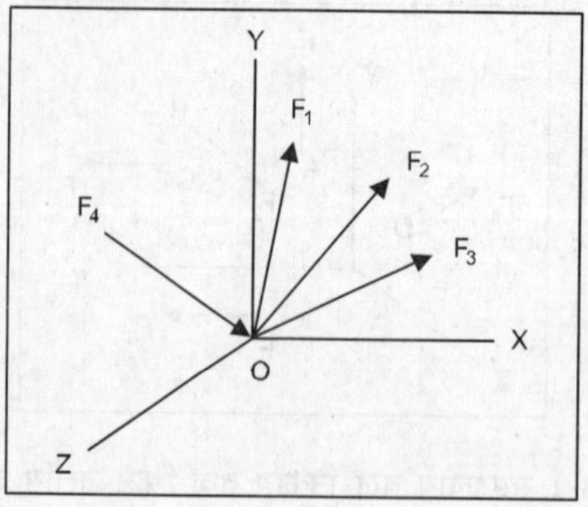

चित्र 1.5 : संगामी बल निकाय

चित्र 1.5 में, बलों F_1, F_2 और F_3 की बल निकाय उभयनिष्ठ बिन्दु से होकर गुजरती है और सभी बल एक ही तल XY में स्थित हैं। ऐसे बल निकाय को समतलीय संगामी बल निकाय के रूप में जाना जाता है। यदि अब, हम F_4 को उसी बल निकाय में सम्मिलित करते हैं जो दूसरे तल YZ में स्थित है, तो F_1, F_2, F_3 और F_4 बलों के बल निकाय को भिन्न-तलीय संगामी बल निकाय के रूप में जाना जाता है।

असंगामी तथा असमानान्तर बल निकाय

यदि बल निकायों के बल एक ही रेखा में नहीं हैं और उभयनिष्ठ बिन्दु से नहीं गुजरते है इसके साथ-साथ उनकी क्रिया रेखायें भी एक दूसरे के समानान्तर नहीं हैं, तो इसका अर्थ यह है कि, बल निकाय समानान्तर, संगामी और रेखीय बल निकाय की शर्तों को संतुष्ट नहीं करता है, तो ऐसे निकाय को असंगामी तथा असमानान्तर बल निकाय कहते हैं यदि सभी बल एक ही तल में होते हैं, तो इसे समतलीय असंगामी असमानान्तर बल निकाय कहते हैं और यदि सभी बल भिन्न तलों पर स्थित होते हैं, तब भिन्न-तलीय असंगामी असमानान्तर बल निकाय कहलाते हैं।

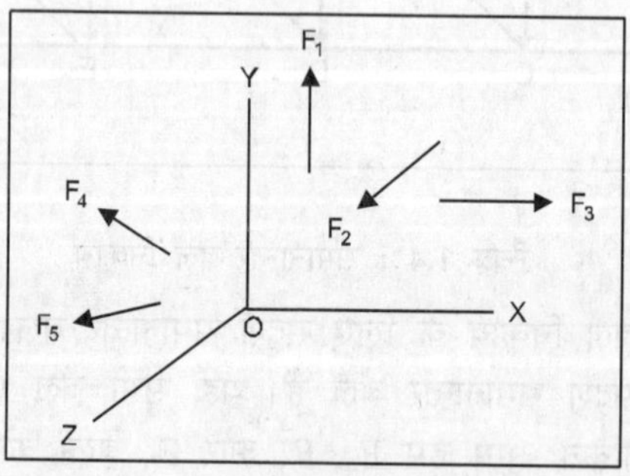

चित्र 1.6 : असंगामी असमानान्तर बल निकाय

चित्र 1.6 में, बल निकाय में बल F_1, F_2 और F_3 की क्रिया रेखायें एक ही रेखा में नहीं है और न ही एक दूसरे के समानान्तर हैं साथ ही उभयनिष्ठ बिन्दु से नहीं गुजरती है, लेकिन एक ही तल XY में स्थित है, समतलीय असंगामी असमानान्तर बल निकाय का उदाहरण होते हैं। अब यदि हम दो बलों F_4 और F_5 को सम्मिलित करते हैं, जो एक अन्य तल YZ में स्थित हैं, तब बलों F_1, F_2, F_3, F_4 और F_5 का बल निकाय भिन्न-तलीय असंगामी असमानान्तर बल निकाय का उदाहरण होते हैं।

1.5.6 बल-स्थैतिकी का सिद्धान्त

समतलीय संगामी बल निकाय का अध्ययन करने के लिए निम्नलिखित नियम या बल के सिद्धान्तों की आवश्यकता होती है–

(A) साम्यावस्था का नियम (B) अध्यारोपण का सिद्धान्त (C) स्थानान्तरणशीलता का सिद्धान्त।

(A) बलों की साम्यावस्था का नियम

दो बल केवल तभी साम्यावस्था में हो सकते हैं, जब वे परिमाण में समान हों, दिशा में विपरीत हों और क्रिया में सरेखीय हों।

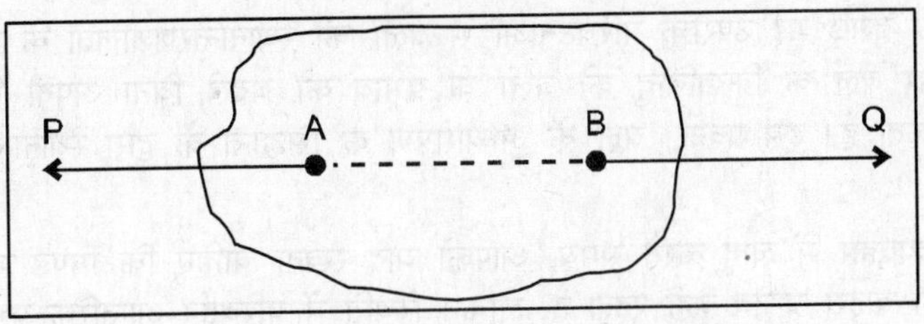

चित्र 1.7 : बल का साम्यावस्था नियम

चित्र 1.7 में दिखाए गए एक पिण्ड पर दो बल P और Q क्रमशः बिन्दु A और B पर सागान क्रिया रेखा AB के अनुदिश क्रियाशील हैं। अब क्या होगा यदि; (i) P का परिमाण Q से अधिक है (ii) P का परिमाण Q से कम है और (iii) P और Q बराबर हैं। आप कह सकते हैं कि स्थिति (i) में पिण्ड बल P की दिशा में गति करेगा और स्थिति (ii) में पिण्ड बल Q की दिशा में गति करेगा, लेकिन स्थिति (iii) में पिण्ड गति नहीं करेगा या हम यह भी कह सकते हैं कि पिण्ड विरामावस्था में है, इसका अर्थ है, पिण्ड साम्यावस्था में है।

(B) बलों के अध्यारोपण का सिद्धान्त

किसी पिण्ड पर दिए गए बल निकाय की क्रिया नहीं बदलेगी यदि हम इसमें से साम्यावस्था में बलों की एक अन्य निकाय को जोड़ते या घटाते हैं।

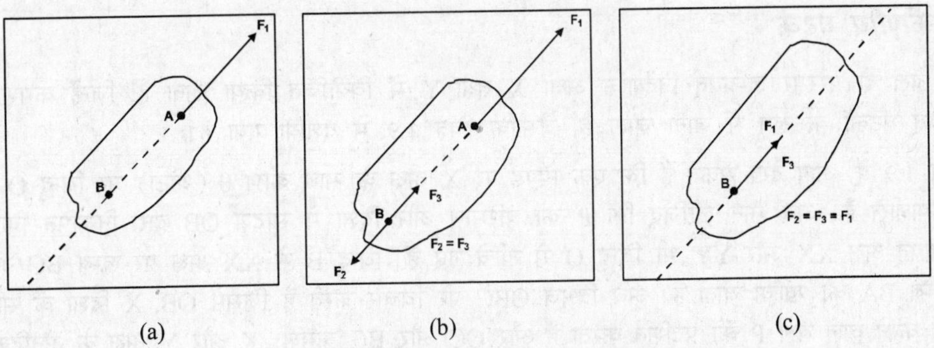

चित्र 1.8 : बल के अध्यारोपण का सिद्धान्त

बल F_1 की क्रिया के अन्तर्गत चित्र 1.8 (a) में प्रदर्शित पिण्ड पर विचार करें। बल F_1 को बिन्दु A पर केवल रेखा AB के अनुदिश प्रयुक्त किया जाता है। आइए अब हम बिन्दु B पर साम्यावस्था में बल $F_2 = F_3$ के रूप में एक बल निकाय को जोड़ते हैं, जैसाकि चित्र 1.8 (b) में प्रदर्शित गया है। तब पिण्ड पर बल F_1 का प्रभाव नहीं बदलेगा क्योंकि बल F_2 और F_3 साम्यावस्था के कारण एक दूसरे को निरस्त कर देते हैं।

अब देखते हैं कि क्या प्रभाव पड़ता है, यदि $F_2 = F_3 = F_1$ जैसाकि चित्र 1.8 (c) में प्रदर्शित किया गया है, तब F_1 और F_2 समान और प्रकृति में विपरीत होने के कारण एक दूसरे को निरस्त कर देते हैं और केवल F_3 बिन्दु B पर क्रियाशील है, लेकिन $F_3 = F_1$; इसका अर्थ यह है कि बिन्दु B पर बल F_1 क्रियाशील है। इस प्रकार, बिन्दु A पर क्रियाशील बल F_1 का प्रभाव उसी रूप में कार्य करने वाले बिन्दु B पर स्थानान्तरित हो जाता है।

(C) बलों की स्थानान्तरणशीलता का सिद्धान्त

अब हम चित्र 1.8 (c) में दर्शाई गई उपरोक्त परिघटनाओं से बलों की स्थानान्तरणशीलता के सिद्धान्त को निम्नानुसार बता सकते हैं : पिण्ड पर बल के क्रियाबिन्दु को बलों के प्रभाव को बदले बिना अपनी क्रिया रेखा के अनुदिश स्थानान्तरित किया जा सकता है। इस प्रकार, बल के अध्यारोपण के सिद्धान्त के द्वारा स्थानान्तरणशीलता के सिद्धान्त को समझा जाता है।

इस सिद्धान्त को व्यवहार में लागू करते समय, आपको याद रखना चाहिए कि पिण्ड पर बल के क्रिया बिन्दु के बदलने पर तो बल का बाहरी प्रभाव वही रहता है, लेकिन स्थिति में परिवर्तन आन्तरिक प्रभाव को प्रभावित करता है; इसका अर्थ यह है, पिण्ड में प्रतिबल उत्पन्न होता है, जो इस पाठ्यक्रम के दायरे से बाहर है। आप इसका अध्ययन द्वितीय वर्ष के दूसरे पाठ्यक्रम में करेंगे।

1.6 समतलीय संगामी बल

1.6.1 बल का वियोजन

एक बल को दो दिशाओं में इस प्रकार वियोजित किया जा सकता है ताकि इन बलों का परिणामी दिया गया बल होता है। ये घटक बल पिण्ड पर वैसा ही प्रभाव डालेंगे जैसा किसी एकल बल द्वारा दिया जाता है। यह प्रक्रिया बलों का वियोजन कहलाती है और वियोजित बलों को बलों के घटक के रूप में जाना जाता है। बल का वियोजन दो घटकों में निम्नानुसार किया जा सकता है–

(A) लम्बकोणीय घटक तथा (B) गैर-लम्बकोणीय घटक।

(A) लम्बकोणीय घटक

सामान्यतः, बल दो परस्पर लम्बवत् निर्देशांक अक्षों X तथा Y में वियोजित किया जाता है, जिन्हें क्रमशः क्षैतिज और लम्बवत् घटकों के रूप में जाना जाता है, जैसाकि चित्र 1.9 में दर्शाया गया है।

चित्र 1.9 में, आप देख सकते हैं कि एक पिण्ड पर X अक्ष के साथ कोण θ (थीटा) पर बिन्दु O पर एक बल P क्रियाशील है। अब मान लीजिए कि P को परिमाण और दिशा में सदिश OB द्वारा निरूपित किया जाता है। दो लम्बवत् अक्ष XX और YY भी बिन्दु O से खींचे गए हैं। बिन्दु B से XX अक्ष पर लम्ब BC और YY अक्ष पर लम्ब BA को खींचा जाता है। अब त्रिभुज OBC पर विचार करते है जिसमें OB, X दिशा के साथ कोण θ पर कार्य करने वाले बल P को प्रदर्शित करता है और OC और BC क्रमशः X और Y अक्ष के अनुदिश घटकों P_x और P_y को प्रदर्शित करता है।

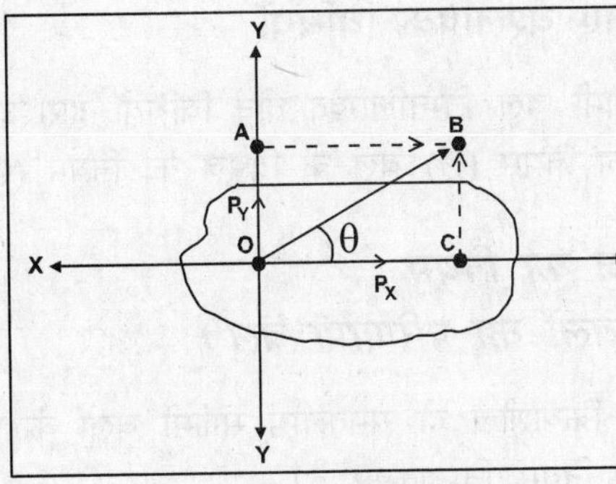

चित्र 1.9 : लम्बकोणीय घटक

यहाँ $\cos\theta = \dfrac{OC}{OB}$ अतः $OC = P_x = OB.\cos\theta = P.\cos\theta$

$$\therefore\ P_x = P.\cos\theta \qquad \text{...........(i)}$$

तथा $\sin\theta = \dfrac{BC}{OB}$ अतः $BC = P_y = OB\ \sin\theta = P.\sin\theta$

$$\therefore\ P_y = P.\sin\theta \qquad \text{..........(ii)}$$

समीकरण (i) और (ii) X और Y दिशा के अनुदिश क्रमशः बल P के घटकों को प्रदर्शित करता है।

(B) गैर-लम्बकोणीय घटक

यहाँ बल को किन्हीं दो दिशाओं में वियोजित किया जाता है जो परस्पर लम्बवत् नहीं हैं। एक दिया गया बल P, जो रेखा OB द्वारा निरूपित किया जाता है, को कोण α (अल्फा) और β (बीटा) के अनुदिश दो घटकों P_1 और P_2 में वियोजित किया जा सकता है, जैसाकि चित्र 1.10 में प्रदर्शित किया गया है।

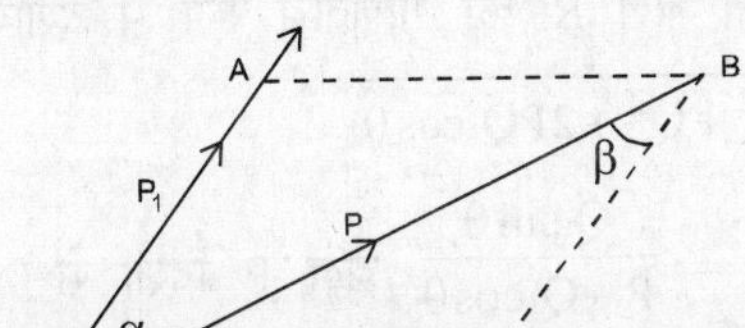

चित्र 1.10 : गैर-लम्बकोणीय घटक

बल का वियोजन

1.7 बलों का संयोजन (परिणामी बल)

यदि बल निकाय में अनेक बलों को किसी पिण्ड पर प्रयुक्त किया जाता है, तब हम इसे एक ही बल के द्वारा प्रतिस्थापित कर सकते हैं, जो बल निकाय के समान प्रभाव उत्पन्न करता है, तब इस प्रतिस्थापित एकल बल को परिणामी बल कहते हैं और वह प्रक्रिया जिसके द्वारा परिणामी बल को ज्ञात जाता है, बलों का संयोजन कहलाता है। इसकी व्युत्क्रम प्रक्रिया वियोजन होती है, जैसाकि हम पहले ही अनुच्छेद 1.6.1 में पढ़ चुके हैं। परिणामी बल ज्ञात करने की दो विधियाँ हैं-(i) वैश्लेषिक विधि तथा (ii) आरेखीय विधि। हमने प्रयोगात्मक भाग में आरेखीय विधि का अध्ययन किया है।

1.7.1 संगामी बल निकाय के लिए वैश्लेषिक विधियाँ

किसी दिए गए बल निकाय का परिणामी बल निम्नलिखित तीन विधियों द्वारा ज्ञात किया जा सकता है :

(A) बल के समान्तर चतुर्भुज का नियम (B) बल के त्रिभुज का नियम (C) बलों के वियोजन की विधि।

1.7.1.1 बलों के समान्तर चतुर्भुज का नियम (दो समतलीय संगामी बलों का परिणामी बल)

इस विधि का उपयोग किसी पिण्ड पर क्रियाशील दो समतलीय संगामी बलों के परिणाम को ज्ञात के लिए किया जाता है। बलों के समान्तर चतुर्भुज का नियम निम्नानुसार है।

एक पिण्ड पर एक साथ क्रियाशील दो बल, यदि एक समान्तर चतुर्भुज के दो आसन्न भुजाओं द्वारा परिमाण और दिशा में प्रदर्शित किये जाते हैं, तब दोनों बलों के प्रतिच्छेदन बिन्दु से जाने वाला समान्तर चतुर्भुज का विकर्ण परिणामी बल के परिमाण के साथ-साथ दिशा में भी प्रदर्शित करता है।

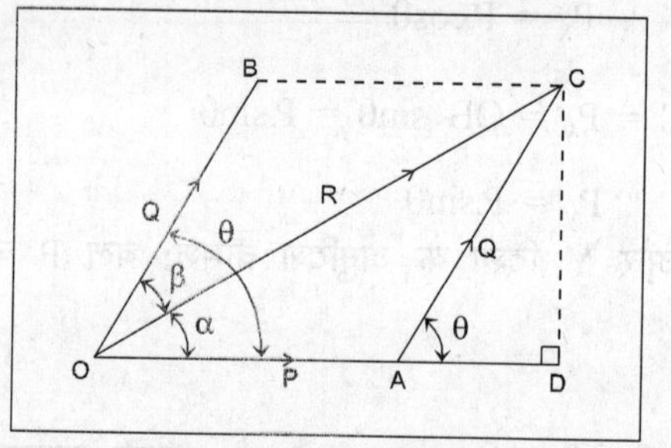

चित्र 1.11 : बल के समान्तर चतुर्भुज का नियम

आइए चित्र 1.11 पर विचार करते हैं, दो बल P और Q एक पिण्ड पर क्रियाशील हैं तथा इनके बीच कोण θ है। इन बलों P और Q के परिणामी बल R को गणितीय रूप में दर्शाया जा सकता है :

परिणामी का परिमाण, $R = \sqrt{P^2 + Q^2 + 2PQ\cos\theta}$ ....(iii)

परिणामी की दिशा (α), $\tan\alpha = \dfrac{Q\sin\theta}{P + Q\cos\theta}$ बल P दिशा से ....(iv)

इन्हें करने का प्रयास करें : (1) उपरोक्त समीकरण (iv) R और P के बीच परिणामी के कोण α की गणना कर सकता है। क्या आप परिणामी R और एक अन्य बल Q के बीच के कोण (β) की गणना कर सकते हैं?

(2) उपरोक्त समीकरण (iii) और (iv) खिंचाव प्रकार के बलों के लिए प्रयुक्त होते हैं। क्या आप कल्पना कर सकते हैं कि यदि कोई या दोनों बल दबाव प्रकार के बल हों तो क्या किया जाना चाहिए?

1.7.1.2 बल के त्रिभुज का नियम

जब दो और केवल दो बल उभयनिष्ठ बिन्दु पर क्रियाशील होते हैं, तो हम बल निकाय के परिणामी बल को ज्ञात करने के लिए इस नियम को लागू कर सकते हैं। इसके अनुसार, *"यदि एक बिन्दु पर क्रियाशील दो बलों*

को एक त्रिभुज की दो भुजाओं द्वारा परिमाण और दिशा में एक ही क्रम से निरूपित किया जाता है; तो विपरीत क्रम में ली गई त्रिभुज की तीसरी भुजा परिमाण और दिशा में इन दो बलों के परिणामी बल को प्रदर्शित करती हैं।''

आइए चित्र 1.12 पर विचार करते हैं, इसमें एक पिण्ड पर दो बल P और Q एक दूसरे से θ कोण बनाते हुए बिन्दु O पर क्रियाशील हैं। यह विधि सामान्यत: आरेखीय विधि के रूप में उपयोग की जाती है, जिसका हमें प्रयोगात्मक भाग में अध्ययन करना होगा।

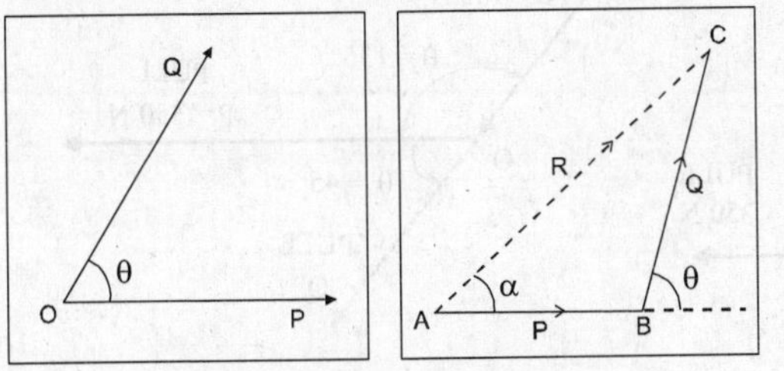

चित्र 1.12 : बल के त्रिभुज का नियम

बल
निकाय-II

हल किए गए प्रश्न

उदाहरण 1. *एक बिन्दु पर एक दूसरे के साथ 60° के कोण पर क्रियाशील दो बलों 30 N और 40 N के परिणामी बल को ज्ञात कीजिये।*

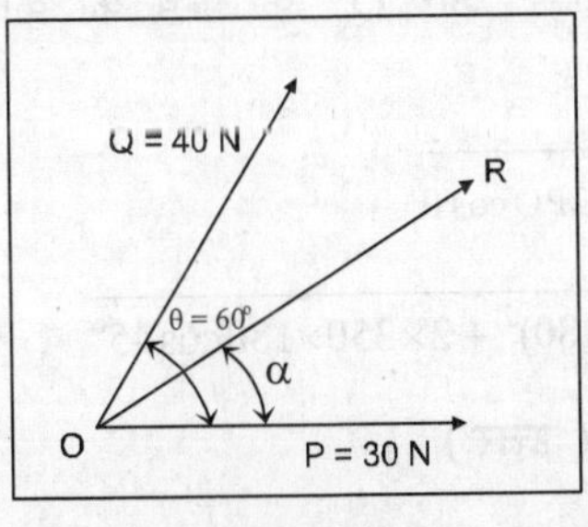

चित्र 1.13

हल :

P = 30 N, Q = 40 N तथा कोण (P तथा Q के बीच) θ = 60°।

इस मान को समीकरणों में रखने पर हमें परिणामी बल के परिमाण के साथ-साथ दिशा भी प्राप्त होगी।

(i) परिमाण, $R = \sqrt{P^2 + Q^2 + 2PQ\cos\theta}$

$$R = \sqrt{(30)^2 + (40)^2 + 2 \times 30 \times 40 \times \cos 60^o} = \sqrt{3700}$$

अत: परिणामी बल का परिमाण, R = 60.83 N (उत्तर)

(ii) दिशा, $\tan\alpha = \dfrac{Q\sin\theta}{P + Q\cos\theta}$

$$\tan\alpha = \frac{40\times\sin 60^o}{30+40\cos 60^o} = \frac{34.64}{50} = 0.6928$$

अतः α = 34.71° बल P की दिशा से **(उत्तर)**

उदाहरण 2. *एक बिन्दु पर 135° के कोण पर 180 N का दबाब और 350 N का खिंचाव बल क्रियाशील है। परिणामी बल ज्ञात कीजिए।*

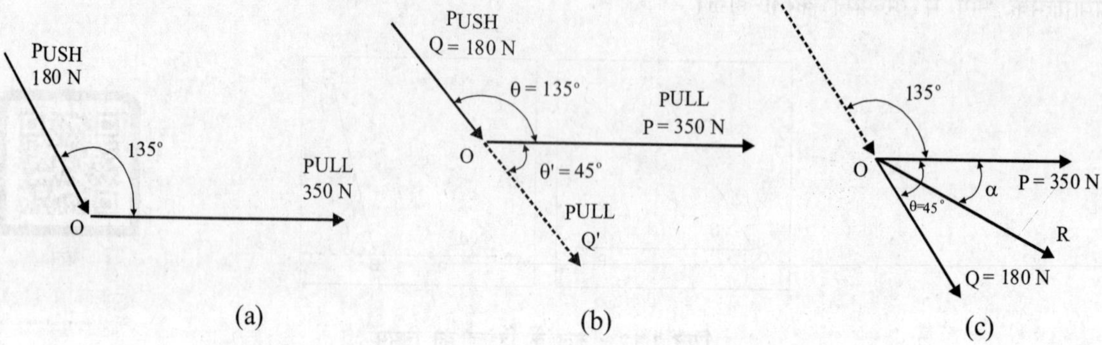

चित्र 1.14 : (a) आँकड़े (b) सभी बल खिंचाव सेन्स में है (c) परिणामी बल

हल :

P = 350 N (खिंचाव); Q = 180 N (दबाव); कोण θ = 135°; Q' = 180 N (खिंचाव); θ' = 45°

यहाँ बल Q दबाव बल की क्रिया रेखा का विस्तार करके उसे खिंचाव प्रकार के बल में परिवर्तित करने की आवश्यकता है, जिससे कि अब दो बलों P और Q' के बीच का कोण θ' 45° हो जायेगा, जैसाकि चित्र (b) में दिखाया गया है।

(i) परिमाण, $R = \sqrt{P^2 + Q'^2 + 2PQ\cos\theta'}$

$$R = \sqrt{(350)^2 + (180)^2 + 2\times 350\times 180\cos 45^o}$$

$R = 493.96$ N **(उत्तर)**

(ii) दिशा, $\tan\alpha = \frac{Q\sin\theta'}{P+Q\cos\theta'} = \frac{180\times\sin 45^o}{350+180\cos 45^o} = \frac{127.26}{477.26} = 0.26667$

इसलिए α = 14.93°, बल P के साथ **(उत्तर)**

इसे करने का प्रयास करें : उपरोक्त उदाहरण में P के साथ परिणामी के लिए कोण (α) प्राप्त होता है। क्या आप परिणामी R और एक अन्य बल Q के बीच के कोण (β) की गणना कर सकते हैं?

उदाहरण 3. *एक कण पर दो बल P और 2P कार्य करते हैं। जब पहले बल का मान 120 न्यूटन बढ़ा दिया जाता है और दूसरे बल को दोगुना कर दिया जाता है, तो परिणामी बल की दिशा दोनों स्थितियों में समान रहती है। बल P का मान ज्ञात कीजिए।*

हल :

स्थिति (i) $P_1 = P; Q_1 = 2P; \theta_1 = \theta; \alpha_1 = \alpha$

स्थिति (ii) $P_2 = P + 120; Q_2 = 4P; \theta_2 = \theta; \alpha_2 = \alpha$

परिणामी बल की दिशा दोनों स्थितियों में समान रहती है, इस परिस्थिति को लागू करने पर।

स्थिति (i) के लिए $$\tan \alpha_1 = \frac{Q_1 \sin \theta_1}{P_1 + (Q_1 \cos \theta_1)} = \frac{2P \sin \theta}{P + (2P \cos \theta)} = \tan \alpha$$

स्थिति (ii) के लिए $$\tan \alpha_2 = \frac{Q_2 \sin \theta_2}{P_2 + (Q_2 \cos \theta_2)} = \frac{4P \sin \theta}{(P + 120)\,(4P \cos \theta)} = \tan \alpha$$

दोनों स्थितियों को बराबर करने पर; $$\frac{2P \sin \theta}{P + (2P \cos \theta)} = \frac{4P \sin \theta}{(P + 120)\,(4P \cos \theta)}$$

$$\frac{2P \sin \theta}{4P \sin \theta} = \frac{P + (2P \cos \theta)}{(P + 120)\,(4P \cos \theta)}$$

$$\frac{1}{2} = \frac{P + (2P \cos \theta)}{(P + 120)\,(4P \cos \theta)}$$

$$(P + 120) + (4P \cos\theta) = 2P + (4P \cos\theta)$$

$$P + 120 = 2P$$

$$P = 120 \text{ N}$$ **(उत्तर)**

उदाहरण 4. *P परिमाण के दो समान बल एक कण पर क्रियाशील हैं। (i) इन दोनों बलों के बीच का कोण ज्ञात कीजिए, जब उनका परिणामी 1.5P है। (ii) R का अधिकतम मान क्या हो सकता है और यह कब होता है?*

हल :

भाग (i) $P = P; Q = P; R = 1.5P; \theta = ?$

जैसाकि हम बलों के समान्तर चतुर्भुज के नियम से जानते हैं कि

परिमाण, $$R = \sqrt{P^2 + Q^2 + 2\,PQ \cos \theta}$$

$$(1.5\ P)^2 = P^2 + P^2 + (2\ PP\ \cos\theta)$$

$$2.25\ P^2 = 2\ P^2 + (2P^2\ \cos\theta)$$

$$2.25\ P^2 = 2\ P^2\ (1 + \cos\theta)$$

$$\frac{2.25}{2} = (1 + \cos\theta)$$

$$\cos\theta = 0.125$$

$$\theta = 82.81^o$$ **(उत्तर)**

भाग (ii) अधिकतम $R = ?; \theta_{max} = ?$

(a) परिणामी अधिकतम होने के लिए $\cos\theta$ का मान अधिकतम होना चाहिए। अब अधिकतम

$$\cos\ \theta = 1$$

$$R^2 = P^2 + Q^2 + (2PQ\ \cos\ \theta)$$

$$R^2 = P^2 + P^2 + (2\ .\ P\ .\ P\ .\ 1)$$

$R^2 = P^2 + P^2 + 2P^2 = 4P^2$

अतः R का अधिकतम मान = 2P **(उत्तर)**

(b) अब, यहाँ, अधिकतम $\cos\theta = 1$ केवल जब $\theta = 0^o$ **(उत्तर)**

इसलिए, दो समान बलों के परिणामी का अधिकतम परिमाण 2P है और यह तब प्राप्त होता है जब उन दोनों बलों के बीच का कोण 0° होता है।

1.7.1.3 वियोजन की विधि

जब दो से अधिक संगामी बल एक बिन्दु पर कार्य करते हैं, तो बलों के समान्तर चतुर्भुज के नियम द्वारा परिणामी बल को ज्ञात के लिए यह प्रक्रिया बहुत लम्बी और थकाऊ हो जाती है। इस तरह के बल निकाय के परिणामी को ज्ञात करने के लिए वियोजन की विधि बहुत मददगार होती है। परिणामी ज्ञात करने की विधि निम्नलिखित चरणों में दी गई है–

चरण-1 : यदि आवश्यक हो, तो सभी बलों को या तो खिंचाव या दबाब रूप में पुनर्व्यवस्थित करते हैं और धनात्मक X–अक्ष से वामावर्त दिशा में संकेत F_1, F_2... प्रदाय करते है। साथ ही वामावर्त दिशा में धनात्मक X–अक्ष के साथ सभी बलों के कोणों की गणना करते हैं।

चरण-2 : उचित चिह्न के साथ सभी बलों के क्षैतिज घटक का बीजगणितीय योग ज्ञात करते हैं तथा संकेत ΣH प्रदाय करते हैं। [→ के लिए धनात्मक तथा ← के लिए ऋणात्मक]

चरण-3 : उचित चिह्न के साथ सभी बलों के उर्ध्वाधर घटक का बीजगणितीय योग ज्ञात करते हैं तथा संकेत ΣV प्रदाय करते है। [↑ के लिए धनात्मक तथा ↓ के लिए ऋणात्मक]

चरण-4 : समीकरण $R^2 = \Sigma H^2 + \Sigma V^2$ द्वारा परिणामी बल R का परिमाण ज्ञात करते हैं।

चरण-5 : समीकरण $\tan\alpha = \dfrac{\Sigma V}{\Sigma H}$ द्वारा क्षैतिज के साथ परिणामी बल का कोण (α) ज्ञात करते हैं।

उदाहरण 5. *चार समतलीय संगामी बलों का एक निकाय बिन्दु पर क्रियाशील है, जैसाकि नीचे दर्शाया गया है। परिणामी बल का परिमाण और दिशा ज्ञात कीजिए।*

(i) 500 kN उत्तर की ओर क्रियाशील *(ii) 800 kN दक्षिण-पश्चिम की ओर क्रियाशील*
(ii) 1000 kN पूर्व से 30° दक्षिण की ओर क्रियाशील *(iv) 300 kN पश्चिम से क्रियाशील*

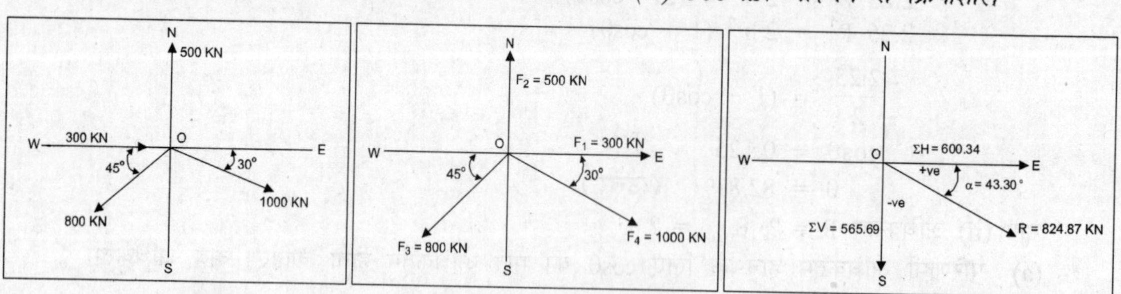

(a) आँकड़े (b) सभी बल एक सेन्स में है (c) परिणामी बल

चित्र-1.15

हल :

उपरोक्त आँकड़ों से सबसे पहले चित्र (a) में दिखाए गए अनुसार सभी बलों को आरेखित करते हैं।

चरण-1 : इस स्थिति में, 300 kN का बल बिन्दु पर दबाव बल के रूप में कार्य करता है और अन्य सभी बल खिंचाव के रूप में कार्य करते हैं, इसलिए इस 300 kN बल को दिखाए गए चित्र (b) के अनुसार क्रिया रेखा को बढ़ाकर खिंचाव बल के रूप में फिर से व्यवस्थित किया जाना चाहिए।

चरण-2-3 : अब सभी बलों के क्षैतिज और ऊर्ध्वाधर घटकों को ज्ञात करने के लिए सारणीबद्ध रूप में संयोजित करना आसान तरीका है, जैसाकि नीचे दिखाया गया है।

स. क्र.	बलों का परिमाण (kN)	+X अक्ष के सापेक्ष कोण θ	क्षैतिज घटक $F_x = F\cos\theta$ (kN)	ऊर्ध्वाधर घटक $F_y = F\sin\theta$ (kN)
1	$F_1 = 300$	0°	300 cos 0° = 300.00	300 sin 0° = 0.00
2	$F_2 = 500$	90°	500 cos 90° = 0.00	500 sin 90° = 500.00
3	$F_3 = 800$	180 + 45 = 225°	800 cos 225° = –565.69	800 sin 225° = –565.69
4	$F_4 = 1000$	360 - 30 = 330°	1000 cos 330° = 866.03	1000 sin 330° = –500.00
		बीजगणितीय योग	ΣH = +600.34 →kN	ΣV = –565.69 ↓kN

चरण-4 : समीकरण द्वारा परिणामी बल का परिमाण ज्ञात करते हैं :

$$R^2 = \Sigma H^2 + \Sigma V^2 = (600.34)^2 + (-565.69)^2 = 680413.2917$$

$R = 824.87$ kN **(उत्तर)**

चरण-5 : ΣH के चिह्न की दिशा से ΣV के चिह्न की दिशा की ओर तक परिणामी बल R का कोण α ज्ञात करते हैं :

$$\tan\alpha = \frac{\Sigma V}{\Sigma H} = \frac{-565.69}{600.34} = -0.9423$$

$\alpha = \tan^{-1}(-0.9423)$ $\therefore$ $\alpha = 43.30^\circ$ ΣH → (पूर्व) से ΣV ↓ (दक्षिण) की ओर

या $\alpha = (360^\circ - 43.30^\circ) = 316.70^\circ$ धनात्मक X अक्ष से वामावर्त दिशा में **(उत्तर)**

चित्र (c) उनके घटकों ΣH और ΣV के साथ परिणामी बल (R) का परिमाण और उसकी दिशा को प्रदर्शित करता है।

उदाहरण 6. *20 kN, 30 kN, 40 kN, 50 kN और 60 kN के बल एक समषट्भुज के कोणीय बिन्दुओं में से एक पर कार्य कर रहे हैं जो क्रम में लिए गए अन्य पाँच कोणीय बिन्दुओं की ओर क्रियाशील है। परिणामी बल का परिमाण और दिशा ज्ञात कीजिए।*

हल :

सबसे पहले षट्भुज और कोणीय बिन्दुओं पर बलों के साथ चित्र को नीचे की तरह आरेखित करते हैं,

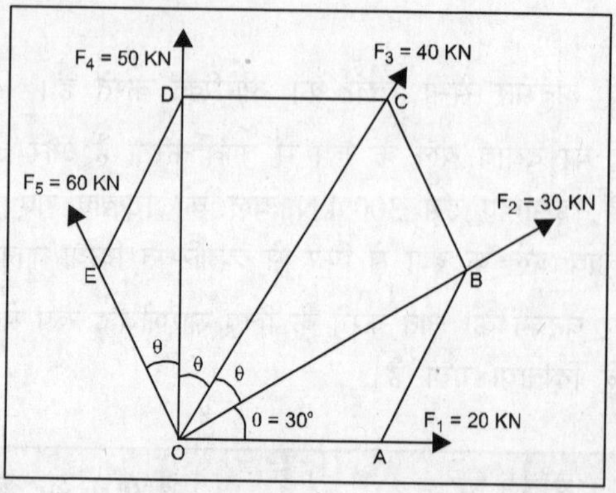

(a) आँकड़े

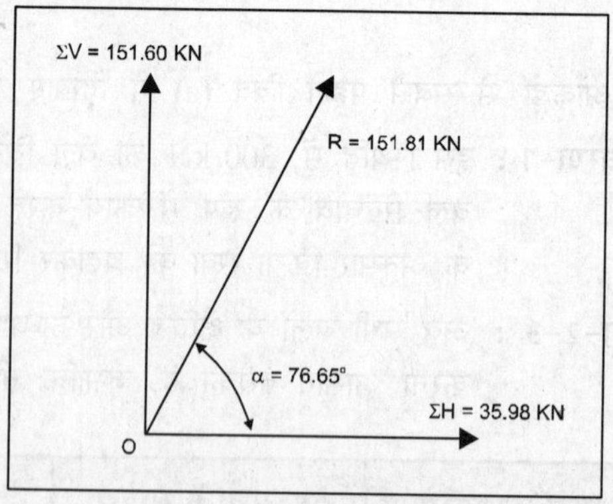

(b) परिणामी बल

चित्र-1.16

किसी भी बहुभुज के लिए, अन्तः कोणों का योग = [(2n − 4) 90°] जहाँ n = सम बहुभुज की भुजाओं की संख्या है।

षट्भुज के लिए; n = 6, आन्तरिक कोणों का योग = (2 × 6 − 4) × 90 = 720°

$\therefore$ प्रत्येक आंतरिक कोण का मान = $\dfrac{720}{6} = 120^o$

अतः दो आसन्न बलों के बीच का कोण, $\theta = \dfrac{120}{4} = 30^o$

चरण-1 : यहाँ बिन्दु O पर कार्य करने वाले सभी बल खिंचाव बल हैं, जैसाकि चित्र (a) में दिखाया गया है।

चरण-2-3 : प्रत्येक बल के क्षैतिज और ऊर्ध्वाधर घटकों को सारणीबद्ध रूप में लिखते हैं।

स. क्र.	बलों का परिमाण (kN)	+X अक्ष के सापेक्ष कोण θ	क्षैतिज घटक $F_x = F \cos\theta$ (kN)	ऊर्ध्वाधर घटक $F_y = F\sin\theta$ (kN)
1	$F_1 = 20$	θ = 0°	20 cos 0° = 20.00	20 sin 0° = 0.00
2	$F_2 = 30$	θ = 30°	30 cos 30° = 25.98	30 sin 30° = 15.00
3	$F_3 = 40$	2θ = 60°	40 cos 60° = 20.00	40 sin 60° = 34.64
4	$F_4 = 50$	3θ = 90°	50 cos 90° = 00.00	50 sin 90° = 50.00
5	$F_5 = 60$	4θ = 120°	60 cos 120° = –30.00	60sin 120° = 51.96
		बीजगणितीय योग	ΣH = +35.98 → kN	ΣV = +151.60 ↑ kN

चरण-4 : समीकरण द्वारा परिणामी बल का परिमाण ज्ञात करते हैं :

$$R^2 = \Sigma H^2 + \Sigma V^2 = (35.98)^2 + (151.60)^2 = 24277.58$$

$\therefore$ R = 151.81 kN **(उत्तर)**

चरण-5 : ΣH के चिह्न की दिशा से ΣV के चिह्न की दिशा की ओर तक परिणामी बल R का कोण α ज्ञात करते हैं :

$$\tan \alpha = \frac{\Sigma V}{\Sigma H} = \frac{151.60}{35.98} = 4.21345$$

$\alpha = \tan^{-1}$ (4.21345) $\therefore$ $\alpha = 76.65^o$ $\Sigma H \rightarrow$ (पूर्व) से $\Sigma V \uparrow$ (उत्तर) की ओर

या $\alpha = 76.65^o$ धनात्मक X अक्ष से वामावर्त दिशा में **(उत्तर)**

उदाहरण 7. *नीचे दिए गए चित्र में दिखाए गए अनुसार तारों AB और AC में तनन बल की गणना कीजिये। माना कि सभी घिरनियाँ घर्षण रहित हैं।*

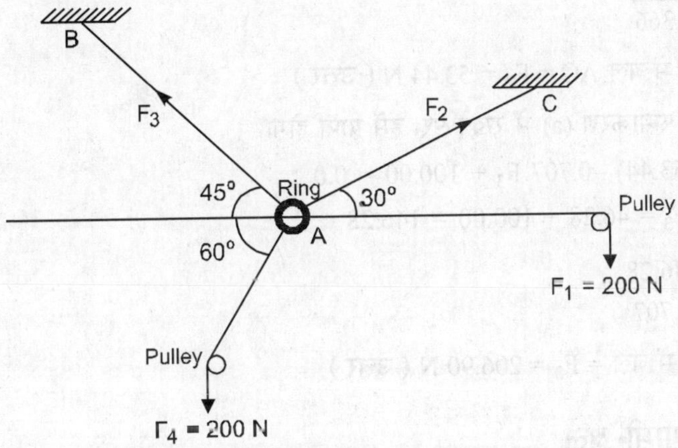

चित्र-1.17

हल :

चूँकि बल निकाय के प्रभाव में पिण्ड साम्यावस्था में है, हम कह सकते हैं कि R = 0 अर्थात् $\Sigma H = 0$ और $\Sigma V = 0$ है।

स. क्र.	बलों का परिमाण (N)	+X अक्ष के सापेक्ष कोण θ	क्षैतिज घटक $F_x = F\cos\theta$ (N)	ऊर्ध्वाधर घटक $F_y = F\sin\theta$ (N)
1	$F_1 = 200$	0°	200 cos 0° = 200.00	20 sin 0° = 0.00
2	$F_2 = ?$	30°	F_2 cos30° = $0.866F_2$	F_2 sin30° = $0.50F_2$
3	$F_3 = ?$	180°– 45° = 135°	F_3 cos135° = $-0.707F_3$	F_3 sin135° = $0.707F_3$
4	$F_4 = 200$	180°+ 60° = 240°	200 cos 240° = –100.00	50 sin 240° = –173.20
	बीजगणितीय योग		$\Sigma H = 0.0$ N	$\Sigma V = 0.0$ N

तालिका से इन दो शर्तों $\Sigma H = 0$ तथा $\Sigma V = 0$ का उपयोग करने पर;

(a) $\Sigma H = 0$

$\therefore 200 + 0.866\ F_2 - 0.707\ F_3 - 100.00 = 0.0$

$\therefore 0.866\ F_2 - 0.707\ F_3 + 100.00 = 0.0$ ...(a)

(b) $\Sigma V = 0$

$\therefore 0 + 0.5\ F_2 + 0.707\ F_3 - 173.20 = 0.0$

$\therefore 0.5\ F_2 + 0.707\ F_3 - 173.20 = 0.0$ ...(b)

(c) समीकरण (a) और (b) को जोड़ने पर, हम प्राप्त करते हैं

$\therefore (0.866 + 0.5)\ F_2 + (-0.707 + 0.707)\ F_3 + (100.00 - 173.20) = 0.0$

$\therefore 1.366\ F_2 - 73.20 = 0.0$

$$\therefore F_2 = \frac{73.20}{1.366}$$

$\therefore$ तार AC में बल AC = F_2 = 53.44 N (**उत्तर**)

(d) F_2 का मान समीकरण (a) में रखने पर, हमें प्राप्त होगा

$(0.866 \times 53.44) - 0.707\ F_3 + 100.00 = 0.0$

$\therefore 0.707\ F_3 = 46.28 + 100.00 = 146.28$

$$\therefore F_3 = \frac{146.28}{0.707}$$

$\therefore$ तार AB में बल = F_3 = 206.90 N (**उत्तर**)

1.8 समतलीय असंगामी बल

1.8.1 बल का आघूर्ण

जब कोई बल किसी पिण्ड पर प्रयुक्त होता है, तो पिण्ड बल की दिशा में गति करता है या गति करने का प्रयास करता है। हालांकि, यदि पिण्ड पर बल कुछ दूरी पर एक भुजा के माध्यम से प्रयुक्त किया जाता है; तो यह पिण्ड पर आघूर्ण उत्पन्न करता है जिसके परिणामस्वरूप पिण्ड में घूर्णन होता है। उदाहरण के लिए, बोल्ट को कसने या खोलने के लिए पाने का प्रयोग किया जाता है जैसाकि चित्र-1.18 में दिखाया गया है।

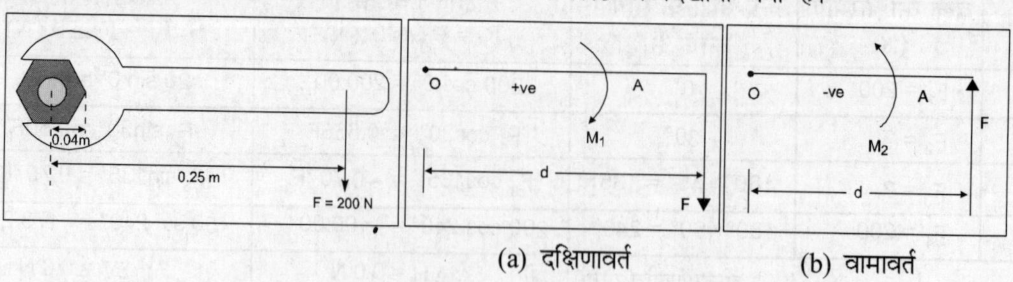

(a) दक्षिणावर्त (b) वामावर्त

आघूर्ण के प्रकार

चित्र-1.18 : बल का आघूर्ण

यहाँ बल F को बोल्ट के केन्द्र बिन्दु O से d की दूरी पर लगाया जाता है जो आघूर्ण उत्पन्न करता है और इसलिए बोल्ट का घूर्णन होता है। किसी बिन्दु के परितः बल का आघूर्ण बल F और दिए गए बिन्दु O से बल की क्रिया रेखा की लम्बवत् दूरी (भुजा) d के गुणनफल द्वारा व्यक्त किया जाता है।

गणितीय रूप में; आघूर्ण = M = बल (F) × लम्बवत् दूरी (d)

अतः $$M = F \cdot d$$

बल के आघूर्ण की इकाई में दो राशियाँ बल और दूरी सम्मिलित होती हैं। बल और दूरी की इकाई के आधार पर, आघूर्ण को न्यूटन-मीटर या किलो न्यूटन-मीटर में व्यक्त किया जा सकता है।

आघूर्ण के प्रकार : चित्र (a) के अनुसार पाने पर लगने वाले बल F के कारण का बोल्ट पर घूर्णी प्रभाव दक्षिणावर्त दिशा में उत्पन्न होता है। अब यदि आप बल के सेन्स को ऊपर की ओर बदलते हैं, तो यह वामावर्त दिशा में घूर्णी प्रभाव उत्पन्न करेगा, जैसाकि चित्र (b) में दिखाया गया है। इस प्रकार आघूर्ण दो प्रकार के होते हैं जिनकी चिन्ह परिपाटी निम्नानुसार प्रकार होती हैं :

(i) दक्षिणावर्त आघूर्ण धनात्मक के रूप में (+ve) तथा (ii) वामावर्त आघूर्ण ऋणात्मक के रूप में (–ve)

इसे करें : *अलग-अलग लम्बाई के पाने की मदद से बोल्ट को खोलने या बंद करने का प्रयास करें। क्या आप समझा सकते हैं कि लम्बे पाने वाले बोल्ट को खोलना या बंद करना आसान क्यों है?*

इसका प्रयास करें : *अपने कमरे के दरवाजे को दरवाजे के बीच से और दरवाजे के हैंडल से धक्का देकर खोलने या बंद करने का प्रयास करें। क्या आप बता सकते हैं कि इनमें से कौनसा आसान है और क्यों?*

1.8.2 वैरिगनन का सिद्धान्त या आघूर्ण का सिद्धान्त

इसके अनुसार : किसी बिन्दु के परितः बल का आघूर्ण उसी बिन्दु के परितः उस बल के घटकों के आघूर्णों के योग के बराबर होता है।

यह सिद्धान्त असंगामी और समानान्तर बल निकाय के लिए परिणामी बल की स्थिति को ज्ञात करने के लिए लागू होता है। वैरिगनन सिद्धान्त को समझने के लिए चित्र-1.19 को देखें।

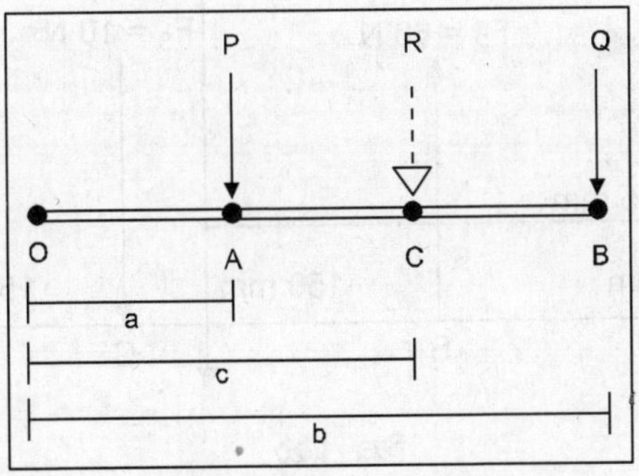

चित्र-1.19 : वैरिगनन सिद्धान्त

मान लीजिए कि बल P और O एक ही तल में बिन्दु A और B पर कार्य कर रहे हैं, जैसाकि चित्र में दिखाया गया है। इन बलों का परिणामी R है। मान लीजिए बिन्दु O से P, Q और R बलों की दूरी क्रमशः a, b और c है।

वैरिगनन सिद्धान्त का उपयोग करने पर :

बिन्दु O के परितः R का आघूर्ण = बिन्दु O के परितः बल P का आघूर्ण + बिन्दु O के परितः बल Q का आघूर्ण

$$R.c = P.a + Q.b$$

समानान्तर बल निकाय के साथ-साथ असंगामी असमानान्तर बल निकाय के लिए परिणामी बल की स्थिति को ज्ञात करने के लिए वैरिगनन सिद्धान्त बहुत उपयोगी होता है।

1.8.3 समानान्तर बल निकाय के लिए वैश्लेषिक विधि

हम बल निकाय में समानान्तर बल निकाय का पहले ही अध्ययन कर चुके हैं। हम कह सकते हैं कि समानान्तर बल, असंगामी बल निकाय का एक विशेष वर्ग होता है। इस निकाय में क्रिया-रेखायें एक दूसरे के समानान्तर होती है लेकिन यह दो समूहों में विभाजित होती है।

(i) सदृश (like) समानान्तर बल निकाय जिसमें सभी बल एक ही सेन्स में होते है या तो खिंचाव अथवा दबाव के रूप में होते हैं तथा

(ii) असदृश (unlike) समानान्तर बल निकाय जिसमें बलों का सेन्स मिश्रित होता है अर्थात कुछ खिंचाव या शेष दबाव के रूप में होते हैं।

समानान्तर बल निकाय का परिणामी निम्नानुसार प्राप्त होता है :

(a) परिमाण : बलों के बीजगणितीय योग द्वारा जबकि ऊपर की ओर वाले बल को धनात्मक (खिंचाव) और नीचे की ओर वाले बल को ऋणात्मक (दबाव) के रूप में लिया जाये।

(b) दिशा : बीजगणितीय योग के चिन्ह के अनुसार क्रिया रेखा और सेन्स।

(c) क्रिया बिन्दु : इसे वैरिगनन सिद्धान्त का उपयोग करके प्राप्त किया जा सकता है।

आइए उपरोक्त बिन्दुओं को समझने के लिए कुछ उदाहरण लेते हैं।

उदाहरण 8. *नीचे दिए गए चित्र में दर्शाए गए समानान्तर बल निकाय का परिणामी बल ज्ञात कीजिए।*

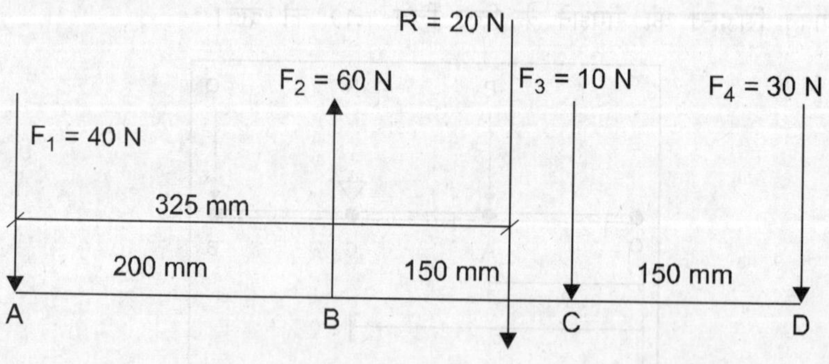

चित्र-1.20

समान्तर बल निकाय

हल :

चिन्ह परिपाटी पर विचार करें : धनात्मक के लिए ↓ (नीचे की ओर) तथा ऋणात्मक के लिए ↑ (ऊपर की ओर)

(i) परिणामी बल का परिमाण = $R = \Sigma F$

$\therefore R = 40 - 60 + 10 + 30 = 20\ N \downarrow$

$\therefore$ परिमाण : $R = 20\ N \downarrow$ **(उत्तर)**

(ii) दिशा : क्रिया रेखा तथा सेन्स धनात्मक चिन्ह के रूप में अर्थात् ↓ (नीचे की ओर) **(उत्तर)**

(iii) क्रिया बिन्दु, वैरिगनन सिद्धान्त का उपयोग करने पर :

बिन्दु A के परितः आघूर्ण लेने पर : दक्षिणावर्त के रूप में धनात्मक

$(40 \times 0) - (60 \times 200) + (10 \times 350) + (30 \times 500) = (R \times x)$

$\therefore 0 - 12000 + 3500 + 15000 = (20 \times x)$

$\therefore 6500 = (20 \times x)$

$\therefore$ स्थिति : $x = 325$ mm, बिन्दु A से **(उत्तर)**

उदाहरण 9. *3 m लम्बे एकसमान लकड़ी का तख्ता AB का भार 40 N है। यह एक सिरे A और बिन्दु D पर टिका हुआ है, जो कि दूसरे सिरे B से 1 m पर है। वह अधिकतम भार W ज्ञात कीजिए जिसे सिरे B पर स्थापित किया जा सकता है, ताकि तख्ता गिरे नहीं।*

हल :

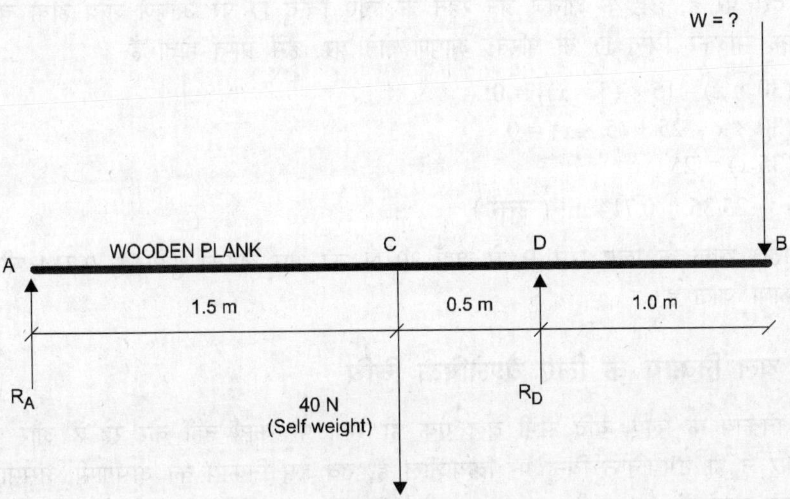

चित्र 1.21

हल :

तख्ता के मध्य बिन्दु पर स्वयं का भार कार्य करता है। अब जब, तख्ता ठीक गिरने की स्थिति में होता है, तब बिन्दु A पर प्रतिक्रिया R_A शून्य होती है।

अतः बिन्दु D के परितः आघूर्ण लेने पर, हम प्राप्त करते हैं

(↺) $W \times 1 = 40 \times 0.5$ (↻)

$\therefore W = 20\ N$ **(उत्तर)**

उदाहरण 10. *10 m लम्बाई की एकसमान छड़ का भार 5 N है। छड़ के एक सिरे से 30 N का भार लटका हुआ होता है। छड़ को किस बिन्दु से लटकाया जाए ताकि वह क्षैतिज रहे?*

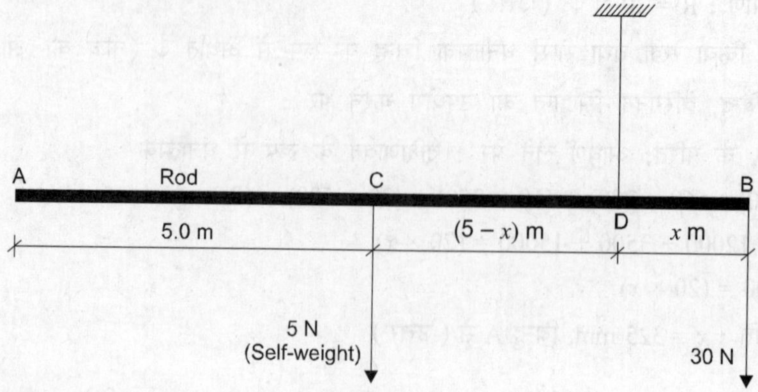

चित्र-1.22

हल :

मान लीजिए कि छड़ को बिन्दु D पर लटकाया जाता है, जो कि इसके सिरे B जहाँ 30 N का भार लटका हुआ है से x की दूरी पर है, छड़ के क्षैतिज बने रहने के लिए बिन्दु D पर आघूर्ण शून्य होना चाहिए। दक्षिणावर्त आघूर्ण को धनात्मक मानकर बिन्दु D के परितः आघूर्ण लेने पर, हमें प्राप्त होता हैं–

$$(30 \times x) - [5 \times (5 - x)] = 0$$

$$\therefore \ (30 \times x - 25 + (5 \times x) = 0$$

$$\therefore \ (35\,x) = 25$$

$$\therefore \ x = 25/35 = 0.714 \text{ m}$$ **(उत्तर)**

छड़ को क्षैतिज रखने के लिए सिरे B से जहाँ 30 N का भार लटका हुआ है, 0.714 मीटर की दूरी पर बिन्दु D पर लटकाया जाता है।

1.8.4 असंगामी बल निकाय के लिए वैश्लेषिक विधि

किसी विशेष बल निकाय के लिए, यदि सभी बल एक ही रेखा पर कार्य नहीं कर रहे हैं और न ही एक दूसरे के समानान्तर हैं और न ही उभयनिष्ठ बिन्दु पर क्रियाशील हैं, तब इस निकाय को असंगामी असमानान्तर या केवल असंगामी बल निकाय कहते हैं। असंगामी बल निकाय के परिणामी बल को ज्ञात करने के लिए निम्नलिखित चरणों (विधि) का पालन किया जाना चाहिए–

चरण-1 : प्रत्येक बल को संकेत देते है और वामावर्त दिशा में धनात्मक X–अक्ष के सापेक्ष बल की दिशा का कोण ज्ञात करते हैं।

चरण-2 : प्रत्येक बल के क्षैतिज घटकों और ऊर्ध्वाधर घटकों को ज्ञात करते हैं। (तालिका में)

चरण-3 : समीकरण $R = \sqrt{(\Sigma H)^2 + (\Sigma V)^2}$ द्वारा परिणामी बल के परिमाण की गणना करते हैं।

चरण-4 : समीकरण $\tan \alpha = \dfrac{\Sigma V}{\Sigma H}$ द्वारा परिणामी बल की दिशा कोण α की गणना करते हैं।

चरण-5 : वैरिगनन सिद्धान्त का उपयोग करके परिणामी बल के क्रिया बिन्दु की स्थिति ज्ञात करते हैं।

इन चरणों को हम कुछ समस्याओं के माध्यम से समझेंगे :

उदाहरण 11. *चार बल जिनके परिमाण 10 N, 20 N, 30 N और 40 N है, क्रमशः 'a' भुजा के एक वर्ग की साथ चार भुजाओं AB, B, CD, DA के अनुदिश क्रियाशील हैं। परिणामी बल तथा वर्ग के बिन्दु A के सापेक्ष क्रिया बिन्दु को ज्ञात कीजिये।*

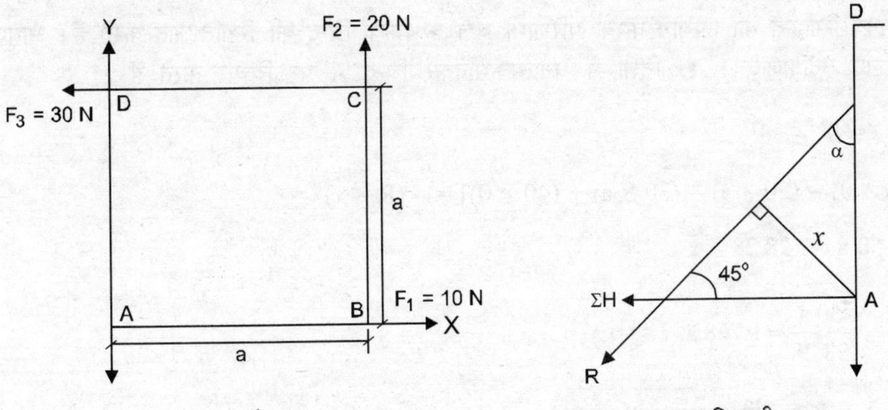

(a) आँकड़े (b) परिणामी बल

चित्र-1.23

चरण-1 : भुजा a का एक वर्ग ABCD खींचते हैं और चित्र (a) में दर्शाए अनुसार क्रमशः AB, BC, CD, DA के अनुदिश क्रमशः 10 N, 20 N, 30 N & 40 N बल को प्रयुक्त करते हैं।

चरण-2 : प्रत्येक बल के क्षैतिज घटकों और ऊर्ध्वाधर घटकों को ज्ञात करते हैं (तालिका में)

स. क्र.	बलों का परिमाण (N)	+X अक्ष के सापेक्ष कोण θ	क्षैतिज घटक $F_x = F\cos\theta$ (N)	ऊर्ध्वाधर घटक $F_y = F\sin\theta$ (N)
1	10	0°	10 cos 0° = 10.00	10 sin 0° = 00.00
2	20	90°	20 cos 90° = 0.00	20 sin 90° = 20.00
3	30	180°	30 cos 180° = –30.00	30 sin 180° = 0.00
4	40	270°	40 cos 270° = 0.00	40 sin 270° = –40.00
		बीजगणितीय योग	ΣH = – 20.0 N ←	ΣV = –20.0 N ↓

चरण-3 : समीकरण $R = \sqrt{(\Sigma H)^2 + (\Sigma V)^2}$ द्वारा परिणामी बल के परिमाण की गणना करते हैं :

$$R = \sqrt{(-20)^2 + (-20)^2} = \sqrt{800}$$

$\therefore$ R = 28.28 N **(उत्तर)**

चरण-4 : समीकरण $\tan\alpha = \dfrac{\Sigma V}{\Sigma H}$ द्वारा परिणामी बल की दिशा कोण α की गणना करते हैं :

$$\tan\alpha = \frac{-20}{-20} = 1.0$$

$\alpha = 45^o$ पश्चिम-दक्षिण की ओर **(उत्तर)**

चरण-5 : वैरिगनन सिद्धान्त का उपयोग करके परिणामी बल के क्रिया बिन्दु की स्थिति ज्ञात करते हैं। आघूर्ण के लिए (दक्षिणावर्त) ↻ दिशा में धनात्मकमानकर बिन्दु A पर विचार करते हैं :

$$\Sigma M_A = 0$$

$$[(10 \times 0) - (20 \times a) - (30 \times a) + (40 \times 0)] = -(R \times x)$$

$$\therefore -50\,a = -28.28 \times x$$

$$\therefore x = \frac{50\,a}{28.28} = 1.768\,a \quad (\text{उत्तर})$$

उत्तर : बिन्दु A से 1.768 a की लम्बवत् दूरी पर $\alpha = 45^o$ कोण पर परिणामी बल R = 28.28 N क्रियाशील होता है, जैसाकि चित्र (b) में दिखाया गया है।

उदाहरण 12. *एक वर्गाकार जाल जिसका आकार 100 मिमी × 100 मिमी है पर चार बल क्रियाशील हैं, जैसाकि चित्र में दिखाया गया है। परिणामी बल तथा वर्गाकार जाल के बिन्दु O के सापेक्ष क्रियाबिन्दु को भी ज्ञात कीजिये।*

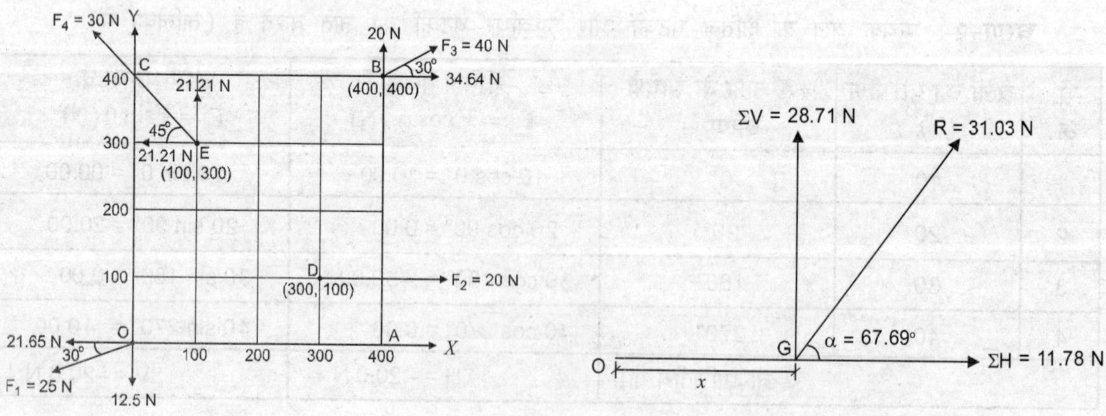

(a) आँकड़े (b) परिणामी बल

चित्र-1.24

चरण-1 : वर्गाकार जाल में दर्शाए अनुसार सभी बलों को संकेत देते हैं।

चरण-2 : प्रत्येक बल के क्षैतिज घटकों और ऊर्ध्वाधर घटकों को ज्ञात करते हैं (तालिका में)

स. क्र.	बलों का परिमाण (N)	+X अक्ष के सापेक्ष कोण θ	क्षैतिज घटक $F_x = F\cos\theta$ (N)	ऊर्ध्वाधर घटक $F_y = F\sin\theta$ (N)
1	$F_1 = 25$	180°+ 30° = 210°	–21.65	–12.5
2	$F_2 = 20$	0°	20.00	00.00
3	$F_3 = 40$	30°	34.64	20.00
4	$F_4 = 30$	180° – 45° = 135°	–21.21	21.21
		बीजगणितीय योग	ΣH= 11.78 N →	ΣV= 28.71 N ↑

चरण-3 : समीकरण $R = \sqrt{(\Sigma H)^2 + (\Sigma V)^2}$ द्वारा परिणामी बल के परिमाण की गणना करते हैं :

$$R = \sqrt{(11.78)^2 + (28.71)^2} = \sqrt{963.03}$$

$\therefore R = 31.03$ N **(उत्तर)**

चरण-4 : समीकरण $\tan\alpha = \dfrac{\Sigma V}{\Sigma H}$ द्वारा परिणामी बल की दिशा कोण α की गणना करते हैं :

$$\tan\alpha = \frac{28.71}{11.78} = 2.4372$$

$\alpha = 67.69^o$ पूर्व-उत्तर की ओर **(उत्तर)**

चरण-5 : वैरिगनन सिद्धान्त का उपयोग करके परिणामी बल के क्रिया बिन्दु की स्थिति ज्ञात करते हैं। इस स्थिति में यदि हम प्रत्येक बल के घटकों का आघूर्ण लेते हैं, तो गणना करना आसान होता है क्योंकि भुजा सीधे उस बिन्दु के निर्देशांक से ज्ञात हो सकती है जहाँ बल कार्य कर रहा है। आघूर्ण के लिए (दक्षिणावर्त) ↻ दिशा में धनात्मक मानकर बिन्दु O पर विचार करते हैं,

(a) सभी बल के कारण :

$$\begin{aligned}\Sigma M_O &= (-21.65 \times 0) - (12.50 \times 0) + (20.0 \times 100.0) + (34.64 \times 400) - (20 \times 400) \\ &\quad - (21.21 \times 300) - (21.21 \times 100) \\ &= 0 + 0 + 2000 + 13856 - 8000 - 6363 - 2121 \\ &= -628 \text{ N.mm} \circlearrowleft \text{ (वामावर्त)} \quad .....(a)\end{aligned}$$

(b) परिणामी बल के कारण :

सभी बलों के वामावर्त योग के कारण, R को उसी प्रकार का आघूर्ण प्रदान करना चाहिए, इसलिए R बिन्दु O के दाईं ओर क्रिया करता है, तब बिन्दु O पर केवल आघूर्ण वामावर्त दिशा में हो सकता है।

मान लीजिए कि R की क्रिया रेखा x अक्ष को बिन्दु G पर बिन्दु O से x दूरी पर काटती है, जैसाकि चित्र में दिखाया गया है।

बिन्दु G पर R को ΣH और ΣV में वियोजित करके करने पर और बिन्दु O के परितः आघूर्ण लेने पर।

$$\Sigma M_O = (\Sigma H \times 0) + (\Sigma V \times x) = (11.78 \times 0) - (28.71 \times x)$$
$$= (-28.71 \times x) \quad ....(b)$$

समीकरण (a) और (b) में परिकलित आघूर्ण बराबर करने पर, हम प्राप्त करते हैं

$$28.71 \times x = 628$$

$\therefore\ x = 21.87$ mm x–अक्ष पर बिन्दु O से (उत्तर)

उत्तर : परिणामी बल R = 31.03 N बिन्दु O से x = 21.87 mm की दूरी पर बिन्दु G पर धनात्मक X–अक्ष के साथ कोण $\alpha = 67.69^o$ पर कार्य करता है।

यूनिट सारांश

- **अदिश राशि :** वह राशि जिसे केवल परिमाण द्वारा पूर्ण रूप से निर्दिष्ट किया जा सकता है, अदिश राशि कहलाती है।
- **सदिश राशि :** वह राशि जिसे परिमाण और दिशा दोनों द्वारा पूर्ण रूप से निर्दिष्ट किया जा सकता है, सदिश राशि कहलाती है।
- **मौलिक इकाइयाँ :** लम्बाई, द्रव्यमान और समय मूल मौलिक राशियाँ हैं और इन राशियों की इकाई को मौलिक इकाई कहते हैं।
- **व्युत्पन्न इकाइयाँ :** मौलिक इकाइयों के अलावा अन्य इकाइयों को मूल इकाइयों से प्राप्त किया जा सकता है, जिन्हें व्युत्पन्न इकाइयाँ कहते हैं।
- **एसआई इकाइयाँ :** 1960 में अंतरराष्ट्रीय समझौते के द्वारा दुनिया भर में स्वीकार और उपयोग की जाने वाली अंतर्राष्ट्रीय प्रणाली एसआई इकाई कहलाती है।
- **बल :** एक बल एक बाहय कारक होता है जो विरामावस्था या गति अवस्था में पिण्ड की स्थिति को बदलने की प्रवृत्ति रखता है।

  बल के लक्षण : (A) परिमाण (B) दिशा (C) सेन्स (बल का प्रकार) तथा (D) क्रिया बिन्दु।

  बल का प्रभाव : (A) इसकी विरामावस्था या गति की अवस्था परिवर्तित होती है (B) इसकी गति त्वरित या मंदित होती है (C) इसका आकार तथा आकृति परिवर्तित होती है (D) इसे मोड़ती या घुमाती है (E) इसे साम्यावस्था में बनाये रखती है।
- **बल निकाय तथा वर्गीकरण :**

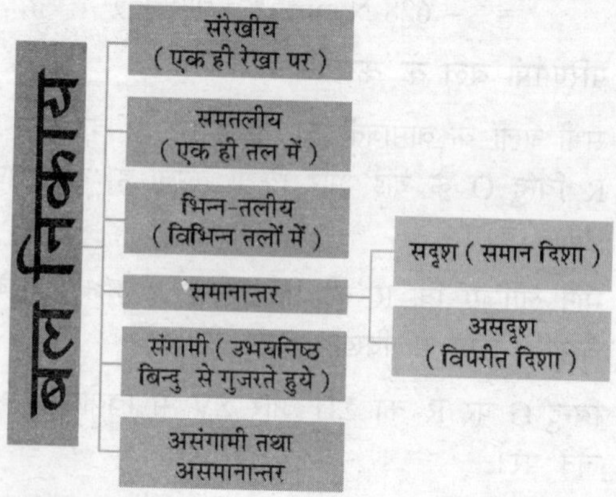

- **बल-स्थैतिकी का सिद्धान्त :**

  बलों की साम्यावस्था का नियम : दो बल केवल तभी साम्यावस्था में हो सकते हैं, जब वे परिमाण में समान हों, दिशा में विपरीत हों और क्रिया में सरेखीय हों।

  बलों के अध्यारोपण का सिद्धान्त : पिण्ड पर दिए गए बल निकाय की क्रिया नहीं बदलेगी यदि हम इसमें से साम्यावस्था में बलों की एक अन्य निकाय को जोड़ते या घटाते हैं।

  बलों की स्थानान्तरणशीलता का सिद्धान्त : पिण्ड पर बल के क्रिया बिन्दु को बलों के प्रभाव को बदले बिना अपनी क्रिया रेखा के साथ स्थानान्तरित किया जा सकता है।

- **बल का वियोजन :** एक बल को दो दिशाओं में वियोजित किया जा सकता है कि इन बलों का परिणामी एक दिया गया बल होता है। यह प्रक्रिया बलों का वियोजन कहलाती है।

- **लम्बकोणीय घटक :** सामान्यतः, बल दो परस्पर लम्बवत् निर्देशांक अक्षों X तथा Y में वियोजित किया जाता है, को क्रमशः क्षैतिज और लम्बवत् घटक कहते है।

  $P_x = P.\cos\ \theta$ and $P_y = P.\sin\ \theta$

- **बल का आघूर्ण :** जब बल किसी पिण्ड पर कुछ दूरी से एक भुजा के माध्यम से प्रयुक्त किया जाता है; तो यह पिण्ड पर आघूर्ण उत्पन्न करता है जिसके परिणामस्वरूप घूर्णन होता है।

  आघूर्ण की इकाई न्यूटन-मीटर या किलोन्यूटन-मीटर में व्यक्त की जा सकती है।

  आघूर्ण का प्रकार (i) दक्षिणावर्त आघूर्णधनात्मक के रूप में (+ve) तथा (ii) वामावर्त आघूर्ण ऋणात्मक के रूप में (–ve).

- **वैरिगनन का सिद्धान्त या आघूर्ण का सिद्धान्त :** किसी बिन्दु के परितः बल का आघूर्ण उसी बिन्दु के परितः बल के घटकों के आघूणों के योग के बराबर होता है।

- **बलों का संयोजन (परिणामी बल) :** यदि बल निकाय में अनेक बलों को किसी पिण्ड पर प्रयुक्त किया जाता है, तब हम इसे एक ही बल से प्रतिस्थापित कर सकते हैं, जो बल निकाय के समान प्रभाव उत्पन्न करता है, तब इस प्रतिस्थापित एकल बल को परिणामी बल कहते हैं और यह प्रक्रिया जिसके द्वारा परिणामी बल को ज्ञात किया जाता है, बलों का संयोजन कहलाता है।

- **संगामी बल निकाय के लिए वैश्लेषिक विधि :**

  बलों के समान्तर चतुर्भुज का नियम : एक पिण्ड पर एक साथ क्रियाशील दो बल, यदि एक समान्तर चतुर्भुज की दो आसन्न भुजाओं द्वारा परिमाण और दिशा में प्रदर्शित किये जाएँ, तब दोनों बलों के प्रतिच्छेदन बिन्दु से गुजरने वाला समान्तर चतुर्भुज का विकर्ण परिणामी बल का परिमाण के साथ-साथ दिशा में भी प्रदर्शित करता है।

  वियोजन की विधि : जब किसी बल निकाय में दो से अधिक बल एक बिन्दु पर कार्य करते हैं, तो बलों के समान्तर चतुर्भुज के नियम द्वारा परिणामी बल को ज्ञात के लिए यह प्रक्रिया बहुत लंबी और थकाऊ हो जाती है। इस तरह के बल निकाय के लिए वियोजन की विधि बहुत मददगार होती है।

- **समानान्तर बल निकाय के लिए वैश्लेषिक विधि :**

  (a) परिमाण : बलों के बीजगणितीय योग द्वारा जबकि ऊपर की ओर वाले बल को धनात्मक (खिंचाव) और नीचे की ओर वाले बल को ऋणात्मक (दबाव) के रूप में लिया जाये।

  (b) दिशा : बीजगणितीय योग के चिन्ह के अनुसार क्रिया रेखा और सेन्स।

(c) क्रिया बिन्दु : वैरिगनन सिद्धान्त का उपयोग करके प्राप्त किया जा सकता है।

- **असंगामी बल निकाय के लिए वैश्लेषिक विधि :**

असंगामी बल निकाय के परिणामी बल को ज्ञात करने के लिए, निम्नलिखित चरणों का पालन करें :

चरण-1 : प्रत्येक बल को संकेत देते हैं और वामावर्त दिशा में धनात्मक x-अक्ष के सापेक्ष बल की दिशा का कोण ज्ञात करते हैं।

चरण-2 : प्रत्येक बल के क्षैतिज घटकों और ऊर्ध्वाधर घटकों को ज्ञात करते हैं (तालिका में)

चरण-3 : समीकरण $R = \sqrt{(\Sigma H)^2 + (\Sigma V)^2}$ द्वारा परिणामी बल के परिमाण की गणना करते हैं।

चरण-4 : समीकरण $\tan \alpha = \frac{\Sigma V}{\Sigma H}$ द्वारा परिणामी बल की दिशा कोण α की गणना करते हैं।

चरण-5 : वैरिगनन सिद्धान्त का उपयोग करके परिणामी बल के क्रिया बिन्दु की स्थिति ज्ञात करते हैं।

संगामी बल निकाय के लिए परिणामी बल ज्ञात करने के लिए आरेखीय विधि

(A) **बल के त्रिभुज का नियम :** यदि एक बिन्दु पर कार्य करने वाले दो बलों को एक त्रिभुज की दो भुजाओं द्वारा परिमाण और दिशा में एक ही क्रम से निरूपित किया जाता है; तो विपरीत क्रम में ली गयी त्रिभुज की तीसरी भुजा परिमाण और दिशा में दोनों बलों के परिणामी बल को प्रदर्शित करती है।

(B) **बल के समान्तर चतुर्भुज का नियम :** एक बिन्दु पर एक साथ क्रियाशील दो बलों को यदि एक समान्तर चतुर्भुज के दो आसन्न भुजाओं द्वारा परिमाण और दिशा में प्रदर्शित करते हैं, तब दोनों बलों के प्रतिच्छेद बिन्दु से जाने वाला समान्तर चतुर्भुज का विकर्ण, परिणामी बल का परिमाण के साथ-साथ दिशा में भी प्रदर्शित करता है।

(C) **बलों के बहुभुज का नियम :** यदि किसी पिण्ड पर क्रियाशील अनेक समतलीय संगामी बलों की संख्या को एक ही क्रम में ली गई किसी बहुभुज की भुजाओं द्वारा परिमाण और दिशा में निरूपित किया जाता है, तो प्रथम बल के प्रारंभ बिन्दु से अंतिम बल के अंतिम बिन्दु को मिलाने वाली रेखा (बंद रेखा) परिणामी बल का परिमाण और दिशा में प्रदर्शित करती है।

अभ्यास

(A) वस्तुनिष्ठ प्रश्न

1.1 एसआई इकाई में बल की इकाई होती है–

(a) किलोग्राम (b) न्यूटन (c) वाट (d) जूल

1.2 बलों को संगामी कहा जाता है जब उनकी क्रिया रेखाएं मिलती हैं–

(a) एक बिन्दु पर (b) दो बिन्दुओं पर

(c) एक तल में (d) भिन्न तलों में

1.3 बलों के बहुभुज के नियम के बारे में कौन सा कथन सही है–

(a) यदि किसी बिन्दु पर क्रियाशील अनेक बलों को एक ही क्रम में ली गयी बहुभुज की भुजाओं द्वारा निरूपित किया जा सकता है तो बल संतुलन में होते हैं

(b) यदि किसी बिन्दु पर क्रियाशील अनेक बलों को बहुभुज की भुजाओं द्वारा दिशा और परिमाण में प्रदर्शित किया जा सकता है तो बल संतुलन में होते हैं

(c) यदि किसी बिन्दु पर क्रियाशील अनेक बलों को एक ही क्रम में ली गई बहुभुज की भुजाओं द्वारा दिशा और परिमाण में निरूपित किया जा सकता हैए तो बल संतुलन में होते हैं

(d) यदि एक बिन्दु पर क्रियाशील बलों को प्रदर्शित करने वाला बहुभुज बंद है तो बल संतुलन में होते हैं

1.4 किसी पिण्ड पर बल का प्रभाव निर्भर करता है–

(a) परिमाण (b) दिशा

(c) सेन्स (बल का प्रकार) (d) उपरोक्त सभी

1.5 यदि समान परिमाण P के दो बल 90º के कोण पर कार्य करते हैं, तो उनका परिणाम होगा–

(a) 2P (b) $\sqrt{2}\,P$ (c) P/2 (d) $2\sqrt{P}$

1.6 यदि परिमाण P के दो समान बल 180º के कोण पर कार्य करते हैं, तो उनका परिणामी होगा–

(a) 2P (b) $\sqrt{2}\,P$ (c) 0 (d) $2\sqrt{P}$

1.7 निम्न में से कौन एक अदिश राशि नहीं है–

(a) त्वरण (b) समय (c) द्रव्यमान (d) घनत्व

1.8 निम्नलिखित में से कौन एक सदिश राशि है–

(a) ऊर्जा (b) द्रव्यमान (c) संवेग (d) गति

1.9 पिण्ड का भार .... के कारण होता है–

(a) पृथ्वी का अभिकेन्द्री बल

(b) पृथ्वी द्वारा लगाया गया गुरुत्वाकर्षण बल

(c) कणों द्वारा अनुभव किया जाने वाला आकर्षण बल

(d) पृथ्वी के केन्द्र की ओर लगने वाला आकर्षणात्मक गुरुत्वाकर्षण बल

1.10 एक बिन्दु पर क्रियाशील अनेक बल संतुलन में होंगे यदि–

(a) उनका कुल योग शून्य है

(b) समकोण पर दो दिशाओं में वियोजित दो भाग बराबर होते हैं

(c) किन्हीं दो लम्बवत् दिशाओं में वियोजित किए गए दोनों भागों का योग शून्य है

(d) वे सभी समान रूप से झुके हुए हैं

1.11 दो असरेखीय समान्तर समान बल विपरीत दिशा में क्रियाशील होते हैं तो–

(a) एक दूसरे को संतुलित करते हैं (b) बलयुग्म बनाते हैं

(c) आघूर्ण बनाते हैं (d) परिणामी बलयुग्म बनाते हैं

[**उत्तर :** (1–b), (2–a), (3–d), (4–d), (5–b), (6–c), (7–a), (8–c), (9–d), (10–c), (11–d)]

(B) विषयात्मक प्रश्न

1.1 इकाइयों के लिए एस.आई. प्रणाली के महत्व को बताइये।

1.2 इंजीनियरिंग यांत्रिकी को परिभाषित कीजिये और इसकी शाखाओं की व्याख्या कीजिये।

1.3 एसआई प्रणाली में निम्नलिखित राशियों की इकाई लिखिए–

(i) बल (ii) वेग (iii) त्वरण (iv) आघूर्ण (v) कार्य।

1.4 सिद्ध कीजिए कि पिण्ड का भार एक सदिश राशि है।

1.5 परिभाषित कीजिये :

(i) बल (ii) दृढ़ पिण्ड (iii) लचीला पिण्ड (iv) अदिश राशि (v) सदिश राशि (vi) मौलिक इकाइयाँ (vii) व्युत्पन्न इकाइयाँ (viii) बल का वियोजन (ix) बल का संयोजन (x) बल का आघूर्ण।

1.6 बल के लक्षणों की सूची बनाइये और उनकी व्याख्या कीजिए।

1.7 बल निकायों की सूची बनाइये और प्रत्येक को चित्र सहित समझाइये।

1.8 परिभाषित कीजिये : (i) संरेखीय बल निकाय (ii) संगामी बल निकाय (iii) समानान्तर बल निकाय (iv) समतलीय बल निकाय (v) भिन्न-तलीय बल निकाय (vi) असंगामी बल निकाय।

1.9 एक पत्थर पहाड़ी से नीचे की ओर गति कर रहा है जबकि इस पर भौतिक रूप से कोई बल नहीं लगाया जा रहा है। क्या पत्थर पर कोई बल कार्य कर रहा है? यदि हाँ, तो नाम दीजिये।

1.10 निम्नलिखित की व्याख्या कीजिये : (i) बल के साम्यावस्था का नियम (ii) बल के अध्यारोपण का सिद्धान्त (iii) बल के स्थानान्तरणशीलता का सिद्धान्त (iv) वैरिगनन सिद्धान्त (v) बल के समान्तर चतुर्भुज का नियम (vi) बल के त्रिभुज का नियम (vii) बल के बहुभुज का नियम।

1.11 बल आघूर्ण क्या होता है? इसके प्रकारों को चित्र द्वारा स्पष्ट कीजिए।

1.12 बल के समान्तर चतुर्भुज के नियम द्वारा परिणामी बल ज्ञात करने के लिए समीकरण लिखिए।

1.13 वियोजन विधि द्वारा परिणामी बल ज्ञात करने के चरणों की सूची बनाइए।

1.14 असंगामी समतलीय बल निकाय के लिए परिणामी बल ज्ञात करने के चरणों को लिखिए।

1.15 क्रिया बिन्दु की स्थिति को ज्ञात के लिए वैरिगनन सिद्धान्त किस प्रकार से उपयोगी होता है?

1.16 240 N और 200 N के दो बल एक दूसरे के साथ 60° के कोण पर एक बिन्दु पर क्रियाशील हैं। परिणामी बल ज्ञात कीजिए। [उत्तर : R = 381.57 N, P के साथ 27° पर]

1.17 60° के कोण पर क्रियाशील दो समान बलों का परिणामी बल $30\sqrt{3}$ N है। बल का परिमाण ज्ञात कीजिए। [उत्तर : F = 30 N]

1.18 दो बल प्रत्येक 100 kN, परस्पर 45° के कोण पर क्रियाशील हैं। परिणामी का परिमाण और दिशा ज्ञात कीजिए। [उत्तर : R = 184.77 kN, प्रत्येक बल के साथ 22.5^o]

1.19 एक बिन्दु पर 1500 N और 800 N के दो बल एक दूसरे के साथ 75° के कोण क्रियाशील हैं। परिणामी बल ज्ञात कीजिए। [उत्तर : R = 1873.81 N, P के साथ 24.35^o पर]

1.20 तीन बल 2P, 3P और 4P क्रम में लिए गए एक समबाहु त्रिभुज की तीन भुजाओं के अनुदिश कार्य करते हैं। परिणामी बल ज्ञात कीजिए। [उत्तर : 1.732 P तथा 210°]

1.21 50 सेमी लम्बाई की एक डोरी ABC समान स्तर पर दो बिन्दुओं A और C से बंधी है। A से 30 सेमी दूर बिन्दु B पर 500 N के एक भार को छल्ले द्वारा डोरी के साथ लगाया जाता है और क्षैतिज खिंचाव बल P भी B पर कार्य करता है। यदि बिन्दु B, AC के स्तर से 15 सेमी नीचे है, तो बल P का परिमाण ज्ञात कीजिए। मानिये B के दोनों ओर डोरी में तनाव समान हैं। [उत्तर : P = 82 N]

1.22 निम्नलिखित बल निकाय के लिए परिणामी बल का परिमाण और दिशा ज्ञात कीजिए। (i) 30 N बल दक्षिण की ओर (ii) 30 N बल पूर्व से 30° उत्तर की ओर (iii) 10 N दबाव बल पश्चिम से 60° दक्षिण की ओर (iv) 20 N बल पश्चिम की ओर क्रियाशील है।

[उत्तर : R = 13.68 N, +X अक्ष के साथ 150°]

1.23 पिण्ड के एक बिन्दु पर क्रियाशील निम्नलिखित बल निकाय के परिणामी बल को ज्ञात कीजिये।
(i) 200 kN उत्तर से 30° पूर्व की ओर (ii) 250 kN उत्तर की ओर
(iii) 350 kN पश्चिम से दक्षिण की ओर 40° पर (iv) 300 kN उत्तर-पश्चिम दिशा में

[उत्तर : R = 456 kN, पश्चिम से 47.7^o उत्तर की ओर]

1.24 एक बिन्दु पर क्रियाशील निम्नलिखित बलों के परिणामी का परिमाण और दिशा ज्ञात कीजिए।
(i) 10 N + Y अक्ष के अनुदिश (ii) 20 N + X अक्ष के साथ 210° पर
(iii) 30 N + X अक्ष के साथ 315° पर।

[उत्तर : R = 21.56 N, + X अक्ष के साथ 280.39^o]

1.25 गिण्ड के एक बिन्दु पर क्रियाशील निम्नलिखित बल का परिणामी बल ज्ञात कीजिए। (i) 100 N खिंचाव N 30° E (ii) 125 N दबाव N 45° W (iii) 60 N दबाब S 60° W (iv) 50 N पश्चिम की ओर खिंचाव।

[उत्तर : 143.16 N खिंचाव, 11.36^o]

1.26 ABCD एक 10 सेमी भुजा वाला एक वर्ग है। बल 4 kN, 9 kN, 7 kN और 5 kN क्रमशः AB, BC, CD और DA के अनुदिश कार्य करते हैं। इन बलों के परिणामी प्रभाव ज्ञात कीजिये।
[उत्तर : R = बिन्दु A से 22.5 सेमी क्षैतिज दूरी पर W 53° N के साथ 5 kN]

1.27 2 N, $\sqrt{3}$ N, 5 N, $\sqrt{3}$ N, 2 N के बल एक समषट्भुज के एक कोणीय बिन्दु से शेष कोणीय बिन्दुओं की ओर एक ही क्रम में कार्यरत है। परिणामी बल का मान तथा दिशा ज्ञात कीजिये।

[उत्तर : R = 10 N, 60°]

प्रायोगिक कार्य

P–1 : इंजीनियरिंग यांत्रिकी से संबंधित उपकरण

1.1 प्रायोगिक कथन

इंजीनियरिंग यांत्रिकी से संबंधित विभिन्न उपकरणों का अध्ययन करना।

1.2 प्रायोगिक महत्त्व

इंजीनियरिंग यांत्रिकी से संबंधित विभिन्न उपकरणों के कार्य को जानना। इंजीनियरिंग यांत्रिकी के सभी प्रयोगों के लिए इसी प्रायोगिक नियमावली का उपयोग किया जाता है।

1.3 प्रासंगिक सिद्धान्त

[अनुच्छेद संख्या-1.1 से 1.4 तक को देखें]

1.4 प्रैक्टिकल आउटकम्स (PrO)

प्रयोग पूर्ण करने के पश्चात् विद्यार्थी निम्न में सक्षम होंगे :

PrO1 : इंजीनियरिंग यांत्रिकी से संबंधित विभिन्न उपकरणों को समझना।

1.5 प्रायोगिक व्यवस्था

आपको इंजीनियरिंग यांत्रिकी की प्रयोगशाला का भ्रमण करना होगा और अपनी प्रयोगशाला में उपलब्ध विभिन्न उपकरणों की सूची बनानी होगी।

1.6 आवश्यक संसाधन

क्र	सुझाए गए आवश्यक संसाधन महत्वपूर्ण विशिष्टता वाली मशीनें / उपकरण / यंत्र	संख्या	आवश्यक वास्तविक संसाधन विस्तृत विवरण सहित मशीनें / उपकरण / यंत्र	टिप्पणी

1.7 सावधानियाँ

प्रयोगशाला से संबंधित सामान्य सावधानियां :

- तैयार रहना : किसी भी प्रयोग को शुरू करने से पहले प्रयोग पुस्तिका में प्रयोग की प्रक्रिया को पढ़िए।
- सुरक्षा के बारे में विचार करना : सोच-समझकर और सावधानी से कार्य करें।
- सभी छात्रों की निगरानी किया जाना चाहिए : कभी भी अकेले कार्य न करें।
- विशेष उपकरणों या मशीनों के लिए सावधानियाँ जानना : प्रयोग पुस्तिका और / या प्रशिक्षक आपके द्वारा कोई भी प्रयोग करने से पहले व्यक्तिगत प्रयोगों पर विशिष्ट सुरक्षा मुद्दों की समीक्षा करेंगे।
- सभी छात्रों को उपयुक्त प्रयोगशाला पोशाक पहननी चाहिए : खुले पैर के जूते. ढीले-ढाले कपड़े नहीं होने चाहिए तथा गहने हटा दिए जाने चाहिए; लंबे बालों को पीछे बांधना चाहिए।
- किसी भी संभावित सुरक्षा खतरों की रिपोर्ट करना : अपने प्रशिक्षक / टीए / या स्टाफ सदस्य को किसी भी तरह के रिसाव, उपकरण खराब होने, चोट लगने या अन्य संभावित सुरक्षा खतरों की तुरंत रिपोर्ट करें।
- सभी छात्रों को उचित सुरक्षा उपकरण पहनने चाहिए, जैसे-जूते आदि
- प्रयोगशाला में कोई भोजन या पेय का प्रयोग नहीं किया जाना चाहिए।
- अपने कार्यक्षेत्र को साफ रखें।

1.8 प्रयोग विधि

प्रत्येक मशीन / उपकरण का प्रयोग किसी विशेष प्रयोग के लिए किया जाना चाहिए। कुछ मशीनों / उपकरणों का उपयोग एक से अधिक प्रयोगों के लिए भी किया जाना चाहिए। इस पर विस्तार से चर्चा होनी चाहिए।

1.9 प्रेक्षण सारणी एवं गणना

यंत्र / उपकरण / मशीन का नाम	प्रयोग की संख्या जिसमें इस यंत्र / उपकरण / मशीन का उपयोग किया जाना है	टिप्पणी

1.10 परिणाम एवं / अथवा विवेचना

यहाँ प्रत्येक प्रयोग से प्राप्त परिणाम और उसकी व्याख्या लिखनी है।

1.11 निष्कर्ष एवं / अथवा सत्यापन

यहाँ आपको प्रयोग के लिए निष्कर्ष / सत्यापन लिखना है।

1.12 प्रयोग सम्बन्धित प्रश्न

आपको प्रयोग से संबंधित प्रश्न का उत्तर अलग पेज में देना होगा।

1.13 अपशिष्ट का निपटान

इस प्रयोग में फेंके जाने वाले अपशिष्ट पदार्थों को निम्नलिखित डिब्बों में वर्गीकृत करें :

अपशिष्ट के प्रकार	डिब्बे का रंग	विवरण
बायोडिग्रेबल अपशिष्ट	हरा	
ई-अपशिष्ट	काला	
प्लास्टिक और धातु अपशिष्ट	नीला	
अन्य कोई		

1.14 पर्यावरण के अनुकूल दृष्टिकोण : पुनः उपयोग, कम उपयोग एवं पुनर्चक्रण

लिखिए कि प्रयोग के लिए प्रयुक्त संसाधनों में से किन सामग्रियों का पुनः उपयोग / कम उपयोग / पुनर्चक्रण किया जा सकता है।

1.15 सुझाई गई मूल्यांकन योजना :

प्रयोग का आकलन सतत् रूप से होना चाहिए। दिए गए प्रदर्शन संकेत प्रक्रिया और परिणाम से संबंधित अंकों के मूल्यांकन के लिए एक दिशा निर्देश के रूप में कार्य करना चाहिए।

विधार्थी का नाम : ______________________ रोल नं. : ______________

प्रक्रिया मूल्यांकन (70%)					परिणाम मूल्यांकन (30%)		
तैयारी	शुद्धता	प्रयोगशाला प्रबन्धन	उपकरण का प्रचालन	सावधानियाँ	विवेचना	परिणाम व्यक्तिकरण	मौखिक प्रश्न
/ 30	/ 10	/ 10	/ 10	/ 10	/ 10	/ 10	/ 10
शिक्षक के हस्ताक्षर एवं दिनांक					कुल प्राप्तांक / 100		

P–8 / 9 : बहुभुज का नियम (वैश्लेषिक तथा आरेखीय विधि)

8.1 प्रायोगिक कथन

बहुभुज के नियम को प्रयुक्त करके संगामी बल निकाय के परिणामी को ज्ञात करना।

8.2 प्रायोगिक महत्त्व

वैश्लेषिक विधि / आरेखीय विधि द्वारा बल तालिका का उपयोग करते हुए बल के बहुभुज के नियम को प्रयुक्त करके संगामी बल निकाय के परिणामी बल को ज्ञात करना।

8.3 प्रासंगिक सिद्धान्त

बल का वियोजन : किसी बल का उसके प्रभाव को बदले बिना दो घटकों में विभाजित करना बल का वियोजन कहलाता है।

बलों का संयोजन : दिए गए दो या दो से अधिक बलों के लिए परिणामी बल ज्ञात करना बलों का संयोजन कहलाता है।

बलों के बहुभुज का नियम : यदि किसी पिण्ड पर क्रियाशील अनेक बलों को परिमाण तथा दिशा में एक ही क्रम में ली गई किसी बहुभुज की भुजाओं द्वारा निरूपित किया जाता है, तो विपरीत क्रम में ली गयी उस बहुभुज को बन्द करने वाली भुजा परिमाण और दिशा में इन बलों के परिणामी को व्यक्त करती है।

परिकल्पनाएँ :

1. पुली को घर्षण रहित माना जाता है।
2. धागे का भार नगण्य है।

8.4 प्रैक्टिकल आउटकम्स (PrO)

प्रयोग पूर्ण करने के पश्चात् विद्यार्थी निम्न में सक्षम होंगे :

PrO1 : बलों के लिए बहुभुज के नियम को समझना।

PrO2 : वैश्लेषिक और आरेखीय विधि के बीच संबंध की व्याख्या करना।

8.5 प्रायोगिक व्यवस्था

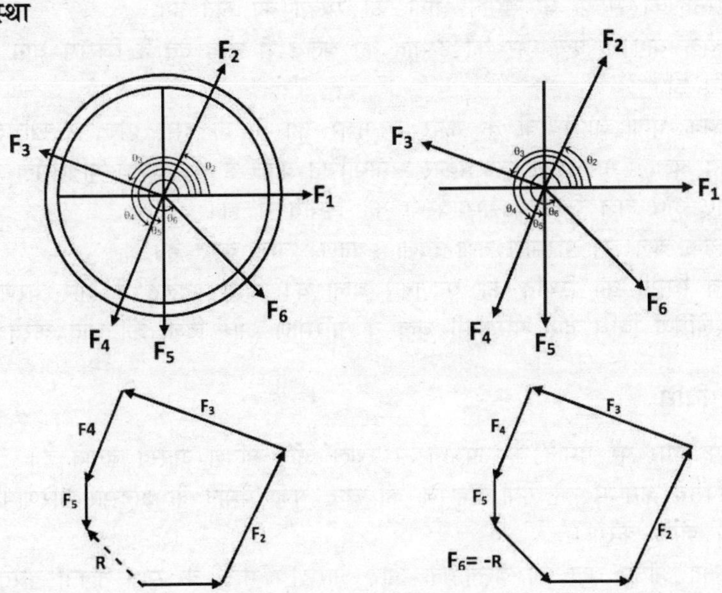

8.6 आवश्यक संसाधन

क्र	सुझाए गए आवश्यक संसाधन महत्वपूर्ण विशिष्टता वाली मशीनें / उपकरण / यंत्र	संख्या	आवश्यक वास्तविक संसाधन विस्तृत विवरण सहित मशीनें / उपकरण / यंत्र	टिप्पणी
1	यूनिवर्सल बल मेज	1		
2	स्प्रिट लेवल	1		
3	हैंगर के साथ खाँचेदार भार	4 to 6		
4	आबद्ध युक्ति के साथ घिरनी	4 to 6		
5	3 से 5 सेमी व्यास वाली इस्पात वलय	1		
6	धागा	4 to 6		

8.7 सावधानियाँ

1. साम्यावस्था की अवस्था में केन्द्रीय इस्पात वलय बल मेज के केन्द्र में होनी चाहिए।
2. प्रत्येक हैंगर के भार को इस प्रकार समायोजित करें कि हमें उचित साम्यावस्था की स्थिति प्राप्त हो।

8.8 प्रयोग विधि

(1) दिये गए उपकरण का अध्ययन करते हैं और इसकी मुख्य विशेषताओं का रेखाचित्र बनाते हैं।

(2) स्प्रिट लेवल और फुट स्क्रू की सहायता से यूनिवर्सल बल मेज की उपरी सतह को क्षैतिज करते हैं।

(3) यूनिवर्सल बल मेज के किनारे पर आवश्यकता के अनुसार चार से छह पुली को अलग-अलग स्थितियों में सेट करते हैं, जिससे बलों के साम्यावस्था में रहने की सम्भावना बनी रहती है।

(4) घिरनी की संख्या के समान धागों की संख्या को लेते हैं।
(5) प्रत्येक धागे के एक छोर को इस्पात की वलय से जोड़ देते हैं जिससे धागे और वलय के बीच मुक्त गति हो।
(6) प्रत्येक धागा जो घिरनी के ऊपर से गुजर रहा है, के दूसरे छोर पर खाँचेदार भार लटकाते हैं।
(7) अब बलों (भार) को इस प्रकार समायोजित करते हैं कि वलय यूनिवर्सल बल मेज के केन्द्र में आ जाए और बल निकाय साम्यावस्था की स्थिति में हो।
(8) प्रत्येक बल का परिमाण तथा दिशा (कोण) नोट करते हैं।
(9) अब घिरनी की स्थिति को बदलकर बलों की दिशा बदलते हैं और चरण 4 से 8 दोहराते हैं।
(10) वैश्लेषिक विधि द्वारा परिणामी बल के परिमाण और दिशा को ज्ञात करते हैं।

P. 9 आरेखीय विधि

(11) ग्राफ पेपर पर पैमाने के उपयोग से स्थल और सदिश आरेख बनाते हैं।
(12) विपरीत क्रम में ली गयी बहुभुज की बन्द भुजा पैमाने के अनुसार परिणामी के परिमाण और दिशा को व्यक्त करेगी।
(13) प्रेक्षित अंतिम बल की वैश्लेषिक और आरेखीय मानों के साथ तुलना करते हैं।

8.9 प्रेक्षण सारणी एवं गणना

क्र.	बल F_1		बल F_2		बल F_3		बल F_4		बल F_5		बल F_6	
	परिमाण (N)	दिशा θ_1	परिमाण (N)	दिशा θ_2	परिमाण (N)	दिशा θ_3	परिमाण (N)	दिशा θ_4	परिमाण (N)	दिशा θ_5	परिमाण (N)	दिशा θ_6
1												
2												
3												
4												

गणना :

(I) $\Sigma H = F_1 \cos \theta_1 + F_2 \cos \theta_2 + F_3 \cos \theta_3 + F_4 \cos \theta_4 + F_5 \cos \theta_5$

(II) $\Sigma V = F_1 \sin \theta_1 + F_2 \sin \theta_2 + F_3 \sin \theta_3 + F_4 \sin \theta_4 + F_5 \sin \theta_5$

(III) परिणामी बल :

(a) $R = \sqrt{(\Sigma H)^2 + (\Sigma V)^2}$ (b) $\alpha = \tan^{-1}\left(\frac{\Sigma V}{\Sigma H}\right)$

8.10 परिणाम एवं / अथवा विवेचना

....

8.11 निष्कर्ष एवं / अथवा सत्यापन

....

8.12 प्रयोग सम्बन्धित प्रश्न

1. बंद बहुभुज और खुले बहुभुज के बीच अंतर स्पष्ट कीजिये।
2. निम्न स्थिति के लिए बलों का बहुभुज खींचिए :
   2 kN, 3 kN और 4 kN के तीन बल (दबाब प्रकार) एक दूसरे के साथ 120° के कोण पर कार्य करते हैं।

8.13 अपशिष्ट का निपटान

इस प्रयोग में फेंके जाने वाले अपशिष्ट पदार्थों को निम्नलिखित डिब्बों में वर्गीकृत करें :

अपशिष्ट के प्रकार	डिब्बे का रंग	विवरण
बायोडिग्रेबल अपशिष्ट	हरा	
ई–अपशिष्ट	काला	
प्लास्टिक और धातु अपशिष्ट	नीला	
अन्य कोई		

8.14 पर्यावरण के अनुकूल दृष्टिकोण : पुनः उपयोग, कम उपयोग एवं पुनर्चक्रण

....

8.15 सुझाई गई मूल्यांकन योजना (प्रयोग P1 के अनुसार)

9.15 सुझाई गई मूल्यांकन योजना (प्रयोग P1 के अनुसार)

P–10 : समानांतर बल निकाय का परिणामी बल

10.1 प्रायोगिक कथन

आरेखीय रूप से समानांतर बल निकाय के परिणामी बल को ज्ञात करना।

10.2 प्रायोगिक महत्त्व

दिए गए सरल आलम्बी धरन की आलम्ब प्रतिक्रियाओं को सत्यापित करना।

10.3 प्रासंगिक सिद्धान्त

बल आघूर्ण : पिण्ड को मोड़ने या घुमाने के लिए बल की प्रवृत्ति, बल आघूर्ण कहलाती है।

बल आघूर्ण = बल × लम्बवत् दूरी

समतलीय असंगामी बलों के साम्यावस्था की शर्त : यदि समतलीय असंगामी बल निकाय साम्यावस्था में है तब सभी बलों के घटकों का बीजगणितीय योग शून्य होगा और पिण्ड के किसी भी बिन्दु के परितः बीजगणितीय योग शून्य होगा, अर्थात् ($\Sigma H = 0$, $\Sigma V = 0$ & $\Sigma M = 0$)

10.4 प्रैक्टिकल आउटकम्स (PrO)

प्रयोग पूर्ण करने के पश्चात् विद्यार्थी निम्न में सक्षम होंगे :

1. समानांतर बलों के साम्यावस्था की शर्तों को समझना।
2. वैश्लेषिक और आरेखीय विधि के बीच संबंध की व्याख्या करना।

10.5 प्रायोगिक व्यवस्था

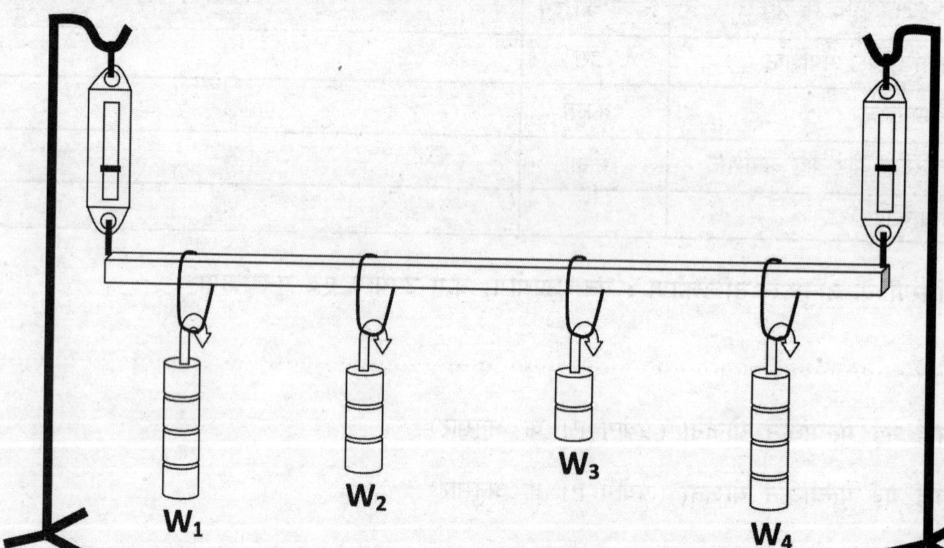

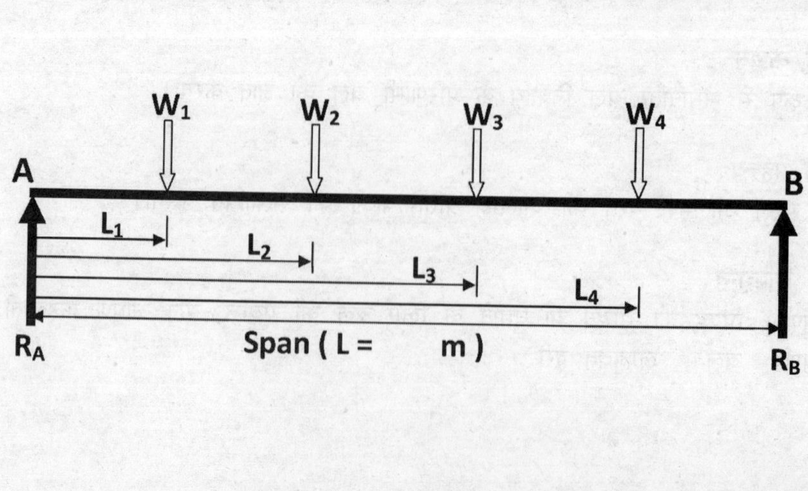

10.6 आवश्यक संसाधन

क्र	सुझाए गए आवश्यक संसाधन महत्वपूर्ण विशिष्टता वाली मशीनें / उपकरण / यंत्र	संख्या	आवश्यक वास्तविक संसाधन विस्तृत विवरण सहित मशीनें / उपकरण / यंत्र	टिप्पणी
1	स्टैंड सहित हुक	2		
2	स्प्रिट लेवल	1		
3	हैंगर के साथ खाँचेदार भार	4 to 6		
4	कमानीदार तुला	2		
5	1 से 5 मीटर लम्बी लकड़ी की धरन जिस पर दूरी अंकित हो	1		
6	धागा	4 to 6		

10.7 सावधानियाँ

1. कमानीदार तुला के पाठ्यांक सावधानी से लेना चाहिए।
2. भार की दूरी सावधानी से मापी जानी चाहिए।

10.8 प्रयोग विधि

(1) स्टैंड की मदद से दोनों कमानीदार तुला को लटकाते हैं (जैसाकि चित्र में दर्शाया गया है)।
(2) लकड़ी के धरन को कमानीदार तुला के निचले सिरे पर लटकाते हैं, जैसाकि चित्र में दर्शाया गया है।
(3) स्टैंडों को ऐसी स्थिति में रखते हैं, जिससे हमें इच्छित दूरी (L) प्राप्त हो सके।
(4) स्प्रिट लेवल की मदद से लकड़ी की धरन को क्षैतिज करते हैं।
(5) बाएँ आलम्ब (A) से इच्छित दूरी पर अलग-अलग खाँचेदार भार लटकाते हैं।
(6) बाएँ और दाएँ तुला पर R_A और R_B के रूप में आलम्ब प्रतिक्रियाओं को नोट करते हैं।
(7) अगले रीडिंग के लिए आवश्यकतानुसार भार और स्थिति को बदलते हैं और चरण 5 और 6 को दोहराते हैं।
(8) आलम्ब प्रतिक्रियाओं का पाठ्यांक और भार की परिमाण एवं बाएँ आलम्ब से प्रत्येक भार की दूरी को सारणीबद्ध करते हैं और फिर आलम्ब प्रतिक्रियाओं को ज्ञात करते हैं।
(9) आलम्ब प्रतिक्रियाओं के परिकलित और प्रेक्षित मानों को सत्यापित करते हैं।

आरेखीय विधि द्वारा आलम्ब प्रतिक्रियाओं को ज्ञात करने के लिए निम्न चरणों का पालन करें :

(1) ग्राफ पेपर पर उपयुक्त पैमाना लेकर स्थल आरेख खींचते हैं और बो संकेतन देते हैं।
(2) सदिश आरेख में ज्ञात बलों W_1 और W_2 को सदिश रूप में ab और bc के द्वारा निरूपित करते हैं।
(3) सदिश आरेख के बाहर एक बिन्दु o लेते हैं और सदिश आरेख में सभी बलों के बिन्दुओं को बिन्दु o से मिलाते हैं।
(4) स्थल आरेख के नीचे बलों की क्रिया रेखा को आगे बढ़ाते हैं।

(5) स्थल आरेख के नीचे विशेष स्थल में स्थल आरेख के समानांतर क्रमशः A, B & C रेखा खींचते हैं और फनिक्युलर बहुभुज की रचना करते हैं।

(6) स्थल D में बिन्दुदार रेखा द्वारा बहुभुज को बंद करते हैं।

(7) बिन्दु o से बन्द रेखा के समानांतर एक रेखा खींचते हैं, जो सदिश आरेख को d पर काटती है, cd आलम्ब प्रतिक्रिया R_B को दर्शाती है और da आलम्ब प्रतिक्रिया R_A को दर्शाती है।

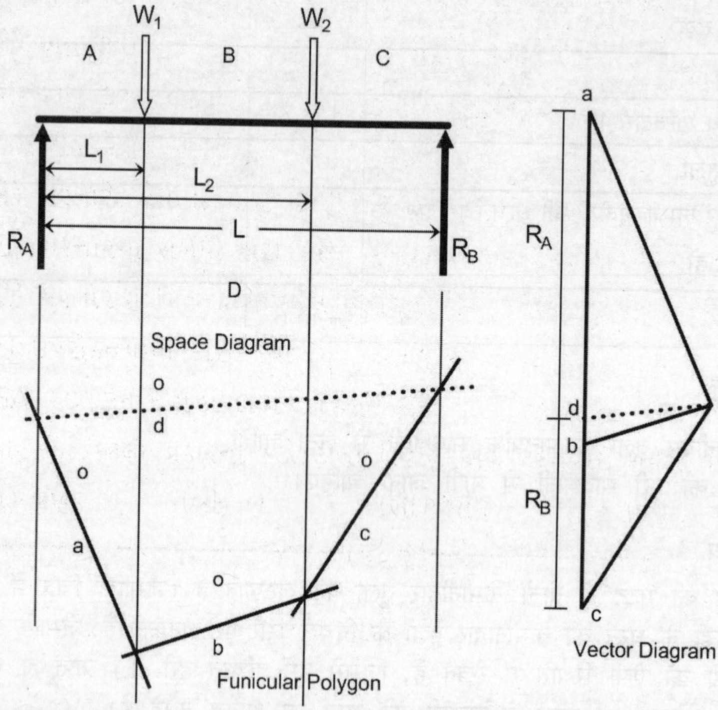

10.9 प्रेक्षण सारणी एवं गणना

क्र.	भार (N) या (kN) में				बायें आलम्ब A से भार की स्थिति (N) या (kN) में				प्रेक्षित आलम्ब प्रतिक्रिया (N) या (kN) में		आलम्ब प्रतिक्रिया (N) या (kN) में			
											वैश्लेषिक		आरेखीय	
	W_1	W_2	W_3	W_4	L_1	L_2	L_3	L_4	R_A	R_B	R_A	R_B	R_A	R_B
1														
2														
3														
4														
5														

गणना :

(I) आलम्ब A के सापेक्ष आघूर्ण लेने पर, इसके लिए वामावर्त रूप में +ve चिह्न लेकर साम्यावस्था की स्थिति $\Sigma M = 0$ का उपयोग करते हैं और सरलीकरण पर R_B प्राप्त करते हैं।

$R_B \times L - W_1 \times L_1 - W_2 \times L_2 - W_3 \times L_3 - W_4 \times L_4 = 0$

(II) आलम्ब B के सापेक्ष आघूर्ण लेने पर, इसके लिए वामावर्त रूप में +ve चिह्न लेकर साम्यावस्था की स्थिति $\Sigma M = 0$ का उपयोग करते हैं और सरलीकरण पर R_B प्राप्त करते हैं।

$R_A \times L - W_1 \times (L - L_1) \times W_2 \times (L \times L_2) - W_3 \times (L - L_3) - W_4 \times (L - L_4) = 0$

10.10 परिणाम एवं / अथवा विवेचना

....

10.11 निष्कर्ष एवं / अथवा सत्यापन

....

10.12 प्रयोग सम्बन्धित प्रश्न

1. एक सरल आलम्बी धरन, जिसकी लम्बाई 4 मीटर है, के बाएं आलम्ब से 1 मीटर, 2 मीटर और 3 मीटर की दूरी पर क्रमशः 5 kN, 2 kN और 3 kN के बिन्दु भार प्रयुक्त हैं। आलम्ब प्रतिक्रियाओं की गणना कीजिये।
2. उपरोक्त समस्या को आरेखीय विधि से हल करें।

10.13 अपशिष्ट का निपटान

इस प्रयोग में फेंके जाने वाले अपशिष्ट पदार्थों को निम्नलिखित डिब्बों में वर्गीकृत करें :

अपशिष्ट के प्रकार	डिब्बे का रंग	विवरण
बायोडिग्रेबल अपशिष्ट	हरा	
ई-अपशिष्ट	काला	
प्लास्टिक और धातु अपशिष्ट	नीला	
अन्य कोई		

10.14 पर्यावरण के अनुकूल दृष्टिकोण : पुनः उपयोग, कम उपयोग एवं पुनर्चक्रण

....

10.15 सुझाई गई मूल्यांकन योजना (प्रयोग P1 के अनुसार)

अधिक जानिए

1. बल के समान्तर चतुर्भुज के नियम द्वारा परिणामी बल ज्ञात करने के समीकरण के आधार पर आप (i) वियोजन की विधि और (ii) समानान्तर बल निकाय के लिए परिणामी बल का समीकरण प्राप्त कर सकते हैं।
2. परिणामी बल को ज्ञात करने के लिए सभी वैश्लेषिक विधियों के परिणामी को आरेखीय विधि द्वारा सत्यापित किया जा सकता है।

सन्दर्भ एवं अध्ययन हेतु सुझाव

1. D.S.Bedi, "Engineering Mechanics"; Khanna publications, New Delhi.
2. Khurmi RS, "Applied Mechanics"; S. Chand & Co, New Delhi.
3. Ramamrutham, "Engineering Mechanics"; S. Chand & Co, New Delhi.
4. Bansal RK, "A text book of Engineering Mechanics"; Laxmi publications, New Delhi.
5. Dhade, Jamadar & Walawelkar, "Fundamentals of Applied Mechanics"; Pune Vidhyarthi Gruh, Pune
6. Meriam JL, Kraige LG, "Engineering Mechanics-statics-Vol.-I"; Wiley publication, New Delhi.
7. Beer, Johnson, Mazurek, Cornwell & Sanghi, "Vector Mechanics for Engineers - Statics and Dynamics"; Tata McGraw Hill, New Delhi.
8. https://nptel.ac.in/courses/112/106/112106286/
9. https://nptel.ac.in/courses/122/104/122104015/
10. https://www.youtube.com/playlist?list=PLC3A601B6060658D3

2 साम्यावस्था

यूनिट विशिष्ट

इस अध्याय में निम्नलिखित विषयों पर चर्चा की जाएगी–

- साम्यावस्था एवं साम्यक
- साम्यावस्था की शर्तें
- मुक्तपिण्ड एवं मुक्त पिण्ड आरेख
- लामी की प्रमेय एवं विभिन्न इंजीनियरिंग समस्याओं को हल में इसका अनुप्रयोग
- धरनों के साथ-साथ आलम्बों, भारों के प्रकार
- वैश्लेषिक विधि द्वारा विभिन्न प्रकार की धरन के लिए धरन प्रतिक्रिया
- आरेखीय विधि (फनिक्युलर बहुभुज) द्वारा समानान्तर बल निकाय के लिए धरन प्रतिक्रिया

यहाँ कुछ मूलभूत अवधारणाओं पर चर्चा की गई है, जो विद्यार्थियों / शिक्षार्थियों के लिए उनके भविष्य के पाठ्यक्रमों के लिए बहुत महत्वपूर्ण है। धरन, भार की अवधारणायें, धरनों के प्रकार, भारों के प्रकार आदि भी उनके भविष्य के पाठ्यक्रमों के लिए बहुत महत्वपूर्ण हैं। इन अवधारणाओं को पाठ्यक्रमों की बेहतर स्पष्टता के लिए यहाँ समझाया गया है।

उदाहरणों को संख्या की जगह गुणवत्ता के आधार पर समझाया गया है। इसलिए पृष्ठ संख्या के प्रतिबंध के आधार पर, विषय-वस्तु की गुणवत्ता को महत्व दिया गया है।

विषयों पर इस तरह से चर्चा की गई कि यह रचनात्मकता, जिज्ञासा उत्पन्न कर सके और छात्र की समस्या सुलझाने की क्षमता में सुधार कर सके। अवधारणा की स्पष्टता बढ़ाने के लिए कुछ महत्वपूर्ण अवधारणाओं बल-युग्म, आनत भार आदि पर चर्चा की गई हैं। इस पुस्तक के उपयोगकर्ताओं के लिए पूरक जानकारी एवं अधिक स्पष्टता के लिए यूनिट की विषय-वस्तु के आधार पर विषयात्मक प्रश्नों एवं बहुविकल्पी प्रश्नों (एमसीक्यू) अभ्यास सहित संबंधित प्रयोग के पश्चात् एक खण्ड **''अधिक जानिए''** को रखा गया है।

भूमिका

इस यूनिट में, हम पिण्ड पर प्रयुक्त बलों के कारण साम्यावस्था और साम्यक के बारे में चर्चा करेंगे। लामी का प्रमेय साम्यावस्था से सम्बंधित विभिन्न इंजीनियरिंग समस्याओं को हल करने में सहायक होती है। हम विभिन्न प्रकार के

आलम्बों, भारों और धरनों का भी अध्ययन करेंगे। हम धरन आलम्ब प्रतिक्रियाओं को वैश्लेषिक विधि और आरेखीय विधि द्वारा ज्ञात करने पर भी ध्यान केंद्रित करेंगे।

पूर्व अपेक्षित ज्ञान

इंजीनियरिंग यांत्रिकी की इस पुस्तक से यूनिट-1 का ज्ञान।

यूनिट आउटकम्स

इस यूनिट के पूर्ण अध्ययन करने के बाद, विधार्थी निम्न में सक्षम होंगे :

1. साम्यावस्था और साम्यक को सम्बद्ध करना।
2. इंजीनियरिंग समस्याओं के लिए लामी प्रमेय का प्रयोग करना।
3. विभिन्न प्रकार के आलम्बों, भारों और धरनों की व्याख्या करना।
4. वैश्लेषण विधि द्वारा धरन प्रतिक्रियाओं की गणना करना।
5. आरेखीय विधि द्वारा धरन प्रतिक्रियाओं को प्रदर्शित करना।

कोर्स आउटकम्स के साथ यूनिट आउटकम्स का परस्पर सम्बन्ध

यूनिट-2 आउटकम्स	कोर्स आउटकम्स के साथ अपेक्षित सम्बन्ध *1. कमजोर सहसम्बन्ध; 2. मध्यम सहसम्बन्ध; 3. मजबूत सहसम्बन्ध*				
	CO-1	**CO-2**	**CO-3**	**CO-4**	**CO-5**
U2-O1	2	3	-	-	-
U2-O2	1	3	-	-	-
U2-O3	1	2	-	-	-
U2-O4	1	3	-	-	-
U2-O5	1	3	-	-	-

2.1 साम्यावस्था एवं साम्यक

यदि पिण्ड पर लगने वाले सभी बलों का परिणामी और परिणामी आघूर्ण शून्य हैं, तब पिण्ड को साम्यावस्था में कहा जाता है। ऐसी स्थिति में, पिण्ड विरामावस्था में हो सकता है या स्थिर वेग से गति कर सकता है। अब यदि पिण्ड पर परिणामी बल शून्य नहीं है, तब पिण्ड को साम्यावस्था में लाने के लिए, हमें उस पर एक बल को प्रयुक्त करना होगा, जिसे साम्यक बल कहा जाता है। साम्यक बल पिण्ड पर कार्य करने वाले बल निकाय के परिणामी बल के बराबर, विपरीत और सरेखीय होता है।

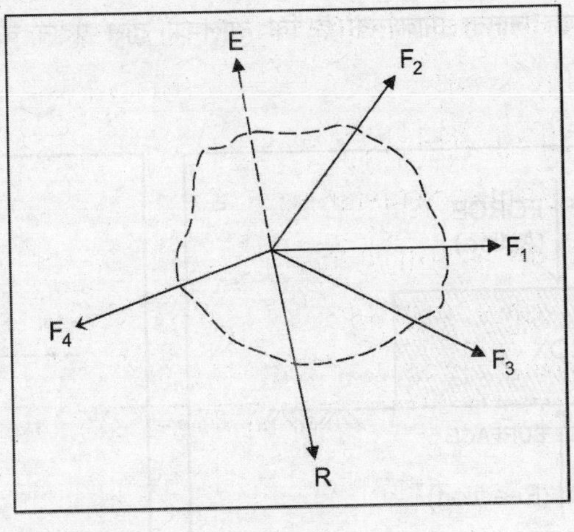

चित्र 2.1 : साम्यावस्था एवं साम्यक

माना कि किसी पिण्ड पर बल प्रयुक्त होता है, जैसाकि चित्र 2.1 में दर्शाया गया है। यदि बल निकाय का परिणामी बल R शून्य है, तब पिण्ड साम्यावस्था में होता है। इस स्थिति में, $\Sigma F_x = 0$ और $\Sigma F_y = 0$। लेकिन यदि R का मान शून्य नहीं है, तब पिण्ड की साम्यावस्था प्राप्त करने के लिए, हमें बल E प्रयुक्त करना होगा जो परिणामी बल R के बराबर एवं विपरीत और उसके साथ सरेखीय होगा। इस बल E को साम्यक बल कहते हैं। इस प्रकार जब R का मान शून्य नहीं होता है तब साम्यक बल से साम्यावस्था की स्थिति प्राप्त होती है।

2.1.1 साम्यावस्था की शर्तें

समतलीय बल निकाय, जैसाकि हम यूनिट-1 में पहले ही अध्ययन चुके हैं, निम्न होते हैं :

(a) सरेखीय (b) संगामी (c) समानान्तर (d) असंगामी असमानान्तर

उपरोक्त सभी बल निकाय के लिए, हम कह सकते हैं कि जब पिण्ड पर कुल प्रभाव शून्य होता है तब पिण्ड साम्यावस्था में होता है। गणितीय रूप से (i) $\Sigma H = 0$ (ii) $\Sigma V = 0$ और (iii) $\Sigma M = 0$। ये साम्यावस्था के लिए वैश्लेषिक शर्तें होती हैं।

साम्यावस्था की आरेखीय शर्त यह है कि : बल बहुभुज बन्द होना चाहिए अर्थात बहुभुज को बन्द करने वाली भुजा शून्य होनी चाहिए।

2.1.2 मुक्त पिण्ड तथा मुक्त पिण्ड आरेख

किसी पिण्ड या संरचना की साम्यावस्था के लिए, पिण्ड का एक आरेख इस प्रकार बनाया जाता है कि वह अपने परिवेश से पृथक हो, आलम्बों तथा जकड़ युक्तिओं से मुक्त हो। इस पर क्रियाशील बलों को उनके परिमाण, दिशा, सभी बाह्य बलों जिनमें भार, प्रयुक्त बल, प्रतिक्रियायें सम्मिलित हैं, की स्थिति, दिशा एवं कोणों को स्पष्ट रूप से दर्शाया गया है। पिण्ड को एक बिन्दु के रूप में दर्शाया जा सकता है यदि उस पर कार्य करने वाले बल संगामी होते हैं। इस प्रकार प्राप्त आरेख को मुक्त पिण्ड आरेख कहा जाता है और पिण्ड को मुक्त पिण्ड कहा जाता है। मुक्त

पिण्ड आरेखों के निर्माण में, यह जानना आवश्यक है कि आलम्बों द्वारा प्रदान की जाने वाली बल किस प्रकार के हैं।

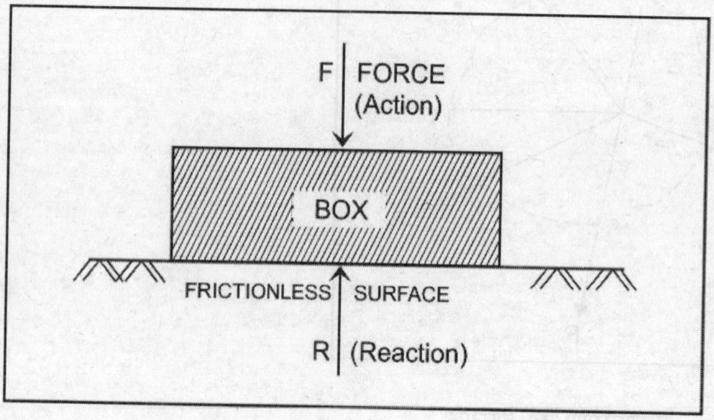

(a) स्थल आरेख

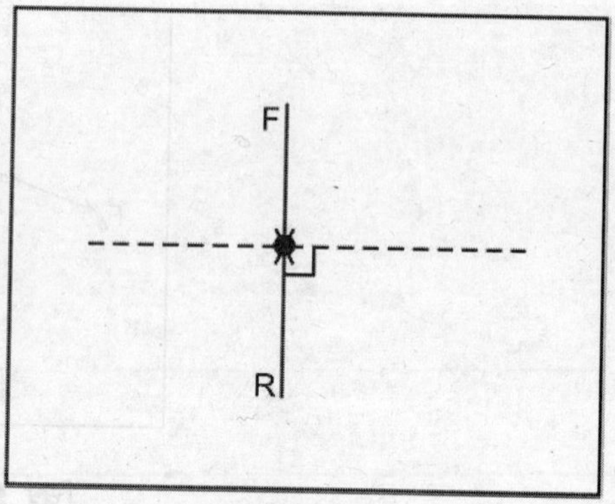

(b) मुक्त पिण्ड आरेख

चित्र 2.2 : मुक्त पिण्ड आरेख

चित्र (a) में, एक घर्षण रहित सतह एक बॉक्स रखा हुआ है, जिस पर लगे बल F की क्रिया और प्रतिक्रिया को दर्शाया गया है। ध्यान दें कि ये बल बॉक्स पर कार्य कर रहे हैं और बॉक्स का भार नगण्य है। एक घर्षण रहित (चिकनी) सतह द्वारा प्रदान की गई प्रतिक्रिया सतह के तल के लम्बवत् होती है। सतह या तो क्षैतिज अथवा आनत हो सकती है। मुक्त पिण्ड आरेख पिण्ड पर कार्य करने वाले बलों के लिए साम्यावस्था की शर्तों को लागू करना आसान कर देता है और जटिल इंजीनियरिंग समस्याओं को हल करने में काफी मदद करता है। चित्र (a) के पिण्ड का मुक्त पिण्ड आरेख चित्र (b) में दर्शाया गया है। इस बॉक्स को एक बिन्दु के रूप में माना गया है और बलों को इंगित किया गया है। मुक्त पिण्ड आरेख खींचने के लिए आन्तरिक बलों और बाहरी बलों पर विचार करना चाहिए।

आन्तरिक बल जो पिण्ड के कणों को बाँधे रखते हैं इसे कठोर बनाने में मदद करते हैं अर्थात् विकृत नहीं होने देते हैं। यदि एक से अधिक पिण्ड सम्मिलित हैं, तो आन्तरिक बल पिण्डों को एक साथ पकड़े रखता हैं।

बाहरी बल जो बाहरी रूप से पिण्ड पर कार्य करते हैं अर्थात् बाहर से प्रयुक्त होते हैं। ये बल अनिवार्य रूप से विश्लेषण किए जा रहे दृढ़ पिण्ड पर अन्य पिण्डों (फर्श, दीवारों, आलम्बों) की क्रिया को निरूपित करते हैं।

आइए उपरोक्त बिन्दुओं को स्पष्ट करने के लिए कुछ उदाहरणों पर विचार करते हैं।

(i) भार W का एक गोला एक तार से लटका हुआ है और एक चिकनी ऊर्ध्वाधर दीवार से टिका हुआ है, जैसाकि चित्र 2.3 (a) में दर्शाया गया है। इस निकाय में कार्य करने वाले बल हैं : (a) गोले के स्वयं का भार W जो गुरुत्वाकर्षण बल के रूप में अपने केन्द्र C से जाने वाली रेखा के अनुदिश उर्ध्वाधर नीचे की ओर कार्य करता है। (b) दीवार की प्रतिक्रिया R_C जो दीवार के सम्पर्क बिन्दु C पर कार्य करती है। यह प्रतिक्रिया दीवार की सतह के अभिलम्ब (लम्बवत्) होगी। (c) BA के अनुदिश तार में तनाव T।

चूँकि गोला साम्यावस्था में है, अतः सभी बल संगामी होंगे और इसका मुक्त पिण्ड आरेख चित्र 2.3 (b) के अनुसार होगा।

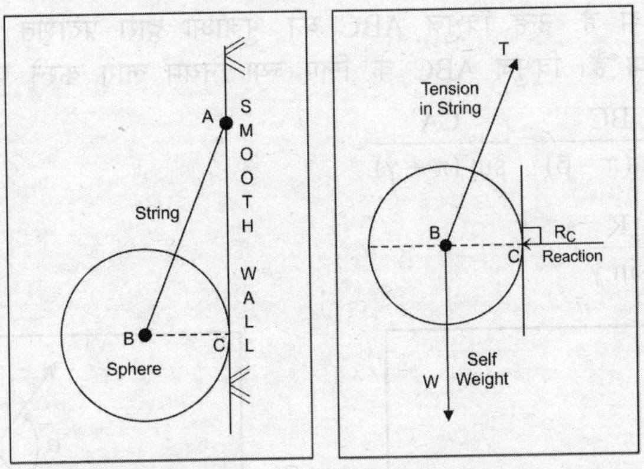

(a) स्थल आरेख (b) मुक्त पिण्ड आरेख

चित्र 2.3 : तार से लटका हुआ और उर्ध्वाधर चिकनी दीवार पर टिका हुआ गोला

(ii) एक वी-आकार के खाँचे में रखा हुआ एक गोला, जैसाकि चित्र 2.4 (a) में दर्शाया गया है। इस निकाय में क्रियाशील बल निम्न हैं : (a) अपने केन्द्र C से जाने वाली उर्ध्वाधर रेखा के अनुदिश नीचे की ओर गुरुत्वाकर्षण बल के रूप में कार्य करने वाला गोले का स्व-भार W (b) सम्पर्क बिन्दु A पर आनत तल OA के अभिलम्बवत् क्रियाशील दीवार की प्रतिक्रिया R_A (c) सम्पर्क बिन्दु B पर आनत तल OB के अभिलम्बवत् क्रियाशील दीवार प्रतिक्रिया R_B। चूँकि गोला साम्यावस्था में है, अतः सभी बल बिन्दु C पर मिलते हैं और मुक्त पिण्ड आरेख चित्र 2.4 (b) के अनुसार होगा।

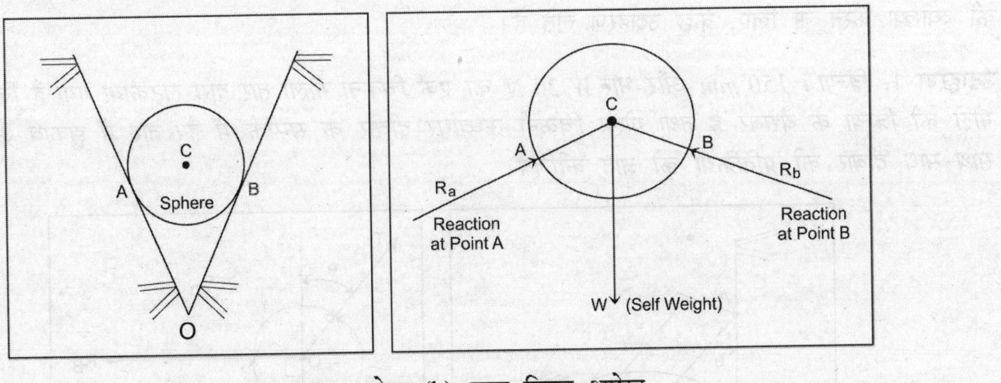

(a) स्थल आरेख (b) मुक्त पिण्ड आरेख

चित्र 2.4 : एक वी-आकार के खाँचे में रखा हुआ एक गोला

2.2 लामी का प्रमेय

आइए अब हम पिण्ड पर क्रियाशील तीन बलों के एक विशेष स्थिति पर विचार करते हैं जिसमें पिण्ड साम्यावस्था में है। ऐसी स्थिति में लामी का प्रमेय या तो अज्ञात बल का परिमाण अथवा उसकी दिशा ज्ञात करने के लिए बहुत

उपयोगी होता है। इसके अनुसार : *यदि पिण्ड पर क्रिया कर रहे तीन समतलीय संगामी बल साम्यावस्था में हैं तो प्रत्येक बल अन्य दो बलों के बीच कोण की ज्या के समानुपाती होता है।*

मान लीजिए P, Q और R तीन बल हैं जो पिण्ड पर क्रिया करते हैं, जैसाकि चित्र 2.5 (a) में दर्शाया गया है। चूँकि पिण्ड साम्यावस्था में है, उन्हें त्रिभुज ABC की भुजाओं द्वारा प्रदर्शित किया जा सकता है, जैसाकि चित्र 2.5 (b) में दिखाया गया है। त्रिभुज ABC के लिए ज्या नियम लागू करने पर;

$$\frac{AB}{\sin(\pi-\alpha)} = \frac{BC}{\sin(\pi-\beta)} = \frac{CA}{\sin(\pi-\gamma)}$$

$$\therefore \quad \frac{P}{\sin\alpha} = \frac{Q}{\sin\beta} = \frac{R}{\sin\gamma}$$

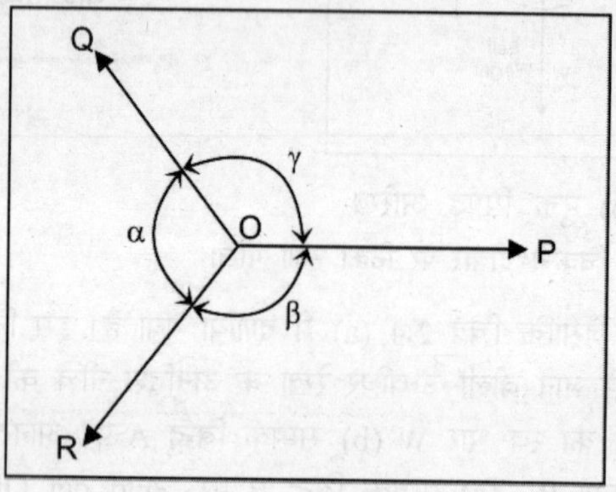

(a) स्थल आरेख

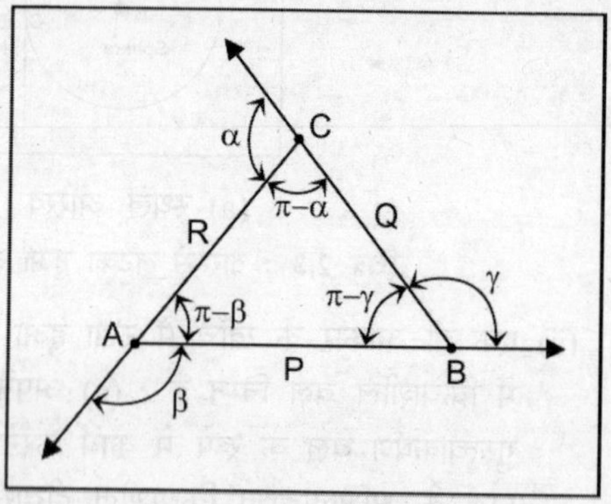

(b) सदिश आरेख

चित्र 2.5 : लामी का प्रमेय

इस समीकरण से, हम कुल छह राशियों में से कोई भी दो अज्ञात राशियाँ ज्ञात कर सकते हैं। लामी के प्रमेय की व्याख्या करने के लिए, कुछ उदाहरण लेते हैं।

उदाहरण 1. *त्रिज्या r 150 mm और भार W 20 N का एक चिकना गोला तार द्वारा लटकाया गया है जिसकी लम्बाई गोले की त्रिज्या के बराबर है तथा गोला चिकनी ऊर्ध्वाधर दीवार के सम्पर्क में है। तार में झुकाव और तनाव के साथ-साथ दीवार की प्रतिक्रिया को ज्ञात कीजिये।*

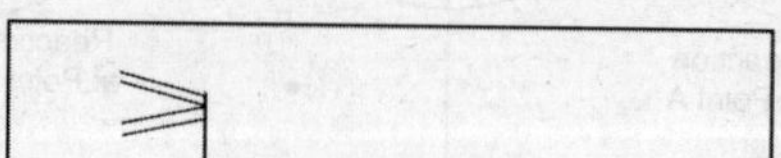

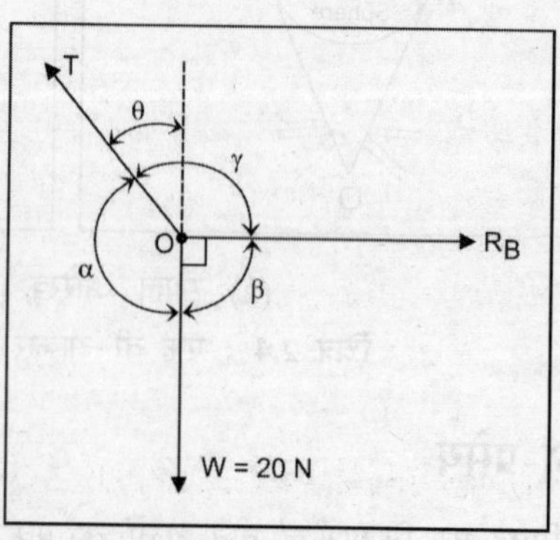

चित्र 2.6 : (a) स्थल आरेख (b) मुक्त पिण्ड आरेख

हल :

(i) दिए गए आँकड़े से चित्र (a) में दर्शाए अनुसार स्थल आरेख खींचते हैं।

त्रिभुज ABO में,

$$\sin\theta = \frac{OB}{OA} = \frac{r}{2r} = 0.5$$

$\therefore \quad \theta = 30^o$ **(उत्तर)**

(ii) अब मुक्त पिण्ड आरेख के लिए लामी के प्रमेय का उपयोग करते हैं, जैसाकि चित्र (b) में दर्शाया गया है, हम प्राप्त करते हैं

$$\frac{R_B}{\sin\alpha} = \frac{T}{\sin\beta} = \frac{W}{\sin\gamma}$$

यहाँ $\alpha = 180^o - \theta = 150^o$; $\beta = 90^o$ तथा $\gamma = 90^o + \theta = 120^o$ एवं $W = 20$ N

सभी मानों को लामी प्रमेय में रखने पर, हम प्राप्त करते हैं

$$\frac{R_B}{\sin 150^o} = \frac{T}{\sin 90^o} = \frac{20\,N}{\sin 120^o}$$

$\therefore \quad R_B = 11.55$ N **(उत्तर)**

तथा $\therefore \quad T = 23.10$ N **(उत्तर)**

लामी का प्रमेय

उदाहरण 2. *भार W का मान ज्ञात कीजिए यदि एक हल्के भार की चेन ABCD को नीचे चित्र 2.7 (a) में दर्शाया गया है।*

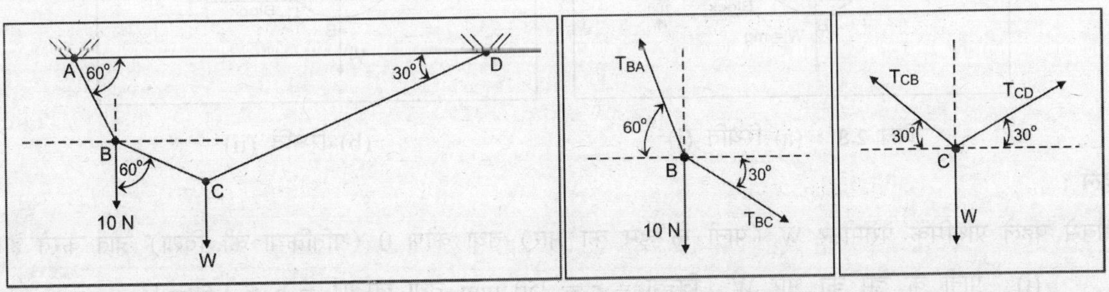

चित्र 2.7 : (a) आँकड़े (b) बिन्दु B के लिए FBD (c) बिन्दु C के लिए FBD

हल :

बिन्दु B और बिन्दु C के लिए मुक्त पिण्ड आरेख को क्रमशः चित्र 2.7 (b) और (c) में प्रदर्शित किया गया है।

(a) बिन्दु B पर लामी प्रमेय का प्रयोग करने पर [चित्र (b)]

$$\frac{T_{BC}}{\sin(90+60)^o} = \frac{10}{\sin(180-60+30)^o}$$

$$\therefore T_{BC} = \frac{10\times\sin 150^o}{\sin 150^o} = 10\text{ N}$$ **(उत्तर)**

(b) बिन्दु C पर लामी प्रमेय का प्रयोग करने पर [चित्र (c)]

$T_{BC} = T_{CB}$ मानते हुए

$$\frac{W}{\sin(180-30-30)^o} = \frac{T_{CB}}{\sin(90+30)^o} = \frac{T_{BC}}{\sin(120)^o}$$

$$\therefore W = \frac{T_{BC} \times \sin(120)^o}{\sin(120)^o}$$

$\therefore W = 10\text{ N}$ **(उत्तर)**

उदाहरण 3. *500 मिमी व्यास और 1.5 मीटर लम्बे एक बेलनाकार पानी के ड्रम को 100 मिमी ऊँचाई के एक ब्लॉक पर लुढ़कने की आवश्यकता होती है, जैसाकि चित्र 2.8 में दर्शाया गया है। ज्ञात कीजिये (1) केन्द्र पर क्षैतिज के साथ कोण 45° पर प्रयुक्त करने के लिए आवश्यक खिंचाव बल F_1, (2) ड्रम के केन्द्र पर लगने वाला आवश्यक न्यूनतम खिंचाव बल F_2 और इसकी दिशा एवं (3) प्रत्येक स्थिति में ब्लॉक पर प्रतिक्रिया। पानी का द्रव्यमान-घनत्व 1000 किग्रा/घन मीटर लीजिये और ड्रम के वजन को नगण्य मानिये।*

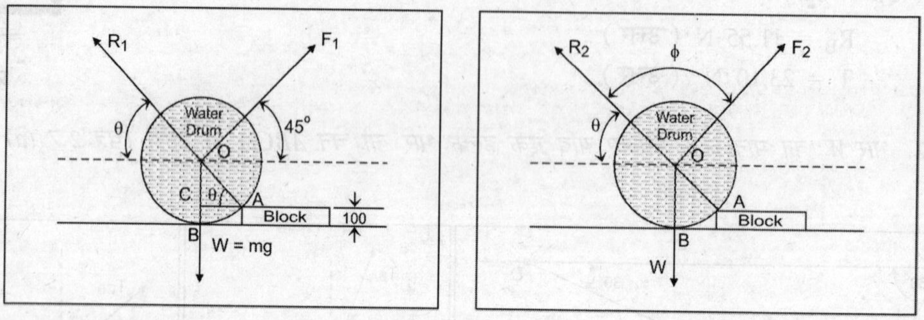

चित्र 2.8 : (a) स्थिति (i) (b) स्थिति (ii)

हल :

सबसे पहले प्राथमिक पैरामीटर W (पानी के ड्रम का भार) तथा कोण θ (प्रतिक्रिया की दिशा) ज्ञात करते हैं।

(i) पानी के ड्रम का भार W [त्रिज्या = r = 250 mm तथा लम्बाई = h = 1.5 m]

(a) आयतन = $V = \pi r^2 h = \pi \cdot \left[\frac{20\text{ N}}{\sin 120^o}\right]^2 \cdot [1.5]\text{m}^3$

(b) पानी का द्रव्यमान = $m = V \cdot [1000]$ kg

(c) पानी के ड्रम का भार = $W = m.g$

$\therefore W = \pi \cdot [0.250]^2 \cdot [1.5] \cdot [1000] \cdot 9.8\text{ N}$

$\therefore W = 2886.34\text{ N}$

(ii) क्षैतिज के साथ प्रतिक्रिया की दिशा : θ [चित्र (a)]

Δ OAC से; $\sin\theta = \frac{OC}{OA} = \frac{OB-BC}{OA} = \frac{250-100}{250}$

$$\therefore \sin\theta = \frac{150}{250} = 0.6$$

$$\therefore \theta = 36.87^o$$ क्षैतिज के साथ

स्थिति (1) ड्रम के केन्द्र पर कार्य करने वाले बल हैं : [चित्र (a)]

(a) पानी के ड्रम का स्व-भार = W = 2886.34 N (↓)

(b) क्षैतिज के साथ 45° पर खिंचाव बल (↗)

(c) ब्लॉक द्वारा ड्रम पर प्रतिक्रिया R_1 (↖), क्षैतिज के साथ कोण θ पर

(i) लामी प्रमेय प्रयुक्त करने पर;

$$\frac{W}{\sin(180^o - 45^o - \theta)} = \frac{F_1}{\sin(90^o + \theta)} = \frac{R_1}{\sin(90^o + 45^o)}$$

(ii) W = 2886.34 N तथा θ = 36.87° मान रखने पर, हमें प्राप्त होता है

$$\frac{3886.34}{\sin 98.13^o} = \frac{F_1}{\sin 126.87^o} = \frac{R_1}{\sin 135^o}$$

(iii) $\therefore F_1 = 2332.51$ N (उत्तर)

(iv) $\therefore R_1 = 2061.67$ N (उत्तर)

स्थिति (2) ड्रम के केन्द्र पर कार्य करने वाले बल समान होते हैं लेकिन खिंचाव बल F_2 प्रतिक्रिया R_2 के साथ कोण ϕ पर कार्य कर रहा है [चित्र (b)]।

(i) लामी प्रमेय प्रयुक्त करने पर;

$$\frac{W}{\sin\phi} = \frac{F_2}{\sin(90^o + \theta)} = \frac{R_2}{\sin(270^o - \theta - \phi)}$$

(ii) W = 2886.34 N तथा θ = 36.87° मान रखने पर, हमें प्राप्त होता है

$$R_2 = \frac{2886.34 \times \sin(126.87^o)}{\sin\phi} = \frac{2309.07}{\sin\phi}$$

साम्यावस्था-I

(iii) F_2 के न्यूनतम होने के लिए, sin ϕ अधिकतम होना चाहिए, अर्थात् 1

इसलिए ϕ = 90° अथवा F_2 = 2309.07 N (उत्तर)

(iv) $$R_2 = \frac{2886.34 \times \sin(143.13^o)}{\sin 90^o} = 1731.81 \text{ N}$$ (उत्तर)

2.3 आलम्बों, भारों एवं धरन के प्रकार

धरन एक संरचनात्मक तत्व होता है जिसे संरचना पर भारों के प्रभावों का अध्ययन करने के लिए नमूने के रूप में लिया जाता है। यह अनुप्रस्थ भार वहन करता है। धरन का कार्य भारों को वहन करना होता है। यह आलम्बों पर टिका होता है जो निकाय को साम्यावस्था में रखने के लिए प्रतिक्रिया दे सकता है। धरन को उनके आलम्बों के प्रकार के अनुसार वर्गीकृत किया जाता है।

2.3.1 आलम्बों के प्रकार

संरचना या उनके घटकों को विभिन्न प्रकार के आलम्बों पर आलम्बित किया जा सकता है जिन्हें उनके द्वारा दी गई प्रतिक्रिया के आधार पर निम्नलिखित के रूप में वर्गीकृत किया जा सकता है।

तालिका 2.1 आलम्बों के प्रकार

स. क्र.	आलम्ब का नाम	प्रतिक्रिया का विवरण	प्रतिक्रिया के साथ आरेख	चिन्ह और प्रतिक्रिया की संख्या
1.	रोलर	यह आलम्ब सतह के लम्बवत् दिशा में गति के लिए प्रतिरोध प्रदान करता है। जैसे : स्केटिंग रोलर	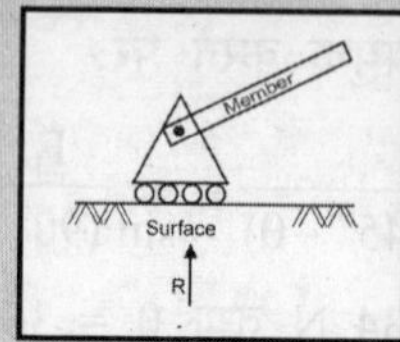	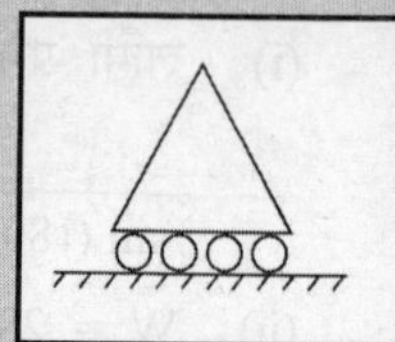 (01)
2.	सरल	यह किसी भी प्रकार के जोड़ या सम्पर्क के बिना आलम्ब करता है और इसलिए प्रतिक्रिया हमेशा आलम्ब की दिशा में कार्य करती है।	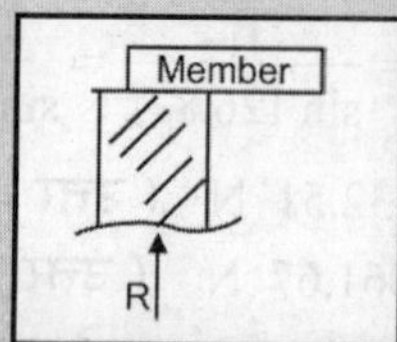	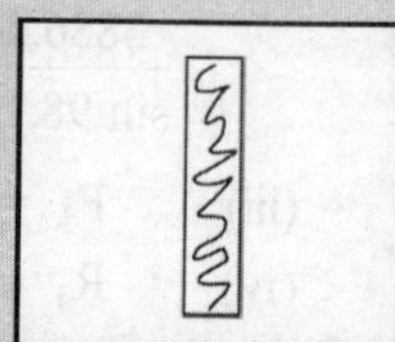 (01)
3.	कब्जेदार	यह झुकाव प्रतिक्रिया देकर किसी भी दिशा में गति के लिए प्रतिरोध प्रदान करता है। जैसे : दरवाजे का कब्जा	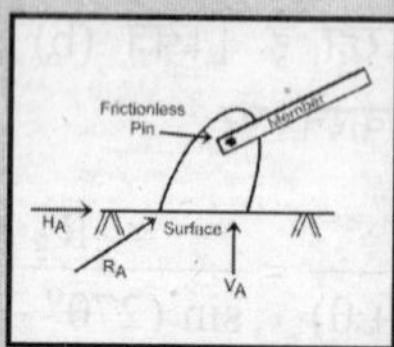	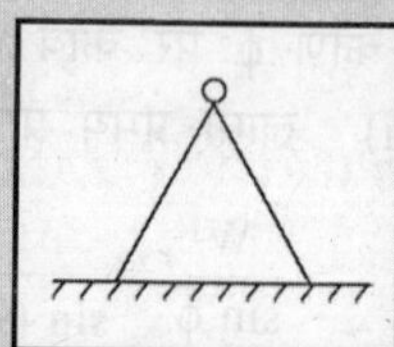 (02)
4.	आबद्ध	यह घूर्णन के लिए प्रतिरोध प्रदान करता है और यह प्रभावी रूप से स्थिति में रहता है और घूर्णन के विरुद्ध नियंत्रित होता है। जैसे : दीवार में कील	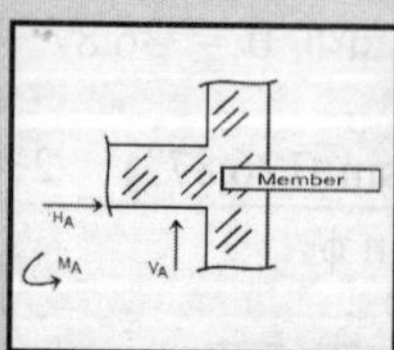	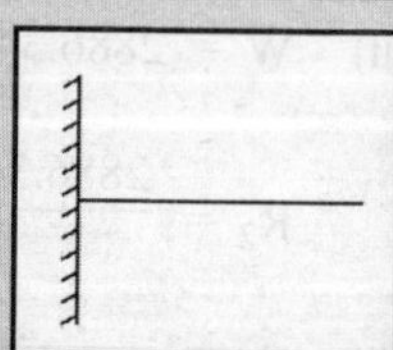 (03)

2.3.2 भारों के प्रकार

संरचनात्मक घटकों पर कार्य करने वाले भार बाहरी या पिण्ड के स्व-भार के कारण हो सकते हैं। ये भार संरचना पर बल के रूप में कार्य करते हैं। भारों के महत्वपूर्ण प्रकार निम्नलिखित हैं। (A) सकेन्द्रित या बिन्दु भार (B) समवितरित भार (C) एक समान परिवर्तनशील भार (D) आघूर्ण (E) बल-युग्म।

(A) सकेन्द्रित या बिन्दु भार [चित्र 2.9 (a)]

धरन की लम्बाई की तुलना में बहुत कम लम्बाई पर केन्द्रित भार को सकेन्द्रित या बिन्दु भार कहा जाता है। व्यावहारिक रूप से यह एक बिन्दु पर क्रिया करता हुआ माना जाता है। बिन्दु भार का उदाहरण जमीन पर खड़ी कार है। इसमें जमीन पर पहिए का सम्पर्क क्षेत्र बहुत छोटा होता है और इसलिए जमीन पर भार एक बिन्दु भार होता है। धरन पर खड़ा व्यक्ति भी बिन्दु भार का ही एक उदाहरण है।

(B) समवितरित भार (UDL) [चित्र 2.9 (b)]

एक धरन की लम्बाई में समान रूप से फैले भार को समवितरित भार कहा जाता है। इस प्रकार के भार में, प्रति इकाई लम्बाई के भार को भार तीव्रता कहा जाता है; और यह लम्बाई के अनुदिश समान रहता है; तथा इसे w से प्रदर्शित करते हैं एवं इसकी इकाइयाँ न्यूटन/सेमी या किलोन्यूटन/सेमी या न्यूटन/मी या किलोन्यूटन/मी होती है। समान ऊँचाई की रेत से लदा ट्रक और संयुक्त दीवार से जमीन पर भार स्थानान्तरित करना तथा बिस्तर पर सो रहा व्यक्ति समवितरित भार के उदाहरण होते हैं। विश्लेषण के लिए, कुल भार को $(w \times l)$ के रूप में लिया जाता है, जो समवितरित भार की लम्बाई के मध्य-बिन्दु पर बिन्दु भार P के रूप में कार्य करता है, जो धरन की आलम्ब प्रतिक्रिया ज्ञात करने के लिए समवितरित भार के समतुल्य होता है, जैसाकि चित्र (b) (ii) में दर्शाया गया है।

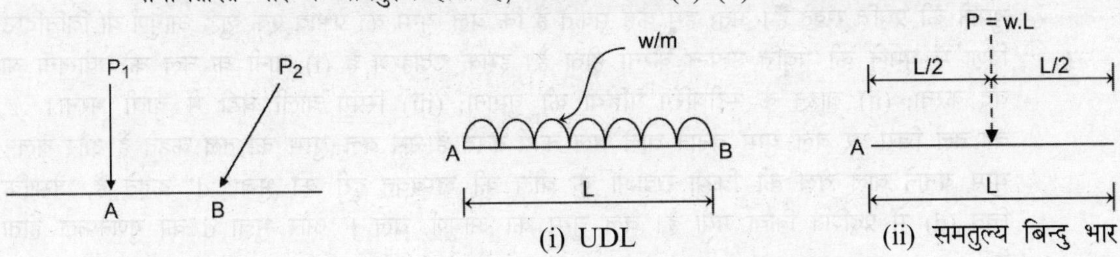

(i) UDL (ii) समतुल्य बिन्दु भार

(a) बिन्दु भार (b) समवितरित भार

चित्र 2.9 : भार के प्रकार

(C) एकसमान परिवर्तनशील भार (UVL) [चित्र 2.9 (c)]

यदि भार तीव्रता लम्बाई के साथ समान नहीं है, लेकिन यदि एकसमान रूप से एक सिरे से दूसरे सिरे तक बढ़ती या घटती है तो इसे एकसमान परिवर्तनशील भार कहा जाता है। यदि भार तीव्रता दूसरे सिरे तक 0 से किसी भी मान w_1 तक बढ़ जाती है, तो एकसमान परिवर्तनशील भार को त्रिकोणीय भार कहा जाता है और यदि भार तीव्रता एक सिरे पर w_1 मान से दूसरे सिरे पर w_2 मान तक बढ़ती या घटती है तो एकसमान परिवर्तनशील भार को समलम्बाकार भार कहा जाता है, जैसाकि चित्र (c) में प्रदर्शित किया गया है।

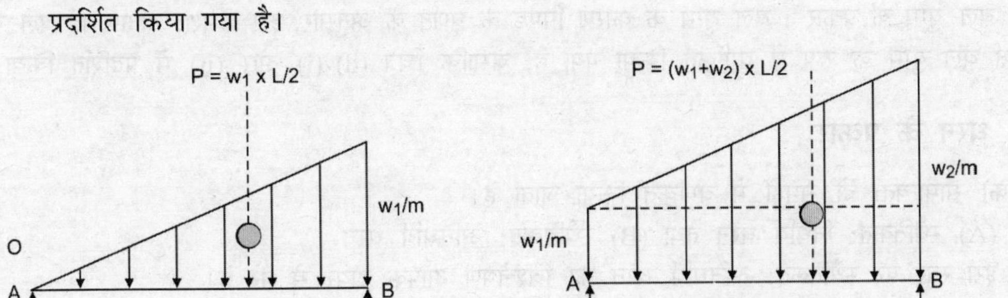

चित्र 2.9 : (c) भार के प्रकार–एकसमान परिवर्तनशील भार (UVL)

रेत से लदा ट्रक जिसमें रेत की ऊपरी सतह ढालू है, एकसमान परिवर्तनशील भार का उदाहरण है। इस प्रकार के भार में, कुल भार भार आरेख के गुरुत्व केन्द्र पर कार्य करता है तथा इसका मान भार आरेख के कुल क्षेत्रफल के बराबर होता है, जैसाकि चित्र (c) में प्रदर्शित किया गया है।

साम्यावस्था-II

(D) आघूर्ण : यूनिट 1 के अनुच्छेद 1.8.1 में पहले ही अध्ययन किया जा चुका है।

(E) बल-युग्म : बल-युगल को दो ऐसे समानान्तर बलों के रूप में परिभाषित किया जाता है, जिनका परिमाण समान, दिशा विपरीत और जो एक लम्बवत् दूरी (d) द्वारा अलग होते हैं, जैसाकि चित्र (d) में प्रदर्शित किया गया है। इस स्थिति में परिणामी बल शून्य होगा लेकिन पिण्ड साम्यावस्था में नहीं होगा क्योंकि ये बल पिण्ड को घुमाने की प्रवृत्ति रखते हैं। अतः हम कह सकते हैं कि बल-युग्म का प्रभाव एक शुद्ध आघूर्ण या विनिर्दिष्ट दिशा में घूमाने की प्रवृत्ति उत्पन्न करना होता है। इसके उदाहरण हैं (i) पानी के नल को खोलना या बंद करना; (ii) वाहन के स्टीयरिंग पहिया को घुमाना; (iii) स्प्रिंग वाली घडी में चाबी भरना। वह तल जिस पर बल-युग्म बनाने वाले बल कार्य करते हैं उसे बल-युग्म का तल कहते हैं और बल-युग्म बनाने वाले बल की क्रिया रेखाओं के बीच की लम्बवत् दूरी को भुजा 'd' कहते हैं, जैसाकि चित्र (d) में प्रदर्शित किया गया है। बल-युग्म का आघूर्ण, बल F और भुजा d का गुणनफल होता है।

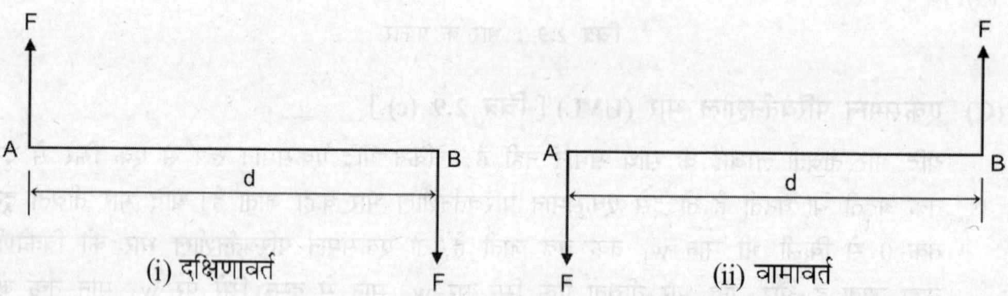

चित्र 2.9 : (d) बल-युग्म

बल-युग्म के प्रकार : बल-युग्म के कारण पिण्ड के घूर्णन के अनुसार, इसे क्रमशः दक्षिणावर्त बल-युग्म और वामावर्त बल-युग्म के रूप में वर्गीकृत किया गया है, जैसाकि चित्र (d) (i) और (ii) में प्रदर्शित किया गया है।

2.3.3 धरन के प्रकार

धरन को सामान्यतः दो समूहों में वर्गीकृत किया जाता है।

(A) स्थैतिकतः निर्धार्य धरन तथा (B) स्थैतिकतः अनिर्धार्य धरन

इस स्तर पर स्थैतिकतः अनिर्धार्य धरन का विश्लेषण आपके दायरे से परे है।

(A) स्थैतिकतः निर्धार्य धरन (Statically Determinate Beam)

एक धरन को स्थैतिकतः निर्धार्य धरन तब कहा जाता है जब अज्ञात प्रतिक्रियाओं की संख्या साम्यावस्था शर्तों की संख्या से अधिक नहीं होती है। साम्यावस्था की तीन शर्तें होती हैं जो (i) $\Sigma H = 0$ (ii) $\Sigma V = 0$ (iii) $\Sigma M = 0$ है। इसलिए धरन के आलम्बों के प्रकार के अनुसार अधिकतम तीन अज्ञात प्रतिक्रिया हल की जा सकती है।

स्थैतिकतः निर्धार्य धरन निम्नानुसार हैं।

(i) **सरल आलम्बी धरन :** यह धरन प्रत्येक सिरे पर दो सरल आलम्बों पर टिकी होती है। इस स्थिति में आलम्ब केवल प्रतिक्रिया बल प्रदान करता है न कि आघूर्ण। सामान्यतः एक आलम्ब कब्जेदार होता है और दूसरा रोलर होता है अथवा दोनों आलम्ब सरल आलम्ब होते हैं। अज्ञात आलम्ब प्रतिक्रिया की संख्या किसी भी स्थिति में 3 से अधिक नहीं होती है, जैसाकि नीचे दिए गए चित्र में दर्शाया गया है।

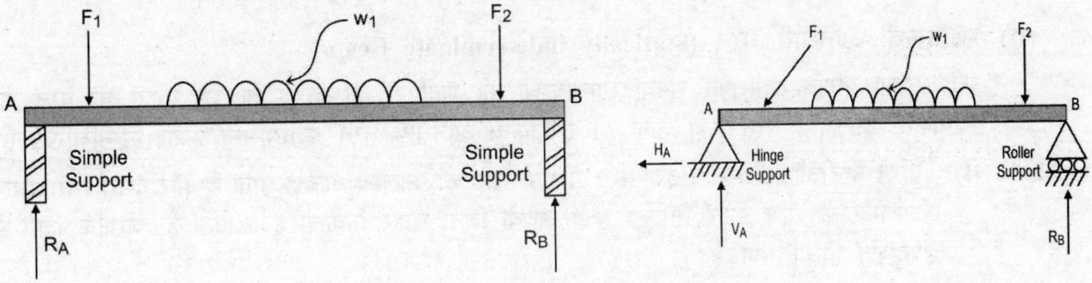

चित्र 2.10 : सरल आलम्बी धरन

(ii) **कैंटीलीवर धरन :** इस धरन में, एक सिरा आबद्ध आलम्ब होता है और दूसरा सिरा मुक्त होता है अर्थात् इस पर कोई आलम्ब नहीं होता है। व्यवहार में ऐसे धरन का उपयोग तब किया जाता है जब धरन के सिरों के एक सिरे पर आलम्ब प्रदान करना संभव नहीं होता है। इस धरन में अज्ञातों की संख्या 3 से अधिक नहीं होती है, जैसाकि नीचे चित्र में दर्शाया गया है। आबद्ध आलम्ब बायें सिरे अथवा दायें सिरे पर हो सकता है, जैसाकि क्रमशः चित्र (a) और (b) में दिखाया गया है।

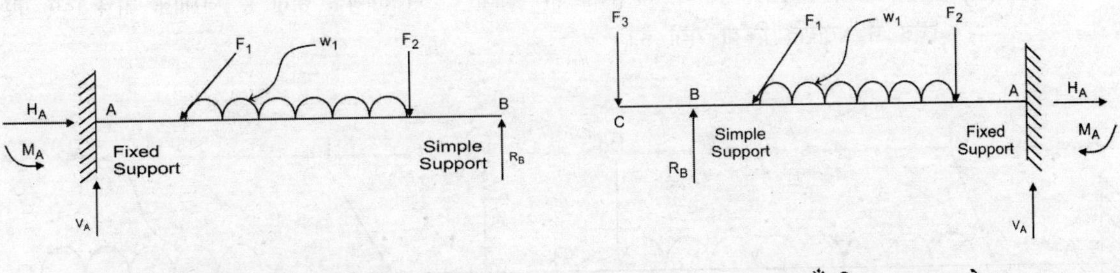

(a) बायाँ सिरा आबद्ध टेक (b) दायाँ सिरा आबद्ध टेक

चित्र 2.11 : कैंटीलीवर धरन

(iii) **बाहर निकली धरन :** यदि सरल आलम्बी धरन के एक सिरे या दोनों सिरों को आलम्ब से आगे रखा जाता है, तो इसे बाहर निकली धरन कहा जाता है। बाहर निकलने के आधार पर, उन्हें एकल रूप से बाहर निकली धरन या दोनों ओर से बाहर निकली धरन के रूप में वर्गीकृत किया जाता है, जैसाकि नीचे दिए गए चित्र में दर्शाया गया है। हम कह सकते हैं कि यह एक विशेष प्रकार की सरल आलम्बी धरन होती है।

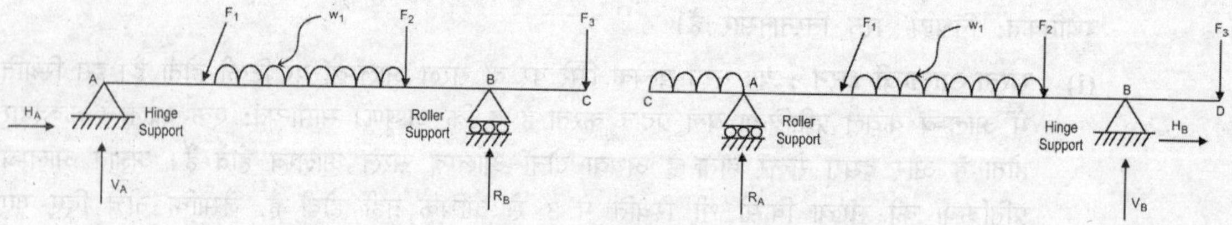

चित्र 2.12 : बाहर निकली धरन

(B) स्थैतिकतः अनिर्धार्य धरन (Statically Indeterminate Beam)

यदि अज्ञात प्रतिक्रियाओं की संख्या साम्यावस्था की शर्तों से अधिक है तो इस प्रकार के धरन को स्थैतिकतः अनिर्धार्य धरन कहा जाता है। स्थैतिकतः अनिर्धार्य धरन के विभिन्न प्रकार निम्नलिखित हैं।

(i) प्रोप्ड कैंटीलीवर धरन : इस धरन में एक सिरे का आलम्ब आबद्ध होता है और दूसरा सिरा सरल आलम्ब के साथ बाहर निकला हुआ अथवा बिना बाहर निकला हुआ होता है, जैसाकि चित्र में प्रदर्शित किया गया है।

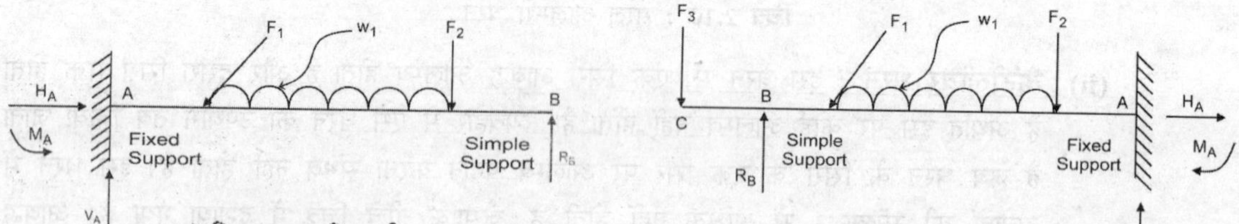

(a) बिना बाहर निकली (b) बाहर निकली

चित्र 2.13 : प्रोप्ड कैंटीलीवर

(ii) सतत् धरन : इस धरन में आलम्बों की संख्या दो से अधिक होती है, जैसाकि नीचे दिए गए चित्र में प्रदर्शित किया गया है।

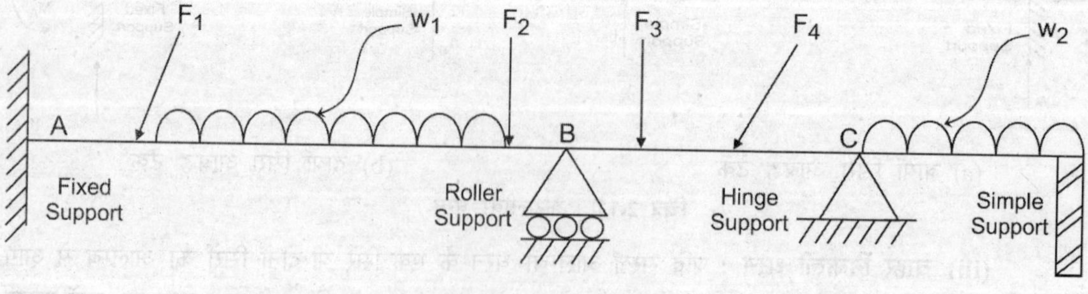

चित्र 2.14 : सतत् धरन

(iii) आबद्ध धरन : इस धरन में दोनों सिरे के आलम्ब आबद्ध होते है, जैसाकि नीचे दिए गए चित्र में प्रदर्शित किया गया है।

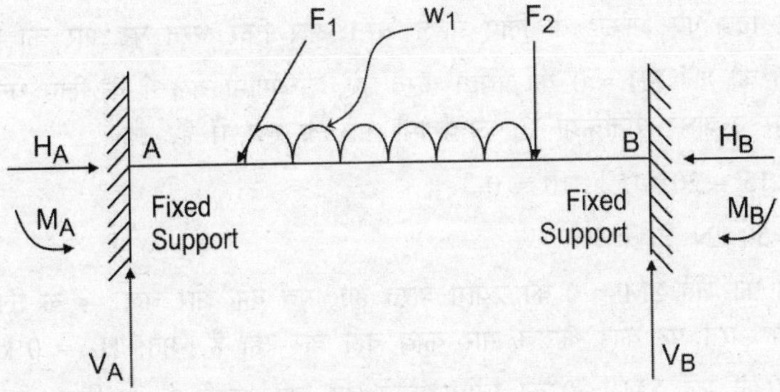

चित्र 2.15 : आबद्ध धरन

2.4 धरन प्रतिक्रियाएँ

धरन आलम्ब प्रतिक्रिया को दो विधियों द्वारा ज्ञात किया जा सकता है। (i) वैश्लेषिक विधि (ii) आरेखीय विधि। वैश्लेषिक विधि में, हम इस प्रसंग में चर्चा के अनुसार अज्ञात आलम्ब प्रतिक्रिया को हल करने के लिए साम्यावस्था की शर्तों का उपयोग करेंगे। आरेखीय विधि का अगले प्रसंग 2.5 में चर्चा की जावेगी। यहाँ हम (a) कैंटीलीवर धरन (b) सरल आलम्बी धरन और (c) बाहर निकली धरन पर विचार करेंगे।

2.4.1 कैंटीलीवर धरन के लिए धरन प्रतिक्रिया

जैसाकि हम जानते हैं कि कैंटीलीवर धरन का एक सिरे का आलम्ब आबद्ध होता है और दूसरा सिरा मुक्त होता है अर्थात् इस पर कोई आलम्ब नहीं होता है। हम कुछ उदाहरण लेकर साम्यावस्था की शर्तों का उपयोग करके धरन आलम्ब प्रतिक्रिया ज्ञात कर सकते हैं।

उदाहरण 4. *4 मीटर लम्बाई का एक कैंटीलीवर धरन के बायें सिरे का आलम्ब आबद्ध है तथा इसके मुक्त सिरे से क्रमशः 1 मीटर के अंतरालों पर 10 kN, 5 kN, 20 kN और 15 kN का बिन्दु भार रखा है, धरन के लिए आलम्ब प्रतिक्रिया ज्ञात कीजिये।*

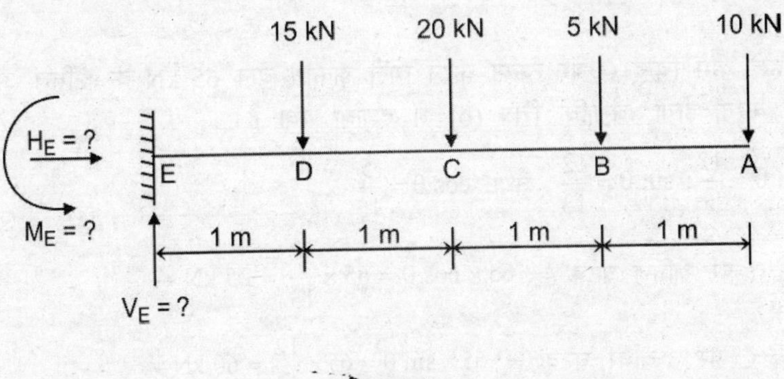

चित्र 2.16

हल :

चित्र में दर्शाए अनुसार दिए गए आँकड़े के लिए पहले धरन और फिर धरन पर भार को दिखाते हैं।

(a) साम्यावस्था की शर्त $\Sigma H = 0$ का प्रयोग करते हुए, ऊर्ध्वगामी बल ↑ के लिए धनात्मक चिन्ह के साथ। माना E पर उर्ध्वाधर प्रतिक्रिया V_E ऊर्ध्वगामी भार के रूप में है, तब

$\therefore V_E - 15 - 20 - 5 - 10 = 0$

$\therefore V_E = 50 \text{ kN} \uparrow$ **(उत्तर)**

(b) साम्यावस्था की शर्त $\Sigma M = 0$ का प्रयोग करते हुए, पूर्व की ओर बल → के लिए धनात्मक चिन्ह के साथ। चूँकि धरन पर कोई क्षैतिज भार कार्य नहीं कर रहा है, अत: $H_E = 0 \text{ kN} \rightarrow$ **(उत्तर)**

(c) साम्यावस्था की शर्त $\Sigma M = 0$ का प्रयोग करते हुए, दक्षिणावर्त ↻ के लिए धनात्मक चिन्ह के साथ। आबद्ध आलम्ब E पर आघूर्ण लेने पर, हम प्राप्त करते हैं :

$\Sigma M_E = (15 \times 1) + (20 \times 2) + (5 \times 3) + (10 \times 4) - M_E = 0$

$\therefore M_E = 15 + 40 + 15 + 40 = 110 \text{ kN-m}$ ↺ वामावर्त **(उत्तर)**

नोट : यदि प्राप्त परिणाम में धनात्मक चिन्ह प्राप्त होता है तो हमारा कल्पित चिन्ह सही है अन्यथा हमें इसे उल्टा करके लिखना होगा।

उदाहरण 5. *नीचे दिए गए चित्र में दर्शाई गई एक कैंटीलीवर धरन की आलम्ब प्रतिक्रिया को ज्ञात कीजिये।*

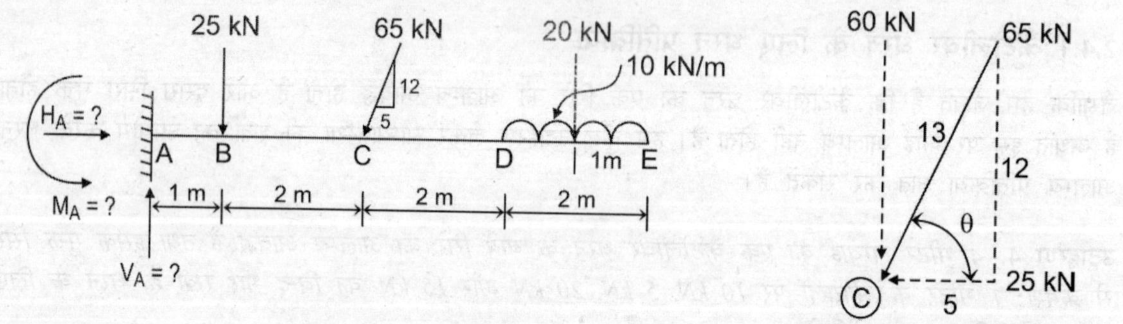

चित्र 2.17 : (a) आँकड़े (b) आनत बल के घटक

हल :

(i) सबसे पहले, हमें बिन्दु C पर क्रिया करने वाले झुकाव बल 65 kN के क्षैतिज और ऊर्ध्वाधर घटकों को ज्ञात करना होगा, जैसाकि चित्र (b) में दर्शाया गया है।

यहाँ $\tan\theta = \frac{12}{5}$; $\sin\theta = \frac{12}{13}$ तथा $\cos\theta = \frac{5}{13}$

$\therefore$ बिन्दु C पर क्षैतिज घटक $= 65 \times \cos\theta = 65 \times \frac{5}{13} = 25 \text{ kN} \leftarrow$

तथा बिन्दु C पर उर्ध्वाधर घटक $= 65 \times \sin\theta = 65 \times \frac{12}{13} = 60 \text{ kN} \downarrow$

(ii) धरन के DE भाग पर समवितरित भार के लिए समतुल्य भार भी ज्ञात करते हैं।

(I) बिन्दु भार के रूप में कुल भार = $P = w \times l = 10 \times 2 = 20$ kN ↓

(II) बिन्दु भार का क्रिया बिन्दु DE के मध्य-बिन्दु पर होता है अर्थात् बिन्दु E से 1 मी पर।

अब प्रतिक्रियायें प्राप्त करने के लिए साम्यावस्था की तीन शर्तों को एक-एक करके लागू करने पर।

(a) $\Sigma V = 0$ ऊर्ध्वगामी ↑ के रूप में धनात्मक चिन्ह के साथ तथा V_A को ऊर्ध्वगामी मानते हुए।

$\therefore V_A - 25 - 60 - (10 \times 2) = 0$

$\therefore V_A = 25 + 60 + 20 = 105$ kN ↑ **(उत्तर)**

(b) $\Sigma H = 0$ पूर्व की ओर बल → के लिए धनात्मक चिन्ह के साथ तथा H_A पूर्व की ओर मानते हुए।

$\therefore H_A - 25 = 0$

$\therefore H_A = 25$ kN → **(उत्तर)**

(c) $\Sigma M_A = 0$ दक्षिणावर्त ↻ के रूप में धनात्मक चिन्ह के साथ तथा M_A को वामावर्त मानते हुए।

नोट : 60 kN बल का क्षैतिज घटक बिन्दु A से गुजरेगा, इसलिए इस बल के कारण आघूर्ण शून्य होगा।

$\therefore 25 \times 1 + 60 \times 3 + 25 \times 0 + (100 \times 2) \times 6 - M_A = 0$

$\therefore M_A = 25 + 180 + 0 + 120 = 325$ kN–m ↺ वामावर्त **(उत्तर)**

उदाहरण 6. *एक कैंटीलीवर धरन की आलम्ब प्रतिक्रिया को ज्ञात कीजिये, जैसाकि चित्र में दर्शाया गया है।*

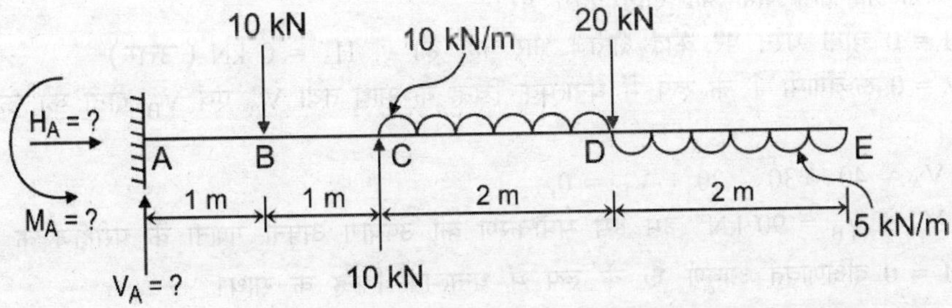

चित्र 2.18

हल :

आलम्ब पर प्रतिक्रिया प्राप्त करने के लिए साम्यावस्था की तीन शर्तों को एक-एक करके लागू करने पर।

(a) $\Sigma H = 0$ चूँकि धरन पर कोई क्षैतिज भार कार्य नहीं कर रहा है, $H_A = 0$ **(उत्तर)**

(b) $\Sigma V = 0$ ऊर्ध्वगामी ↑ के रूप में धनात्मक चिन्ह के साथ तथा V_A को ऊर्ध्वगामी मानते हुए।

$\therefore V_A - 10 + 10 - (10 \times 2) - 20 + (5 \times 2) = 0$

$\therefore V_A = 10 - 10 + 20 + 20 - 10 = 30$ kN **(उत्तर)**

(c) $\Sigma M_A = 0$ दक्षिणावर्त ↻ के रूप में धनात्मक चिन्ह के साथ तथा M_A को वामावर्त मानते हुए।

$\therefore (10 \times 1) - (20 \times 2) + (\{10 \times 2\} \times 3) + (20 \times 4) - (\{5 \times 2\} \times 5) - M_A = 0$

$\therefore M_A = 10 - 40 + 60 + 80 - 50 = 60$ kN–m ↺ वामावर्त **(उत्तर)**

2.4.2 सरल आलम्बी धरन के लिए धरन प्रतिक्रिया

जैसाकि हम जानते हैं कि सरल आलम्बी धरन दोनों सिरों पर सरल आलम्ब अथवा इसका एक सिरा रोलर आलम्ब के साथ और दूसरा सिरा कब्जेदार आलम्ब के साथ होता है। हमने प्रत्येक आलम्ब के लिए आलम्ब प्रतिक्रिया का भी अध्ययन किया है। साम्यावस्था की शर्तों का उपयोग करके, हम अज्ञात आलम्ब प्रतिक्रिया प्राप्त करते हैं। इसकी व्याख्या करने के लिए कुछ उदाहरण लेते हैं।

उदाहरण 7. *10 मीटर लम्बाई के एक सरल आलम्बी धरन के बायें कब्जेदार आलम्ब से नीचे की दिशा में 2 मीटर, 5 मीटर और 8 मीटर की दूरी पर क्रमशः 40 kN, 30 kN और 20 kN के तीन बिन्दु भार लगे हैं। दाहिने सिरे का आलम्ब रोलर हैं। धरन के लिए आलम्ब प्रतिक्रियायें ज्ञात कीजिये।*

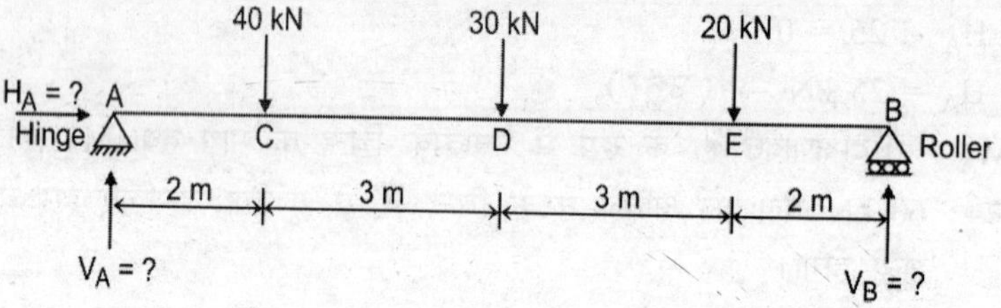

चित्र 2.19

हल :

दिए गए आँकड़ों से सबसे पहले धरन का स्थल आरेख बनाते हैं, जैसाकि चित्र में प्रदर्शित किया गया है। अब धरन के लिए साम्यावस्था की तीन शर्तों को लागू करने पर।

(a) $\Sigma H = 0$ चूँकि धरन पर कोई क्षैतिज भार नहीं है। $\therefore H_A = 0$ kN **(उत्तर)**

(b) $\Sigma V = 0$ ऊर्ध्वगामी ↑ के रूप में धनात्मक चिन्ह के साथ तथा V_A एवं V_B दोनों को ऊर्ध्वगामी मानते हुए।

$\therefore V_A - 40 - 30 - 20 + V_B = 0,$

$\therefore V_A + V_B = 90$ kN हम इस समीकरण का उपयोग अपनी गणना के परीक्षण के लिए करेंगे।

(c) $\Sigma M = 0$ दक्षिणावर्त आघूर्ण ↻ के रूप में धनात्मक चिन्ह के साथ।

(i) आलम्ब बिन्दु A पर आघूर्ण लेने पर,

$$\Sigma M_A = (40 \times 2) + (30 \times 5) + (20 \times 8) - (V_B \times 10) + (V_A \times 0) = 0$$

$$\therefore 10\ V_B = 80 + 150 + 160 = 390$$

$$\therefore V_B = \frac{390}{10} = 39 \text{ kN} \uparrow$$ **(उत्तर)**

(ii) अन्य आलम्ब बिन्दु B पर आघूर्ण लेने पर,

$$\Sigma M_B = (V_A \times 10) - (40 \times 8) - (30 \times 5) - (20 \times 2) + (V_B \times 0) = 0$$

$$\therefore 10\ V_A = 320 + 150 + 40 = 510$$

$$\therefore V_A = \frac{510}{10} = 51 \text{ kN} \uparrow$$ **(उत्तर)**

(d) अब हम (b) में प्राप्त समीकरण की सत्यता के लिए अपनी गणना की जाँच कर सकते हैं। यदि यह सन्तुष्ट हो जाता है, तो हमारी गणना में कोई त्रुटि नहीं है।

$\therefore V_A + V_B = 90$ में V_A तथा V_B के मानों को रखने पर, हम प्राप्त करते हैं।

बायाँ पक्ष = 51 + 39 = 90 = दायाँ पक्ष। जो कि सत्य है, अर्थात् हमारा उत्तर एकदम सही है।

यदि यह किसी भी स्थिति में संतुष्ट नहीं होता हैं, तो आपने गणना में कुछ गलती की है, इसकी तब तक पुनर्गणना करें जब तक कि यह परीक्षण हेतु समीकरण को संतुष्ट न कर दे।

उदाहरण 8. *नीचे दर्शाए गए धरन के लिए प्रतिक्रियायें ज्ञात कीजिये।*

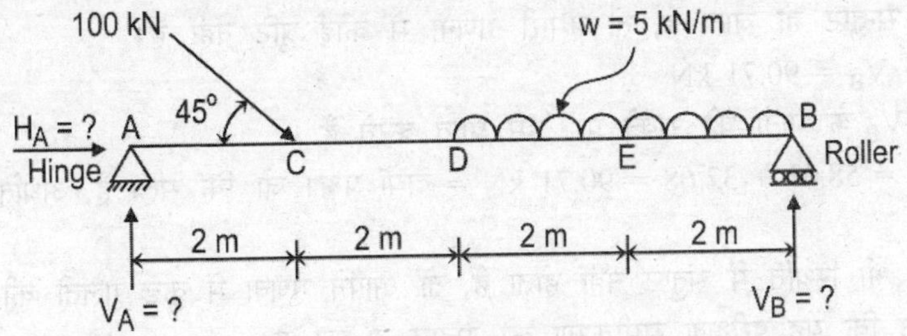

चित्र 2.20

हल :

सबसे पहले, हम धरन के बिन्दु C पर धरन सरेखण के साथ कोण 45° पर क्रिया करने वाले झुकाव बल 100 kN के क्षैतिज और ऊर्ध्वाधर घटकों को ज्ञात करेंगे।

$\therefore$ बिन्दु C पर 100 kN बल का क्षैतिज घटक $= 100 \times \cos 45^\circ = 70.71$ kN $\rightarrow$ पूर्व की ओर

तथा बिन्दु C पर 100 kN बल का उर्ध्वाधर घटक $= 100 \times \sin 45^\circ = 70.71$ kN $\rightarrow$ नीचे की ओर

अब, हमें DB के मध्य-बिन्दु पर बिन्दु भार के रूप में समवितरित भार के लिए समतुल्य भार को ज्ञात करना है, जैसाकि चित्र में बिन्दुदार रेखा के साथ बिन्दु E पर क्रियाशील दिखाया गया है।

समवितरित भार के समतुल्य बिन्दु भार $= P = (5 \times 4) = 20$ kN, बिन्दु E पर।

अब दिए गए धरन के लिए साम्यावस्था की शर्तों को लागू करने पर।

(a) $\Sigma H = 0$ पूर्व की ओर $\rightarrow$ धनात्मक चिन्ह के साथ तथा H_A को पूर्व की ओर मानते हुए।

$\therefore H_A + 70.71 = 0$

$\therefore H_A = -70.71$ kN $\leftarrow$ पश्चिम की ओर। चूँकि हमें ऋणात्मक मान प्राप्त होता है, इसलिए हमें कल्पित दिशा को उलटना होता है। **(उत्तर)**

(b) $\Sigma V = 0$ ऊर्ध्वगामी $\uparrow$ के रूप में धनात्मक चिन्ह के साथ तथा V_A एवं V_B दोनों को ऊर्ध्वगामी मानते हुए।

$\therefore V_A - 70.71 - (5 \times 4) + V_B = 0$

$\therefore V_A + V_B = 90.71$ kN हम इस समीकरण का उपयोग अपनी गणना के परीक्षण के लिए करेंगे।

(c) $\Sigma M = 0$ दक्षिणावर्त आघूर्ण ↻ के रूप में धनात्मक चिन्ह के साथ।

(i) आलम्ब बिन्दु A पर आघूर्ण लेने पर,

$$\Sigma M_A = V_A \times 0 + H_A \times 0 + 70.71 \times 2 + 70.71 \times 0 + (5 \times 4) \times 6 - V_B \times 8 = 0$$

$$\therefore\ 8\ V_B = 0 + 0 + 141.42 + 0 + 120 = 261.42$$

$$\therefore\ V_B = \frac{261.42}{8} = 32.68 \text{ kN} \uparrow$$ **(उत्तर)**

(ii) अन्य आलम्ब बिन्दु B पर आघूर्ण लेने पर,

$$\Sigma M_B = V_B \times 0 - (5 \times 4) \times 2 - 70.71 \times 6 + 70.71 \times 0 + H_A \times 0 + V_A \times 8 = 0$$

$$\therefore\ 8\ V_A = 0 + 40 + 424.26 - 0 - 0 = 464.26$$

$\therefore\ V_A = 58.03$ kN ↑ **(उत्तर)**

(d) अब हम (b) में प्राप्त समीकरण की सत्यता के लिए अपनी गणना की जाँच कर सकते हैं। यदि यह सन्तुष्ट हो जाता है, तो हमारी गणना में कोई त्रुटि नहीं है।

$\therefore\ V_A + V_B = 90.71$ kN

V_A तथा V_B के मानों को रखने पर, हम प्राप्त करते हैं

बायाँ पक्ष = 58.03 + 32.68 = 90.71 kN = दायाँ पक्ष। जो कि सत्य है, अर्थात् हमारा उत्तर एकदम सही है।

यदि यह किसी भी स्थिति में संतुष्ट नहीं होता है, तो आपने गणना में कुछ गलती की है, इसकी तब तक पुनर्गणना करें जब तक कि यह परीक्षण समीकरण को संतुष्ट न कर दे।

उदाहरण 9. *10 m लम्बी एक धरन AB बायें सिरे के आलम्ब A पर कब्जेदार है और दाहिने सिरे के आलम्ब B पर क्षैतिज के साथ 30° के झुकाव पर यह रोलर आलम्ब सतह पर टिकी हुई है। धरन, भार वहन कर रहा है, जैसाकि चित्र में प्रदर्शित किया गया है। धरन के आलम्बों पर प्रतिक्रियाओं को ज्ञात कीजिये।*

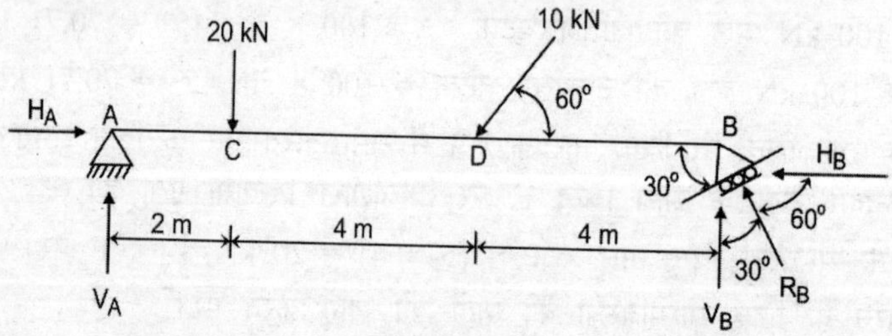

चित्र 2.21

हल :

(i) इस स्थिति में, धरन क्षैतिज के साथ 30° के झुकाव पर रोलर आलम्ब सतह पर आलम्बित है। चूँकि रोलर आलम्ब सतह पर लम्बवत् प्रतिक्रिया उत्पन्न करता है तथा प्रतिक्रिया R_B क्षैतिज के साथ 60° का कोण बनाती है जैसाकि चित्र (b) में प्रदर्शित किया गया है। R_B के क्षैतिज तथा उर्ध्वाधर घटक निम्न प्रकार से प्राप्त किये जा सकते हैं :

$\therefore\ H_B = R_B \cos 60° = 0.5\ R_B$ ← पश्चिम की ओर

तथा $V_B = R_B \times \sin 60° = 0.866\ R_B$ ↑ ऊपर की ओर

(ii) हम धरन के बिन्दु D पर धरन सरेखण के साथ कोण 60° पर क्रिया करने वाले झुकाव बल 10 kN के क्षैतिज और ऊर्ध्वाधर घटकों को ज्ञात करेंगे।

बिन्दु D पर 10 kN बल का क्षैतिज घटक = 10 × Cos 60° = 5.0 kN ← पश्चिम की ओर
तथा बिन्दु D पर 10 kN बल का उर्ध्वाधर घटक = 10 × Sin 60° = 8.66 kN ↓ नीचे की ओर
अब दिए गए धरन के लिए साम्यावस्था की शर्तों को लागू करने पर।

(a) $\Sigma H = 0$ पूर्व की ओर → धनात्मक चिन्ह के साथ तथा H_A को पूर्व की ओर मानते हुए।

$\therefore H_A - 5.0 - 0.5\ R_B = 0$

$\therefore H_A - 0.5\ R_B = 5.0$ kN

(b) $\Sigma V = 0$ ऊर्ध्वगामी ↑ के रूप में धनात्मक चिन्ह के साथ तथा V_A एवं V_B दोनों को ऊर्ध्वगामी मानते हुए।

$\therefore V_A - 20 - 8.66 + 0.866\ R_B = 0$

$\therefore V_A + 0.866\ R_B = 28.66$ kN

(c) $\Sigma M = 0$ दक्षिणावर्त आघूर्ण ↻ के रूप में धनात्मक चिन्ह के साथ तथा आलम्ब बिन्दु A पर आघूर्ण लेने पर।

$\Sigma M_A = V_A \times 0 + H_A \times 0 + 20 \times 2 + 8.66 \times 6 + 5 \times 0 - V_B \times 10 + H_B \times 0 = 0$

$\therefore 0 + 0 + 40 + 51.96 + 0 - 10 \times 0.866\ R_B + 0 = 0$ (जैसाकि $V_B = 0.866\ R_B$)

$\therefore 8.66\ R_B = 91.96$

$\therefore R_B = \dfrac{91.96}{8.66} = 10.62$ kN ↖ (उत्तर)

(d) समीकरण (a) में R_B का मान रखने पर, हम H_A प्राप्त करते हैं,

$H_A - 0.5\ R_B = 5.0$

$\therefore H_A = 5.0 + 0.5 \times 10.62 = 10.31$ kN → पूर्व की ओर (उत्तर)

(c) समीकरण (b) में R_B का मान रखने पर, हम V_A प्राप्त करते हैं,

$V_A - 0.866\ R_B = 28.66$

$\therefore V_A = 28.66 - 0.866 \times 10.62 = 19.46$ kN ↑ ऊपर की ओर (उत्तर)

उन्नत धरन-II

2.4.3 बाहर निकली सरल आलम्बी धरन

जैसाकि हम जानते हैं कि यदि सरल आलम्बी धरन के एक या दो भाग आलम्ब से आगे बढ़ाये जाते हैं, तब इसे बाहर निकली धरन कहा जाता है। आइए कुछ उदाहरण पर विचार करते हैं।

उदाहरण 10. *चित्र में दर्शाए गए धरन के आलम्बों पर प्रतिक्रियाओं की गणना कीजिये।*

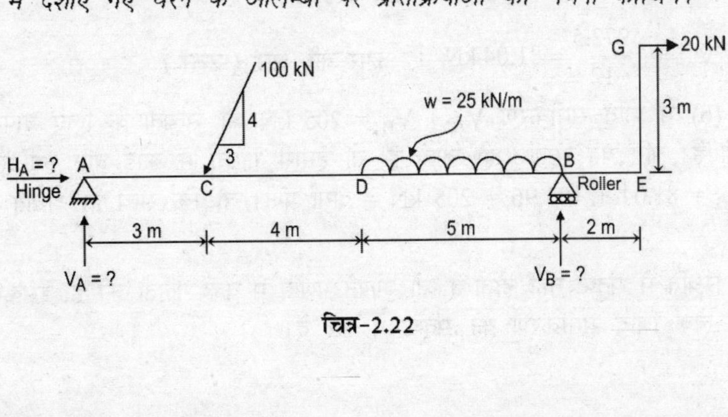

चित्र-2.22

हल :

(i) हमें बिन्दु C पर क्रियाशील झुकाव बल 100 kN के क्षैतिज और ऊर्ध्वाधर घटकों को ज्ञात करना है।

$\therefore$ बिन्दु C पर 100 kN बल का क्षैतिज घटक = 100 × 3/5 = 60 kN ← पश्चिम की ओर

तथा बिन्दु C पर 100 kN बल का उर्ध्वाधर घटक = 100 × 4/5 = 80 kN ↓ नीचे की ओर

(ii) हमें DB भाग के मध्य-बिन्दु पर बिन्दु भार के रूप में समवितरित भार के लिए समतुल्य भार को ज्ञात करना है।

समवितरित भार के समतुल्य बिन्दु भार = P = (25 × 5) = 125 kN, बिन्दु D से 2.5 m की दूरी पर क्रियाशील

(iii) यहाँ ब्रैकेट EG पर एक क्षैतिज भार पूर्व की ओर → 20 kN के रूप में कार्य करता है, जो आघूर्ण भी उत्पन्न करता है, आघूर्ण की शर्त लागू करते समय इस पर विचार किया जाना चाहिए।

अब दिए गए धरन के लिए साम्यावस्था की शर्तों को लागू करने पर।

(a) $\Sigma H = 0$ पूर्व की ओर → धनात्मक चिन्ह के साथ तथा H_A को पूर्व की ओर मानते हुए।

$\therefore H_A - 60 + 20 = 0$

$\therefore H_A = 40$ kN → पूर्व की ओर। (**उत्तर**)

(b) $\Sigma V = 0$ ऊर्ध्वगामी ↑ के रूप में धनात्मक चिन्ह के साथ तथा V_A एवं V_B दोनों को ऊर्ध्वगामी मानते हुए।

$\therefore V_A - 80 - (25 \times 5) + V_B = 0$

$\therefore V_A + V_B = 205$ kN हम इस समीकरण का उपयोग अपनी गणना के परीक्षण के लिए करेंगे।

(c) $\Sigma M = 0$ दक्षिणावर्त आघूर्ण ↻ के रूप में धनात्मक चिन्ह के साथ।

(i) आलम्ब बिन्दु A पर आघूर्ण लेने पर, हम प्राप्त करते हैं,

$\Sigma M_A = V_A \times 0 + H_A \times 0 + 60 \times 0 + 80 \times 3 + 125 \times 9.5 - V_B \times 12 + 20 \times 3 = 0$

$\therefore 0 + 0 + 0 + 240 + 1187.50 - 12\ V_B + 60 = 0$

$\therefore 12\ V_B = 1247.5$

$\therefore V_B = 103.96$ kN ↑ ऊपर की ओर (**उत्तर**)

(ii) अन्य आलम्ब बिन्दु B पर आघूर्ण लेने पर।

$\Sigma M_B = 20 \times 3 + V_B \times 0 - 125 \times 2.5 - 80 \times 9 + 60 \times 0 + H_A \times 0 + V_A \times 12 = 0$

$\therefore 12\ V_A = -60 + 312.5 + 720 = 972.5$

$\therefore V_A = \dfrac{972.5}{12} = 81.04$ kN ↑ ऊपर की ओर (**उत्तर**)

(d) अब हम (b) में प्राप्त समीकरण $V_A + V_B = 205$ kN की सत्यता के लिए अपनी गणना की जाँच कर सकते हैं। यदि यह सन्तुष्ट हो जाता है, तो हमारी गणना में कोई त्रुटि नहीं है। चूँकि बायाँ पक्ष $V_A + V_B = 81.04 + 103.96 = 205$ kN = दायाँ पक्ष। जो कि सत्य है, अर्थात् हमारा उत्तर एकदम सही है।

यदि किसी भी स्थिति में संतुष्ट नहीं होता है, तो आपने गणना में कुछ गलती की है, इसकी तब तक पुनर्गणना करें जब तक कि यह चेक बिन्दु समीकरण को संतुष्ट न कर दे।

उदाहरण 11. *नीचे दिए गए चित्र में दर्शाए गए दोनों तरफ से बाहर निकली धरन के आलम्बों पर प्रतिक्रियायें ज्ञात कीजिये।*

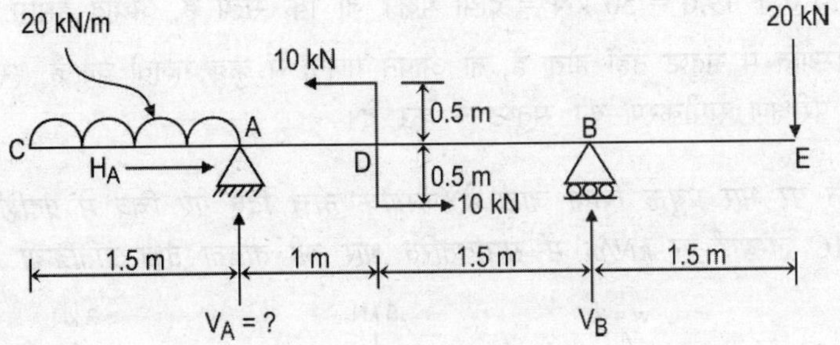

चित्र 2.23

हल :

(i) भार के अनुसार, AC पर समवितरित भार AC के मध्य-बिन्दु पर P के समतुल्य बिन्दु भार (20 × 1.5) = 30 kN ↓ के बराबर होगा।

(ii) धरन CABE पर बिन्दु D पर, 10 kN के दो बराबर और विपरीत बल हैं, जिसके परिणामस्वरूप 10 × (0.5 + 0.5) = 10 kN.m ↺ वामावर्त के परिमाण का एक बल-युग्म के साथ शुद्ध क्षैतिज बल शून्य होता है।

अब दिए गए धरन के लिए साम्यावस्था की शर्तों को लागू करने पर।

(a) $\Sigma H = 0$ पूर्व की ओर → धनात्मक चिन्ह के साथ तथा H_A को पूर्व की ओर मानते हुए।

$\therefore H_A - 10 + 10 = 0$

$\therefore H_A = 0$ kN **(उत्तर)**

(b) $\Sigma V = 0$ ऊपर की ओर ↑ धनात्मक चिन्ह के साथ तथा V_A एवं V_B दोनों को ऊपर की ओर मानते हुए।

$\therefore V_A - (20 \times 1.5) - 20 + V_B = 0$

$\therefore V_A + V_B = 50$ kN हम इस समीकरण का उपयोग अपनी गणना के परीक्षण के लिए करेंगे।

(c) $\Sigma M = 0$ दक्षिणावर्त आघूर्ण ↻ के रूप में धनात्मक चिन्ह के साथ।

(i) आलम्ब बिन्दु A पर आघूर्ण लेने पर, हम प्राप्त करते हैं

$$\Sigma M_A = 20 \times 4 - V_B \times 2.5 - 10 + V_A \times 0 + H_A \times 0 - (20 \times 1.5) \times 0.75 = 0$$

$$\therefore 2.5\ V_B = 80 - 10 + 0 + 0 - 22.5 = 47.5$$

$$\therefore V_B = \frac{47.5}{2.5} = 19.0 \text{ kN} \uparrow$$ ऊपर की ओर **(उत्तर)**

(ii) आलम्ब बिन्दु B पर आघूर्ण लेने पर, हम प्राप्त करते हैं

$$\Sigma M_B = 20 \times 1.5 + V_B \times 0 - 10 + H_A \times 0 + V_A \times 2.5 - 30 \times 3.25 = 0$$

$$\therefore 2.5\ V_A = -30 + 10 + 97.5 = 77.5$$

$$\therefore V_A = \frac{77.5}{2.5} = 31.0 \text{ kN} \uparrow$$ ऊपर की ओर **(उत्तर)**

(d) अब हम (b) में प्राप्त समीकरण $V_A + V_B = 50$ kN की सत्यता के लिए अपनी गणना की जाँच कर सकते हैं। यदि यह सन्तुष्ट हो जाता है, तो हमारी गणना में कोई त्रुटि नहीं है। चूँकि बायाँ पक्ष $V_A + V_B = 31.0 + 19.0 = 50$ kN = दायाँ पक्ष। जो कि सत्य है, अर्थात् हमारा उत्तर एकदम सही है।

यदि किसी भी स्थिति में संतुष्ट नहीं होता हैं, तो आपने गणना में कुछ गलती की है, इसकी तब तक पुनर्गणना करें जब तक कि यह परीक्षण समीकरण को संतुष्ट न कर दे।

उदाहरण 12. *एक धरन पर भार प्रयुक्त किया जाता है, जैसाकि नीचे दिए गए चित्र में प्रदर्शित किया गया है। यदि $R_A = 5.6$ kN, तब AC लम्बाई पर kN/m में समवितरित भार की तीव्रता तथा प्रतिक्रिया R_B ज्ञात कीजिये।*

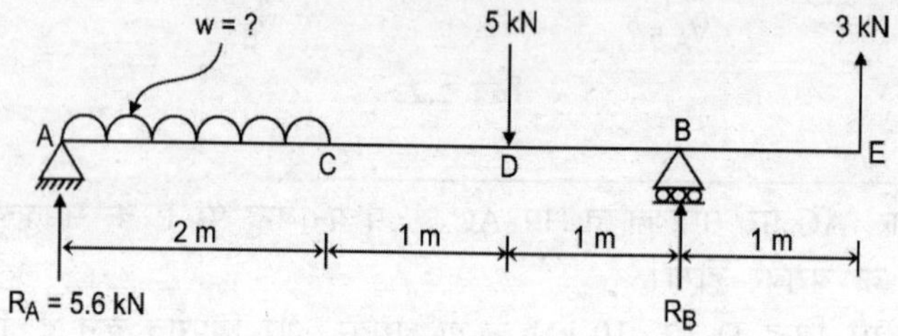

चित्र 2.24

हल :

यहाँ आलम्ब A पर प्रतिक्रिया R_A दी गई है, लेकिन समवितरित भार (kN/m) का मान अन्य प्रतिक्रिया R_B के साथ अज्ञात है। इन दो अज्ञात मान को ज्ञात करने के लिए हमें साम्यावस्था की दो शर्तों को लागू करना होगा।

(a) $\Sigma M = 0$ दक्षिणावर्त आघूर्ण ↻ के रूप में धनात्मक चिन्ह के साथ। आलम्ब बिन्दु B पर आघूर्ण लेने पर, करने पर, हम प्राप्त करते हैं

$$\Sigma M_B = R_A \times 4 - (w \times 2) \times 3 - 5 \times 1 + R_B \times 0 - 3 \times 1 = 0$$

$$\therefore 5.6 \times 4 - 6\,w - 5 + 0 - 3 = 0$$

$$\therefore 6\,w = 22.4 - 5 - 3 = 14.4$$

$$\therefore w = 14.4/6 = 2.4 \text{ kN/m}$$ **(उत्तर)**

(b) $\Sigma V = 0$ ऊपर की ओर ↑ धनात्मक चिन्ह के साथ तथा R_B को ऊपर की ओर मानते हुए।

$$\therefore R_A + R_B + 3 - (w \times 2) - 5 = 0$$

$$\therefore 5.6 + R_B + 3 - (2.4 \times 2) - 5 = 0$$

$$\therefore R_B = 1.2 \text{ kN} \uparrow$$ ऊपर की ओर **(उत्तर)**

(c) $\Sigma M_A = 0$ दक्षिणावर्त आघूर्ण ↻ के रूप में धनात्मक चिन्ह के साथ हम परीक्षण बिन्दु को के रूप में ले सकते हैं

$$\Sigma M_A = (w \times 2) \times 1 + 5 \times 3 - R_B \times 4 - 3 \times 5 = 2.4 \times 2 \times 1 + 15 - 1.2 \times 4 - 15$$

$$= 4.8 + 15 - 4.8 - 15 = 0$$

इस प्रकार हमें $\Sigma M_A = 0$ प्राप्त होता है जिसका अर्थ यह है कि हमारी गणना त्रुटि मुक्त है। इस प्रकार, हमें सही मान के लिए स्व-मूल्यांकन प्राप्त होता है।

2.5 आरेखीय विधि द्वारा धरन प्रतिक्रिया

पिछले प्रसंग 2.4 में हम विभिन्न प्रकार के धरनों के लिए विश्लेषण विधि पर चर्चा कर चुके हैं। अब हम दूसरी विधि पर चर्चा करने जा रहे हैं, जो कि धरन आलम्ब प्रतिक्रियाओं को ज्ञात करने के लिए आरेखीय विधि है। इस विधि में, हमें केवल अपने पाठ्यक्रम के अनुसार केवल बिन्दु भार वहन करने वाले सरल आलम्बी धरन के लिए अध्ययन करना है।

2.5.1 फनिक्युलर बहुभुज आरेखीय विधि

आरेखीय विधि के लिए कुछ तकनीकी शब्दावली को समझना आवश्यक होता है। इस आरेखीय विधि को फनिक्युलर बहुभुज विधि कहते हैं।

(i) **बो संकेतन :** बलों की पहचान बल के दोनों ओर (आकाश में) रखे गए दो अलग-अलग समान बड़े अक्षरों द्वारा की जाती है, जैसाकि चित्र में प्रदर्शित किया गया है।

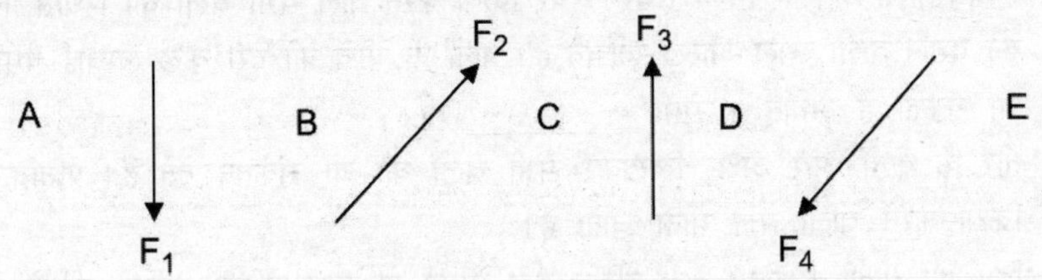

चित्र 2.25 : बो संकेतन

इस स्थिति में, चार बल F_1, F_2, F_3 और F_4 पिण्ड पर क्रिया कर रहे हैं। अब बल दिशा के दोनों ओर अंग्रेजी के बड़े अक्षरों को रखने पर हमें बल F_1 के लिए A और B रखना होता है। अब बो संकेतन के अनुसार, इस बल F_1 को F_{AB} के रूप में लिखा जा सकता है। इसी प्रकार अन्य बलों F_2, F_3 तथा F_4 के लिए दोनों ओर के स्थान को भरते हैं। बल F_2 के लिए एक तरफ B अक्षर पहले से ही बाईं ओर है, इसलिए दूसरी तरफ (दाहिनी ओर) C के रूप में दूसरा अक्षर रखते हैं। इसलिए बो संकेतन के द्वारा F_2 को F_{BC} के रूप में प्रदर्शित किया जाता है। इसी प्रकार बो संकेतन के द्वारा बल F_3 व F_4 को क्रमशः F_{CD} व F_{DE} के रूप में लिखा जा सकता है।

(ii) **स्थल आरेख :** किसी पिण्ड पर क्रिया करने वाले सभी बलों को उनके परिमाण और दिशा के साथ-साथ उसकी स्थिति में दर्शाने वाले आरेख को स्थल आरेख कहा जाता है। उचित रैखिक-पैमाने के अनुसार लम्बाई तथा भार की स्थिति को प्रदर्शित किया जाता है अर्थात् 1 सेमी = ____ मी।

(iii) **सदिश आरेख :** पिण्ड पर सभी बलों को परिमाण और दिशा द्वारा सदिश रूप में एक-एक करके दर्शाया जाता है। दिशा को इसकी मूल दिशा द्वारा दर्शाया जाता है, जबकि परिमाण को कुछ उचित बल-पैमाने द्वारा दर्शाया जाता है, अर्थात् 1 सेमी = ____ न्यूटन या किलो न्यूटन।

अब, हम फनिक्युलर बहुभुज बनाने के चरणों को समझेंगे। आलम्ब प्रतिक्रिया को ज्ञात करने के लिए आरेखीय विधि निम्नानुसार है :

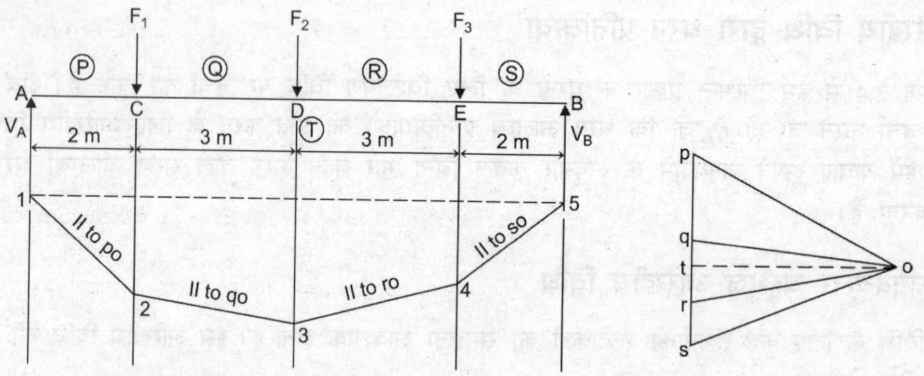

(a) लम्बाई पैमाने के साथ स्थल आरेख (b) बल पैमाने के साथ सदिश आरेख

चित्र 2.26 : फनिक्युलर बहुभुज आरेखीय विधि

चरण-1 : चित्र (a) के अनुसार पिण्ड (धरन) पर क्रिया करने वाले सभी बलों की स्थिति, दिशा और परिमाण को दर्शाने वाला स्थल आरेख खींचते हैं। बलों के बीच की दूरी कुछ लम्बाई-पैमाना मानकर खींची जा सकती है अर्थात् 1 सेमी = ______ मी।

चरण-2 : तीर के दोनों ओर अक्षर लिखकर सभी बलों को बो संकेतन देते हैं। प्रतिक्रिया को पिण्ड पर क्रिया करने वाला बल माना जाता है।

चरण-3 : दिए गए बलों के लिए कुछ उचित बल-पैमाने के साथ सदिश आरेख खींचते हैं अर्थात् 1 सेमी = ______ न्यूटन या किलोन्यूटन जो प्रत्येक बल के परिमाण को प्रदर्शित करता है। सभी बलों को एक-एक करके एक ही क्रम में लेकर सदिश आरेख बनाया जाता है; जैसाकि चित्र (b) में दर्शाया गया है।

चरण-4 : बलों के सदिश रूप के सामने एक सुविधाजनक बिन्दु o लेते हैं और सदिश आरेख के सभी बिन्दुओं को इस बिन्दु o से मिला देते हैं।

चरण-5 : अब पहले बल R_A की क्रिया रेखा पर एक बिन्दु 1 का चयन करते हैं और इससे 'op' के समानान्तर एक रेखा खींचते हैं जो बल F_1 पर बिन्दु 2 पर काटती है। अब बिन्दु 2 से होकर 'oq' के समानान्तर रेखा 2-3 खींचते हैं। इसी प्रकार स्थल आरेख पर रेखाओं 'or' और 'os' के समानान्तर रेखाएँ क्रमशः 3-4 और 4-5 खींचते हैं।

चरण-6 : अब स्थल आरेख में पहले प्रारम्भिक बिन्दु 1 और अन्तिम बिन्दु 5 को बल R_B की रेखा पर बिन्दुदार रेखा 1-5 के रूप में जोड़ते हैं, जैसाकि चित्र (a) में दर्शाया गया है। सदिश आरेख पर बिन्दु o से गुजरने वाली बिन्दुदार रेखा 'ot' को चित्र (b) में दर्शाये गए अनुसार 1-5 के समानान्तर खींचते हैं।

समानान्तर बल निकाय के लिये आरेखीय विधि

चरण-7 : अब सदिश आरेख पर 'pt' और 'ts' लम्बाई को मापते हैं तथा इसे बल-पैमाने द्वारा क्रमशः प्रतिक्रिया R_A और R_B के रूप में परिवर्तित करते हैं।

आरेखीय विधि (फनिक्युलर बहुभुज) के चरणों को समझने करने के लिए, एक उदाहरण लेते हैं।

उदाहरण 13. *आरेखीय विधि द्वारा उदाहरण 7 को हल कीजिये, जैसाकि नीचे दिए गए चित्र में दर्शाया गया है।*

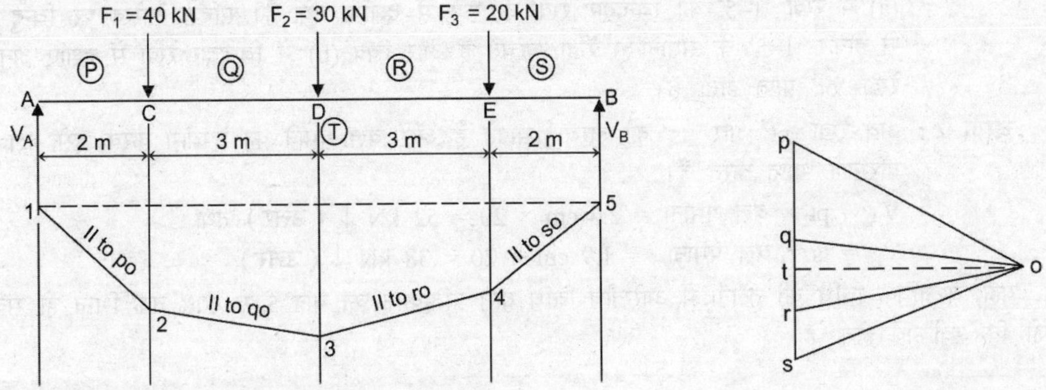

(a) लम्बाई पैमाने के साथ स्थल आरेख (b) बल पैमाने के साथ सदिश आरेख

चित्र 2.27

हल :

चरण-1 : 1 सेमी = 1 मीटर का पैमाना लेकर दिए गए आँकड़ों से स्थल आरेख खींचिये, जैसाकि चित्र (a) में दर्शाया गया है।

चरण-2 : दिशा वाली रेखा पर दोनों ओर के स्थान पर अक्षर लिखकर V_A और V_B प्रतिक्रियाओं सहित सभी बलों को बो संकेतन दीजिये। यहाँ बल F_1 = 40 kN के लिए, हमने बल F_1 की दिशा की रेखा पर आकाश के दोनों ओर 'P' और 'Q' रखा है इसका अर्थ यह है कि बल F_1 अब बो संकेतन के अनुसार F_{pq} है। इसी प्रकार 'R', 'S' और 'T' को बो संकेतन के रूप में रखा गया है, जैसाकि चित्र (a) में दर्शाया गया है।

चरण-3 : धरन पर बलों के लिए 1 सेमी = 20 किलो न्यूटन के रूप में बल-पैमाने को लेकर सदिश आरेख खींचिये, जैसाकि चित्र (b) में दर्शाया गया है। प्रारम्भ बिन्दु को 'p' मानिये और बल F_{pq} की क्रिया रेखा के समानान्तर रेखा खींचिये (इस स्थिति में लम्बवत् नीचे की ओर) एवं 40 किलो न्यूटन को पैमाने के अनुसार बिन्दु 'p' से 2 सेमी पर बिन्दु 'q' प्राप्त करते हैं। इस प्रकार रेखा 'pq' बल F_{pq} के सदिश रूप को प्रदर्शित करती है। इसी प्रकार सदिश आरेख में सदिश रूप में लिए गए सभी बलों F_{qr} (F_2) और F_{rs} (F_3) बल को क्रमशः 'qr' और 'rs' के रूप में खींचा जाता है।

चरण-4 : बलों के सदिश रूप के सामने कुछ सुविधाजनक बिन्दु 'o' लेते हैं। सदिश आरेख के सभी बिन्दुओं p, q, r तथा s को o के साथ मिलाते हैं और रेखा po, qo, ro प्राप्त करते हैं, जैसाकि चित्र (b) में दर्शाया गया है।

चरण-5 : अब स्थल आरेख पर सभी बलों की सभी क्रिया रेखाओं का विस्तार किया जाता है। प्रतिक्रिया R_A की रेखा पर प्रारम्भ बिन्दु '1' का चयन किया जाता है। इस बिन्दु '1' से सदिश आरेख की रेखा 'po' के समानान्तर रेखा खींचते हैं जिससे बल F_1 की क्रिया रेखा पर बिन्दु '2' प्राप्त होता है इस प्रकार रेखा '1–2' रेखा 'po' के समानान्तर होती है। इसी प्रकार रेखा 'qo', 'ro' और 'so' के समानान्तर क्रमशः '2–3', '3–4' और '4–5' रेखाएं खींचते हैं।

चरण-6 : अब पहला प्रारम्भ बिन्दु '1' को अन्तिम बिन्दु '5' से मिलाते हैं इस स्थिति में स्थल आरेख चित्र (a) में रेखा '1–5' को बिन्दुदार रेखा के रूप में दर्शाया गया है। सदिश आरेख पर बिन्दु 'o' से होकर '1–5' के समानान्तर रेखा खींचते हैं और चित्र (b) में बिन्दुदार रेखा में दर्शाए अनुसार रेखा 'ot' प्राप्त होती है।

चरण-7 : अब रेखा 'pt' और 'ts' की लम्बाई मापते हैं और बल-पैमाने का उपयोग करके इसे बल का परिमाण प्राप्त करते हैं।

V_A = pt × बल-पैमाना = 2.6 cm × 20 = 52 kN ↓ **(उत्तर)** तथा

V_B = ts × बल-पैमाना = 1.9 cm × 20 = 38 kN ↓ **(उत्तर)**

यहाँ, वैश्लेषिक विधि की तुलना में आरेखीय विधि द्वारा प्रतिक्रिया का मान 5 से 10% तक भिन्न हो सकता है, जो कि स्वीकार्य होती है।

यूनिट सारांश

- **साम्यावस्था :** यदि पिण्ड पर लगने वाले सभी बलों का परिणामी और परिणामी आघूर्ण शून्य हैं, तब पिण्ड को साम्यावस्था में कहा जाता है।
- **साम्यक बल :** साम्यक बल पिण्ड पर क्रिया करने वाले बल निकाय के परिणामी बल के बराबर, विपरीत और सरेखीय होता है।
- **साम्यावस्था को वैश्लेषिक शर्तें :** (i) $\Sigma H = 0$ (ii) $\Sigma V = 0$ तथा (iii) $\Sigma M = 0$.
- **साम्यावस्था की आरेखीय शर्त :** बल बहुभुज बन्द होना चाहिए अर्थात् बहुभुज को बन्द करने वाली भुजा शून्य होनी चाहिए।
- **मुक्त पिण्ड तथा मुक्त पिण्ड आरेख :** यह पिण्ड पर क्रियाशील बलों को उनके परिमाण, दिशा, सभी बाह्य बलों जिनमें भार, प्रयुक्त बल, प्रतिक्रियायें सम्मिलित हैं, की स्थिति, दिशा एवं कोणों को स्पष्ट रूप से दर्शाता है। पिण्ड को एक बिन्दु के रूप में दर्शाया जा सकता है। यदि उस पर कार्य करने वाले बल संगामी होते हैं। इस प्रकार प्राप्त आरेख को मुक्त पिण्ड आरेख कहा जाता है और पिण्ड को मुक्त पिण्ड कहा जाता है।
- **लामी का प्रमेय :** यदि पिण्ड पर क्रिया कर रहे तीन समतलीय संगामी बल साम्यावस्था में हैं, तो प्रत्येक बल अन्य दो बलों के बीच कोण की ज्या के समानुपाती होता है।
- **आलम्बों के प्रकार :** संरचना या उनके घटकों को विभिन्न प्रकार के आलम्बों पर आलम्बित किया जा सकता है जिन्हें उनके द्वारा दी गई प्रतिक्रिया के आधार पर निम्नलिखित के रूप में वर्गीकृत किया जा सकता है। (a) रोलर आलम्ब (b) सरल आलम्ब (c) कब्जेदार आलम्ब (d) आबद्ध आलम्ब
- **भारों के प्रकार :** संरचनात्मक घटकों पर कार्य करने वाले भार बाहरी या पिण्ड के स्व-भार हो सकते हैं। भारों के महत्वपूर्ण प्रकार निम्नलिखित हैं : (A) सकेन्द्रित या बिन्दु भार (B) समवितरित भार (C) एकसमान परिवर्तनशील भार (D) आघूर्ण (E) बल-युग्म।
- **धरन के प्रकार :** (A) स्थैतिकतः निर्धार्य धरन तथा (B) स्थैतिकतः अनिर्धार्य धरन

  स्थैतिकतः निर्धार्य धरन : एक धरन को स्थैतिकतः निर्धार्य धरन कहा जाता है यदि अज्ञात प्रतिक्रियाओं की संख्या साम्यावस्था शर्तों की संख्या से अधिक नहीं होती है। स्थैतिकतः निर्धार्य धरन निम्नलिखित हैं। (a) सरल आलम्बी धरन (b) कैंटीलीवर धरन (c) बाहर निकली धरन।

स्थैतिकतः अनिर्धार्य धरन : यदि अज्ञात प्रतिक्रिया की संख्या साम्यावस्था की शर्तों से अधिक है तो इस प्रकार के धरन को स्थैतिकतः अनिर्धार्य धरन कहा जाता है। स्थैतिकतः अनिर्धार्य धरन निम्नलिखित हैं : (a) प्रोप्ड कैंटीलीवर धरन (b) सतत् धरन (c) आबद्ध धरन

- **धरन प्रतिक्रियाएँ :** धरन आलम्ब प्रतिक्रिया को निम्नलिखित दो विधियों द्वारा ज्ञात किया जा सकता है। (i) वैश्लेषिक विधि (ii) आरेखीय विधि।

  वैश्लेषिक विधि : इसमें हमें अज्ञात आलम्ब प्रतिक्रिया को ज्ञात करने के लिए साम्यावस्था की शर्तों का उपयोग करना होता है।

  आरेखीय विधि : इस आरेखीय विधि को फनिक्युलर बहुभुज विधि के नाम से भी जाना जाता है।
- **बो संकेतन :** बलों की पहचान बल के दोनों ओर (आकाश में) रखे गए दो अलग-अलग समान बड़े अक्षरों द्वारा की जाती है।
- **स्थल आरेख :** किसी पिण्ड पर क्रिया करने वाले सभी बलों को उनके परिमाण और दिशा के साथ-साथ उसकी स्थिति में दर्शाने वाले आरेख को स्थल आरेख कहा जाता है। उचित रैखिक-पैमाने के अनुसार लम्बाई तथा भार की स्थिति को प्रदर्शित किया जाता है अर्थात् 1 सेमी = ______ मी।
- **सदिश आरेख :** पिण्ड पर सभी बलों को परिमाण और दिशा द्वारा सदिश रूप में एक-एक करके दर्शाया जाता है। दिशा को इसकी मूल दिशा द्वारा दर्शाया जाता है, जबकि परिमाण को कुछ उचित बल-पैमाने द्वारा दर्शाया जाता है, अर्थात् 1 सेमी = ______ न्यूटन या किलो न्यूटन।
- **आरेखीय विधि (फनिक्युलर बहुभुज विधि) :** धरन आलम्ब प्रतिक्रियाओं को ज्ञात करने के लिए, निम्नलिखित चरणों का पालन किया जाता है : [चित्र 2.26 को देखें]

  चरण-1 : पिण्ड (धरन) पर क्रिया करने वाले सभी बलों की स्थिति, दिशा और परिमाण को दर्शाने वाला स्थल आरेख खींचते हैं। बलों के बीच की दूरी कुछ लम्बाई-पैमाना मानकर खींची जा सकती है अर्थात् 1 सेमी = ______ मी।

  चरण-2 : तीर के दोनों ओर अक्षर लिखकर सभी बलों को बो संकेतन देते है। प्रतिक्रिया को पिण्ड पर क्रिया करने वाला बल माना जाता है।

  चरण-3 : दिए गए बलों के लिए कुछ उचित बल-पैमाने के साथ सदिश आरेख खींचते है अर्थात् 1 सेमी = ______ न्यूटन या किलोन्यूटन जो प्रत्येक बल के परिमाण को प्रदर्शित करता है। सभी बलों को एक-एक करके एक ही क्रम में लेकर सदिश आरेख बनाया जाता है।

  चरण-4 : बलों के सदिश रूप के सामने एक सुविधाजनक बिन्दु o लेते हैं और सदिश आरेख के सभी बिन्दुओं को इस बिन्दु o से मिला देते हैं।

  चरण-5 : अब पहले बल R_A की क्रिया रेखा पर एक बिन्दु 1 का चयन करते हैं और इससे 'op' के समानान्तर एक रेखा खींचते हैं जो बल F_1 पर बिन्दु 2 पर काटती हैं। अब बिन्दु 2 से होकर 'oq' के समानान्तर रेखा 2-3 खींचते हैं। इसी प्रकार स्थल आरेख पर रेखाओं 'or' और 'os' के समानान्तर रेखाएँ क्रमशः 3-4 और 4-5 खींचते हैं।

  चरण-6 : अब स्थल आरेख में पहले प्रारम्भिक बिन्दु 1 और अन्तिम बिन्दु 5 को बल R_B की रेखा पर बिन्दु दर रेखा 1-5 के रूप में जोड़ते हैं। सदिश आरेख पर बिन्दु o से गुजरने वाली बिन्दु रेखा 'ot' को 1-5 के समानान्तर खींचते हैं।

  चरण-7 : अब सदिश आरेख पर 'pt' और 'ts' लम्बाई को मापते हैं तथा इसे बल-पैमाने द्वारा क्रमशः प्रतिक्रिया R_A और R_B के रूप में परिवर्तित करते हैं।

अभ्यास

(A) वस्तुनिष्ठ प्रश्न

2.1 एक बिन्दु पर क्रिया करने वाले अनेक बल साम्यावस्था में होंगे यदि :
(a) उनका कुल योग शून्य है
(b) समकोण पर दो दिशाओं में दो वियोजित भाग बराबर होते हैं
(c) किन्हीं दो लम्बवत् दिशाओं में वियोजित भागों का योग दोनों शून्य होते हैं
(d) वे सभी समान रूप से झुके हुए होते हैं

2.2 दो असरेखीय समानान्तर समान बल विपरीत दिशा में क्रियाशील होते हैं :
(a) एक दूसरे को संतुलित करते है (b) बल युग्म बनाते है
(c) आघूर्ण बनाते हैं (d) परिणामी बल युग्म बनाते हैं

2.3 लामी की प्रमेय के अनुसार :
(a) एक बिन्दु पर क्रियाशील तीन बल साम्यावस्था में होंगे
(b) एक बिन्दु पर क्रियाशील तीन बलों को एक त्रिभुज द्वारा दर्शाया जा सकता है, जिसकी प्रत्येक भुजा बल के समानुपाती होती है
(c) यदि किसी कण पर क्रियाशील तीन बलों को एक त्रिभुज की भुजाओं द्वारा परिमाण और दिशा में एक ही क्रम से निरूपित किया जाता है, तो वे साम्यावस्था में होंगे
(d) यदि एक बिन्दु पर क्रियाशील तीन बल साम्यावस्था में हों तो प्रत्येक बल अन्य दो बलों के बीच के कोण की ज्या के समानुपाती होता है

2.4 समतलीय असंगामी बलों के निकाय की साम्यावस्था के लिए आवश्यक और पर्याप्त शर्तें होती हैं :
(a) $\Sigma H = 0$ (b) $\Sigma V = 0$
(c) $\Sigma H = 0$ तथा $\Sigma V = 0$ (d) $\Sigma H = 0, \Sigma V = 0$ तथा $\Sigma M = 0$

2.5 एक बल-युग्म में होता है :
(a) समान परिमाण के दो सदृश समानान्तर बल
(b) विभिन्न परिमाण के दो सदृश समानान्तर बल
(c) समान परिमाण के दो असदृश समानान्तर बल
(d) विभिन्न परिमाण के दो असदृश समानान्तर बल

2.6 निम्नलिखित में से कौन-सा एक बल-युग्म का उदाहरण है :
(a) स्याही की बोतल की ढक्कन को घुमाना (b) पेचकस को घुमाना
(c) कार की स्टीयरिंग (d) उपरोक्त सभी

2.7 यदि किसी धरन का एक सिरा आबद्ध हो और दूसरा सिरा मुक्त हो तो वह धरन है :
(a) सरल आलम्बी धरन (b) बाहर निकली धरन
(c) कैंटीलीवर धरन (d) आबद्ध धरन

2.8 यदि भार को धरन की पूरी लम्बाई पर एक समान रूप से वितरित किया जाता है तो भार का प्रकार होता है :

(a) एकसमान परिवर्तनशील भार (b) बिन्दु भार
(c) सकेन्द्रित भार (d) समवितरित भार

2.9 यदि आलम्बों पर प्रतिक्रियायें क्षैतिज और लम्बवत् हैं तो आलम्ब का प्रकार होता है :

(a) सरल आलम्ब (b) कब्जेदार आलम्ब (c) रोलर आलम्ब (d) आबद्ध आलम्ब

2.10 यदि 5 मीटर लम्बाई की सरल आलम्बी धरन में बायें सिरे से 2 मीटर पर 5 kN और 4 मीटर पर 2 kN का बिन्दु भार प्रयुक्त है, तो बायें आलम्ब पर प्रतिक्रिया होती है :

(a) 3.4 kN (b) 3.6 kN (c) 4.5 kN (d) 2.5 kN

2.11 धरन के रोलर आलम्ब पर प्रतिक्रिया हमेशा होती है :

(a) क्षैतिज (b) आनत
(c) उर्ध्वाधर (d) आलम्ब सतह के लम्बवत्

2.12 यदि किसी धरन की किसी आलम्ब पर प्रतिक्रिया क्षैतिज और ऊर्ध्वाधर बलों का परिणामी है तो यह है:

(a) सरल आलम्बी सिरा (b) रोलर आलम्बी सिरा
(c) कब्जेदार आलम्बी सिरा (d) आबद्ध आलम्बी सिरा

2.13 लामी प्रमेय .... के लिए लागू होती है :

(a) समतलीय बलों (b) संगामी बलों
(c) समतलीय तथा संगामी बलों (d) किसी भी प्रकार की बलों

2.14 यदि पिण्ड साम्यावस्था में है, तो हम यह निष्कर्ष निकाल सकते हैं कि :

(a) पिण्ड पर कोई बल क्रिया नहीं कर रहा है
(b) उस पर क्रिया करने वाले सभी बलों का परिणामी शून्य होता है
(c) किसी भी बिन्दु के सापेक्ष आघूर्ण शून्य होता हैं
(d) दोनों (b) व (c)

2.15 समवितरित भार की तीव्रता 2 kN/m है, जो धरन के 4 m लम्बाई पर प्रयुक्त होती है। समतुल्य बिन्दु भार का मान क्या है?

(a) 2 kN (b) 4 kN (c) 6 kN (d) 8 kN

[***उत्तर*** : (1–c), (2–d), (3–d), (4–d), (5–c), (6–d), (7–c), (8–d), (9–b), (10–a), (11–d), (12–c), (13–c), (14–d), (15–d)]

(B) विषयात्मक प्रश्न

2.1 निम्न पदों की व्याख्या कीजिये : (a) स्थल आरेख (b) मुक्त पिण्ड आरेख (c) सदिश आरेख।

2.2 साम्यावस्था की स्थिति में बलों की निकाय के लिए परिणामी बल का मान क्या होगा?

2.3 साम्यावस्था बल और साम्यक बल के बीच अन्तर स्पष्ट कीजिये।

2.4 समतलीय संगामी बलों के साम्यावस्था की शर्तों की सूची बनाइये।

2.5 लामी की प्रमेय का कथन लिखिए।

2.6 साम्यावस्था की शर्तों को चित्र द्वारा समझाइए।

2.7 विभिन्न प्रकार के धरनों को चित्रों सहित समझाइए।

2.8 आघूर्ण तथा बल-युग्म में अन्तर स्पष्ट कीजिये।

2.9 स्वच्छ चित्र की सहायता से विभिन्न प्रकार के आलम्बों तथा धरनों को समझाइये।

2.10 धरन के विभिन्न प्रकार और धरन पर विभिन्न प्रकार के भारकी व्याख्या कीजिए।

2.11 दो आदमी भार से जुड़ी दो रस्सियों के माध्यम से 2 kN का भार उठाते हैं। एक रस्सी अपने शीर्षों के साथ 45° और दूसरी 30° पर झुकी हुई है। प्रत्येक रस्सी में तनाव ज्ञात कीजिये।
[उत्तर : 1.04 kN तथा 1.46 kN]

2.12 W भार का एक चिकना गोला एक चिकनी ऊर्ध्वाधर दीवार के बिन्दु A पर बंधी एक डोरी द्वारा टिका हुआ है, दूसरा सिरा दीवार पर बिन्दु B के सम्पर्क में है। यदि डोरी AC की लम्बाई गोले की त्रिज्या के बराबर है, तो डोरी में तनाव और दीवार की प्रतिक्रिया ज्ञात कीजिए। [उत्तर : 1.155 W तथा 0.577 W]

2.13 50 N भार की एक गोलाकार गेंद 500 मिमी लम्बी एक रस्सी द्वारा उर्ध्वाधर लटकी है। उस न्यूनतम बल का परिमाण और दिशा ज्ञात कीजिए, जो गेंद को निचले बिन्दु से 100 मिमी ऊपर रोक सके। उस बिन्दु पर रस्सी में तनाव भी ज्ञात कीजिए। [उत्तर : रस्सी के साथ 90° के कोण पर 30 N, 40 N]

2.14 W भार की एक गोलाकार गेंद, एक त्रिकोणीय खाँचे में रखी है, जिसकी भुजाएँ क्षैतिज से α तथा β कोणों पर झुकी हैं। सम्पर्क सतह पर प्रतिक्रियाओं को ज्ञात कीजिये।
[उत्तर : $W \sin \alpha / \sin (\alpha + \beta)$, $W \sin \beta / \sin (\alpha + \beta)$]

2.15 20 N भार का एक विद्युत प्रकाश बल्ब बिन्दु C से दो तारों AC और BC द्वारा लटका हुआ है। तार AC क्षैतिज से 60° पर और तार BC क्षैतिज से 45° पर झुका हुआ है, जैसाकि चित्र-1 में दिखाया गया है। लामी प्रमेय का उपयोग करते हुए, तार AC और BC में बलों का मान ज्ञात कीजिये।
[उत्तर : 14.641 N तथा 10.352 N]

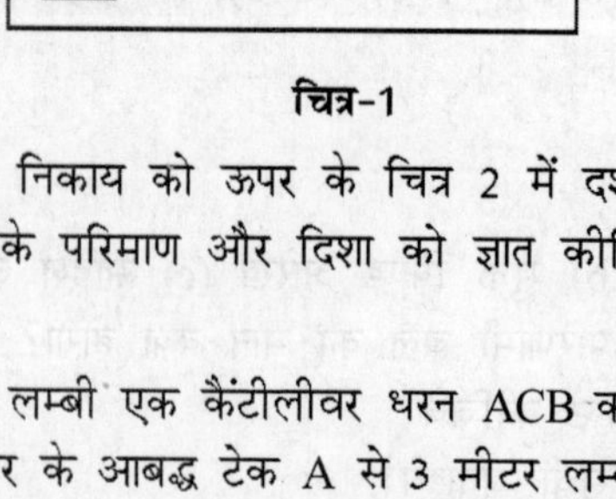

चित्र-1

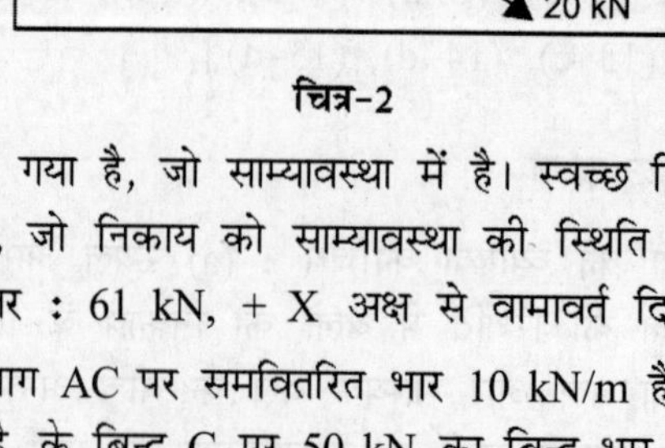

चित्र-2

2.16 बलों के निकाय को ऊपर के चित्र 2 में दर्शाया गया है, जो साम्यावस्था में है। स्वच्छ चित्र की सहायता से बल के परिमाण और दिशा को ज्ञात कीजिये, जो निकाय को साम्यावस्था की स्थिति में लाता है।
[उत्तर : 61 kN, + X अक्ष से वामावर्त दिशा में 14.92^o]

2.17 5 मीटर लम्बी एक कैंटीलीवर धरन ACB का भाग AC पर समवितरित भार 10 kN/m है। भाग AC जो बायीं ओर के आबद्ध टेक A से 3 मीटर लम्बा है, के बिन्दु C पर 50 kN का बिन्दु भार और इसके मुक्त सिरे B पर 50 kN.m का दक्षिणावर्त आघूर्ण प्रयुक्त है। आलम्ब प्रतिक्रियायें ज्ञात कीजिये।
[उत्तर : $H_a = 0$, $V_a = 80$ kN, $M_a = 245$ kN.m (वामावर्त)]

2.18 4 मीटर लम्बाई का एक सरल आलम्बी धरन AB के बायें टेक A से क्रमशः 1, 2 और 3 मीटर की दूरी पर क्रमशः 5, 2 और 3 kN के बिन्दु भार प्रयुक्त है। A और B पर आलम्ब प्रतिक्रियायें ज्ञात कीजिये। [उत्तर : 5.5 kN तथा 4.5 kN]

2.19 6 मीटर लम्बाई का एक सरल आलम्बी धरन पर दायें सिरे B से 3 मीटर की लम्बाई में 2 kN/m का समवितरित भार प्रयुक्त है। A और B पर आलम्ब प्रतिक्रियायें ज्ञात कीजिये। [उत्तर : 1.5 kN तथा 4.5 kN]

2.20 6 मीटर लम्बाई का एक धरन AB दो सरल टेकों जिनके बीच दूरी 4 मीटर है पर टिका हुआ है। इसका दाहिना सिरा 2 मीटर बाहर निकल रहा है। धरन की पूरी लम्बाई पर 1 kN/m का समवितरित भार प्रयुक्त है। A और B पर आलम्ब प्रतिक्रियायें ज्ञात कीजिये। [उत्तर : 1.5 kN तथा 4.5 kN]

2.21 एक सरल आलम्बी धरन 8 मीटर लम्बा है, इसके प्रत्येक आलम्ब से 2 मीटर पर दो बिन्दु भार 50 kN और 100 kN प्रयुक्त है। इस धरन की पूरी लम्बाई पर 20 kN/m का समवितरित भार भी प्रयुक्त है। आलम्बों पर प्रतिक्रियायें ज्ञात कीजिये। [उत्तर : 142.5 kN तथा 167.5 kN]

2.22 बाहर निकली धरन की प्रतिक्रियाओं को ज्ञात कीजिये, जैसाकि चित्र-3 में प्रदर्शित किया गया है। [उत्तर : 4.33 kN, 24.5 kN तथा 138 kN]

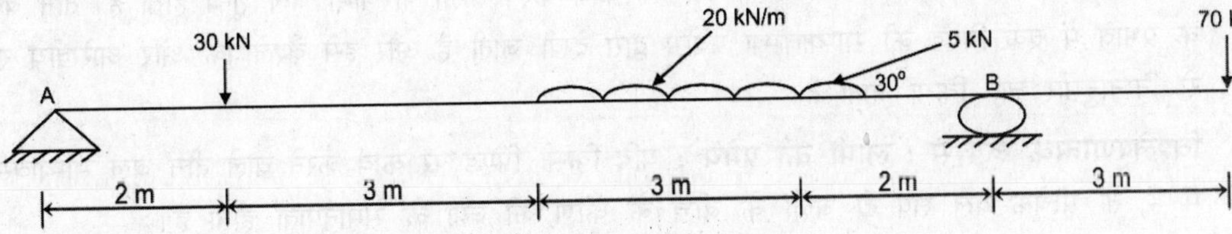

चित्र-3

2.23 चित्र-4 में दर्शाए गए धरन के लिए आलम्ब प्रतिक्रियाओं को ज्ञात कीजिये। [उत्तर : 0.695 kN, 5.12 kN तथा 6.32 kN]

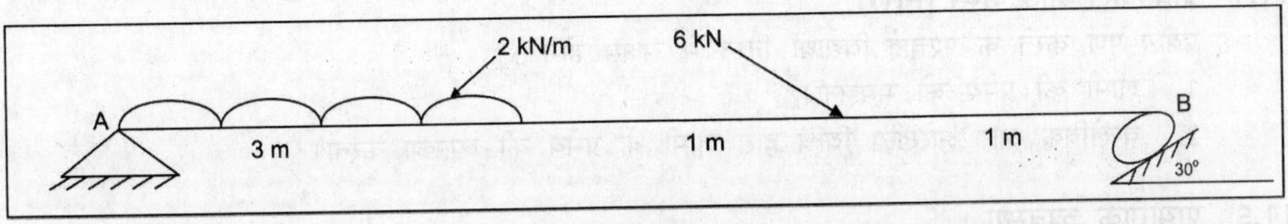

चित्र-4

2.24 चित्र-5 में दर्शाए गए धरन के लिए आलम्ब प्रतिक्रियायें को ज्ञात कीजिये। [उत्तर : 2.49 kN, 8.13 kN तथा 12.46 kN]

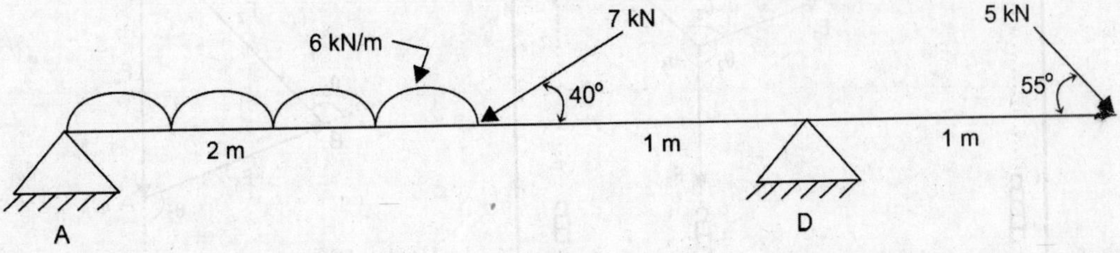

चित्र-5

प्रायोगिक कार्य

P–11 : लामी का प्रमेय

11.1 प्रायोगिक कथन

लामी की प्रमेय का सत्यापन करना।

11.2 प्रायोगिक महत्त्व

लामी की प्रमेय का सत्यापन करना।

11.3 प्रासंगिक सिद्धान्त

साम्यावस्था : एक पिण्ड तब साम्यावस्था में होता है, जब वह परिवेश के सापेक्ष अपनी स्थिति नहीं बदलता है। जब पिण्ड साम्यावस्था में होता है तो इस पर कार्य करने वाला परिणामी बल शून्य होता है। तीन बलों के प्रभाव में एक पिण्ड की साम्यावस्था प्रयोग द्वारा देखी जाती है और इसे वैश्लेषिक और आरेखीय रूप से निम्नानुसार ज्ञात किया जाता है।

विश्लेषणात्मक रूप से : लामी की प्रमेय : यदि किसी पिण्ड पर कार्य करने वाले तीन बल साम्यावस्था में हैं, तो प्रत्येक बल शेष दो बलों के बीच के कोण की ज्या के समानुपाती होता है।

आरेखीय रूप से : बलों के त्रिभुज का नियम : यदि किसी पिण्ड पर क्रिया करने वाले तीन बल साम्यावस्था में हैं, तो उन्हें एक त्रिभुज की भुजाओं द्वारा परिमाण और दिशा में क्रम से निरूपित किया जा सकता है।

11.4 प्रैक्टिकल आउटकमस (PrO)

प्रयोग पूर्ण करने के पश्चात् विद्यार्थी निम्न में सक्षम होंगे :

1. लामी की प्रमेय को समझना।
2. वैश्लेषिक और आरेखीय विधि द्वारा लामी के प्रमेय की व्याख्या करना।

11.5 प्रायोगिक व्यवस्था

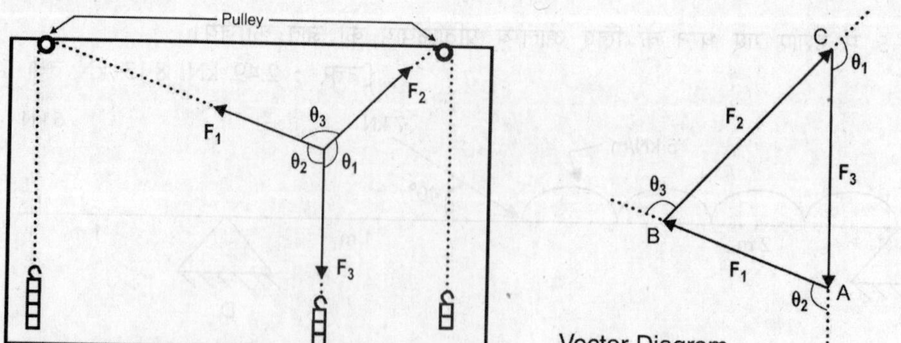

Vector Diagram

11.6 आवश्यक संसाधन

क्र	सुझाए गए आवश्यक संसाधन महत्वपूर्ण विशिष्टता वाली मशीनें / उपकरण / यंत्र	संख्या	आवश्यक वास्तविक संसाधन विस्तृत विवरण सहित मशीनें / उपकरण / यंत्र	टिप्पणी
1	ड्राइंग बोर्ड	1		
2	ड्राइंग शीट	1		
3	आबद्ध युक्ति सहित घिरनी	2		
4	हैंगर सहित खाँचेदार भारों का सेट	3		
5	धागा तथा दर्पण	3		
6	पिन और चिपकने वाला टेप	आवश्यकतानुसार		

11.7 सावधानियाँ

1. बलों के बीच के कोणों को सावधानीपूर्वक मापें।
2. प्रत्येक बल के परिमाण के लिए लम्बाई तथा दिशा के लिए कोण को यथार्थता के साथ लेकर सदिश आरेख बनायें।

11.8 प्रयोग विधि

1. ड्राइंग बोर्ड को दीवार पर उर्ध्वाधर लगाते हैं।
2. ड्राइंग बोर्ड के ऊपरी किनारे पर घिरनी को वांछित दूरी पर लगाते हैं।
3. चिपकने वाली टेप की मदद से ड्राइंग शीट को ड्राइंग बोर्ड पर चिपका देते हैं।
4. तीन धागों के अंत में खाँचेदार भार लटकाते हैं, जैसाकि चित्र में दर्शाया गया है, जिससे यह समतलीय संगामी बल निकाय का निर्माण करेगा।
5. जब बलों का निकाय साम्यावस्था में आ जाये तब दर्पण तथा पेन्सिल की सहायता से ड्राइंग शीट पर प्रत्येक धागे की स्थिति को चिह्नित करते हैं।
6. परिमाण को नोट करते हैं और ड्राइंग शीट पर तीनों बलों की दिशा को चिह्नित करते हैं।
7. अगले पाठ्यांक के लिए भारों को बदलकर बलों के परिमाण को बदलते हैं और चरण 4, 5 और 6 को दोहराते हैं।
8. अंकित बिन्दुओं को मिलाकर ड्राइंग शीट परप्रयुक्त बलों F_1, F_2 और F_3 को खींचते हैं।
9. बलों के त्रिभुज के नियम को सत्यापित करने के लिए हम बलों F_1, F_2 और F_3 को किसी त्रिभुज की भुजाओं (AB, BC और CA) के रूप में एक ही क्रम में लेकर ग्राफ पेपर पर पूरा त्रिभुज बना सकते हैं, जो बल के परिमाण को व्यक्त करेगी तथा कोण θ_1, θ_2 एवं θ_3 (आरेखीय मान) बल की दिशा को व्यक्त करेंगे।

10. लामी की प्रमेय को सत्यापित करने के लिए, लामी समीकरण में F_1, F_2, θ_1, θ_2 तथा θ_3 के मानों को रखते हैं तथा F_3 का मान (वैश्लेषिक मान) ज्ञात करते हैं।
11. प्रेक्षित तृतीय बल (F_3) की वैश्लेषिक और आरेखीय मानों के साथ तुलना करते हैं।

11.9 . प्रेक्षण सारणी एवं गणना

क्र.	बल (F_1)		बल (F_2)		बल (F_3)		परिणामी बल (R)			
							आरेखीय		वैश्लेषिक	
	परिमाण (N)	दिशा θ_1	परिमाण (N)	दिशा θ_2	परिमाण (N)	दिशा θ_3	परिमाण (N)	α	परिमाण (N)	α
1										
2										
3										
4										
5										

गणना :

(I) $K_1 = \dfrac{F_1}{\sin\theta_1} =$

(II) $K_2 = \dfrac{F_2}{\sin\theta_2} =$

(III) $K_3 = \dfrac{F_3}{\sin\theta_3} =$

$$K_1 = K_2 = K_3 = \frac{F_1}{\sin\theta_1} = \frac{F_2}{\sin\theta_2} = \frac{F_3}{\sin\theta_3} = K$$

11.10 परिणाम एवं / अथवा विवेचना

....

11.11 निष्कर्ष एवं / अथवा सत्यापन

....

11.12 प्रयोग सम्बन्धित प्रश्न

1. लामी की प्रमेय को लागू करने के लिए क्या शर्तें होती हैं?
2. 200 N भार वाले 12 सेमी त्रिज्या की एक गेंद को 35 सेमी लम्बी डोरी का उपयोग करके एक ऊर्ध्वाधर दीवार से जोड़ा जाता है। डोरी में तनाव और गेंद के विरुद्ध दीवार की प्रतिक्रिया ज्ञात कीजिए।
3. 500 N भार का एक लैंप छत से लटका हुआ है। लैम्प को लटकाने के लिए उपयोग किए जाने वाली डोरी पर 20 N का क्षैतिज बल कार्य करता है। डोरी में तनाव और ऊर्ध्वाधर दिशा से डोरी का झुकाव कोण ज्ञात कीजिये।

11.13 अपशिष्ट का निपटान

इस प्रयोग में फेंके जाने वाले अपशिष्ट पदार्थों को निम्नलिखित डिब्बों में वर्गीकृत करें :

अपशिष्ट के प्रकार	डिब्बे का रंग	विवरण
बायोडिग्रेबल अपशिष्ट	हरा	
ई-अपशिष्ट	काला	
प्लास्टिक और धातु अपशिष्ट	नीला	
अन्य कोई		

11.14 पर्यावरण के अनुकूल दृष्टिकोण : पुनः उपयोग, कम उपयोग एवं पुनर्चक्रण

....

11.15 सुझाई गई मूल्यांकन योजना (प्रयोग P1 के अनुसार)

नोट : निम्नलिखित प्रायोगिक कार्य उसी तरह से किए जा सकते हैं, जैसे ऊपर प्रयोग 11 में चर्चा की गई है।

प्रयोग 12 : जिब क्रेन के विभिन्न अवयवों में बलों का अध्ययन करना।

निम्नलिखित प्रायोगिक कार्य उसी तरह से किए जा सकते हैं, जैसे यनिट 1 के प्रयोग 10 में चर्चा की गई है।

प्रयोग 13 : सरल आलम्बी धरन के लिए आलम्ब प्रतिक्रियाओं को ज्ञात करना।

प्रयोग 14 : आरेखीय विधि का उपयोग करते धरन की आलम्ब प्रतिक्रियाओं को ज्ञात करना।

अधिक जानिए

1. विभिन्न इंजीनियरिंग समस्याओं में लामी प्रमेय का उपयोग कैसे किया जा सकता है?
2. धरन आलम्ब प्रतिक्रिया की गणना के लिए परीक्षण बिन्दु का उपयोग कैसे किया जा सकता है?
3. वैश्लेषिक विधि द्वारा आलम्ब प्रतिक्रिया के परिणाम को आरेखीय विधि द्वारा सत्यापित किया जा सकता है।

सन्दर्भ एवं अध्ययन हेतु सुझाव

1. D.S.Bedi, "Engineering Mechanics"; Khanna publications, New Delhi.
2. Khurmi RS, "Applied Mechanics"; S. Chand & Co, New Delhi.
3. Ramamrutham, "Engineering Mechanics"; S. Chand & Co, New Delhi.
4. Bansal RK, "A text book of Engineering Mechanics"; Laxmi publications, New Delhi.
5. Dhade, Jamadar & Walawelkar, "Fundamentals of Applied Mechanics"; Pune VidhyarthiGruh, Pune.
6. Meriam JL, Kraige LG, "Engineering Mechanics- statics -Vol.-I"; Wiley publication, New Delhi.
7. Beer, Johnson, Mazurek, Cornwell & Sanghi, "Vector Mechanics for Engineers - Statics and Dynamics"; Tata McGraw Hill, New Delhi.
8. https://nptel.ac.in/courses/112/106/112106286/
9. https://nptel.ac.in/courses/122/104/122104015/
10. https://www.youtube.com/playlist? list = PLC3A601B6060658D3

3 घर्षण

यूनिट विशिष्ट

इस अध्याय में निम्नलिखित विषयों पर चर्चा की गई है–

- घर्षण और उससे संबंधित तकनीकी शब्द
- घर्षण के प्रकार
- घर्षण के नियम
- क्षैतिज तल पर पिण्ड की साम्यावस्था
- आनत तल पर पिण्ड की साम्यावस्था

"गतिविधि भाग" के अंतर्गत कुछ गतिविधियों को इस तरह से लिया गया है कि छात्र सिद्धान्त को अच्छी तरीके से समझ सकें। इस यूनिट में आगे के कार्य के लिए "अभ्यास" श्रेणी के अंतर्गत ब्लूम्स टेक्सोनोमी के अनुसार लघु और दीर्घ उत्तरीय प्रश्नों सहित अनेक संख्यात्मक प्रश्नों के साथ-साथ "वस्तुनिष्ठ प्रश्न" श्रेणी के अंतर्गत अनेक बहुविकल्पी प्रश्नों (एमसीक्यू) का समावेश किया गया है।

चूँकि इंजीनियरिंग की अनेक शाखाओं में भविष्य अनुप्रयोगों के लिए यह यूनिट बहुत महत्वपूर्ण है; जिज्ञासा और रचनात्मकता पैदा करने के लिए यूनिट विषयों के व्यावहारिक अनुप्रयोगों पर चर्चा की गई है। विधार्थी की समस्या समाधान क्षमता में सुधार के लिए पाठ्यक्रम की आवश्यकताओं तक सीमित कुछ उच्च स्तर की समस्याओं पर चर्चा की गई है।

यूनिट में संदर्भ एवं अध्ययन हेतु सुझाव की एक सूची दी गई है, ताकि अधिक जानकारी के लिए अध्ययन किया जा सके। यह ध्यान रखना महत्वपूर्ण है कि विभिन्न विषयों पर अधिक जानकारी प्राप्त करने के लिए कुछ क्यूआर कोड प्रदान किए गए हैं, जिन्हें प्रासंगिक सहायक ज्ञान के लिए स्कैन किया जा सकता है। क्यूआर कोड संदर्भों का चयन इस तरह से किया गया है कि विधार्थी स्वयं / एनपीटीईएल के पाठ्यक्रमों को लेने के लिए प्रोत्साहित हो सकें।

भूमिका

क्या आपने कभी विचार किया है कि एथलीट अधिकतम गति से दौड़ने के लिए कठोर एवं खुरदुरे तल्ले वाले जूते पहनते हैं, वे कैनवास के साधारण जूते पहनकर तेज नहीं दौड़ सकते, क्यों? क्या आपने कभी घिरनी की सहायता

से कुएँ से पानी निकालने की कोशिश की है, क्या होता है? एथलीटों को अधिकतम गति से दौड़ने की आवश्यकता होती है, उनके जूतों में जूते के तल्ले के नीचे विशेष रूप से डिजाइन किया गया पैटर्न होता है ताकि जमीन के साथ जूतों की पकड़ अधिक मजबूत बनी रहे। साधारण कैनवास के जूतों में रबर के तल्ले का उपयोग किया जाता है, जिसमें कठोर तल्ले की तुलना में चिकनी सतह होती है और इसलिए जमीन के साथ जूते की पकड़ कम होती है और फिसलने की संभावना होती है। इसी प्रकार जब हम कुएँ से पानी निकालते हैं तो बाल्टी से पानी ऊपर लाने के लिए आवश्यक बल पानी सहित बाल्टी के भार से अधिक होना चाहिए अन्यथा रस्सी घिरनी से कुएँ में नीचे खिसक जाएगी। इन गतिविधियों के पीछे की अवधारणा 'घर्षण' है जिसके कारण हम उपरोक्त गतिविधियों को बिना फिसले करने में सक्षम होते हैं। हम इस अवधारणा पर उनके नियमों के साथ विस्तार से चर्चा करेंगे।

पूर्व अपेक्षित ज्ञान

माध्यमिक शिक्षा [कक्षा 8 से कक्षा 10 तक] के भौतिकी और गणित का बुनियादी ज्ञान और इस पुस्तक की पिछली इकाई I एवं II का ज्ञान

यूनिट आउटकम्स

इस पाठ्यक्रम के पूर्ण अध्ययन करने के बाद, विधार्थी निम्न में सक्षम होंगे :

1. घर्षण से संबंधित शब्दावली को समझना।
2. व्यावहारिक समस्याओं को घर्षण के नियमों से उदाहरण सहित स्पष्ट करना।
3. क्षैतिज सतह और आनत सतह पर पिण्ड की घर्षण से संबंधित समस्याओं का विश्लेषण करना।

कोर्स आउटकम्स के साथ यूनिट आउटकम्स का परस्पर सम्बन्ध

यूनिट-3 आउटकम्स	कोर्स आउटकम्स के साथ अपेक्षित सम्बन्ध *1-कमजोर सहसंबंध; 2. मध्यम सहसंबंध; 3. मजबूत सहसंबंध*				
	CO-1	CO-2	CO-3	CO-4	CO-5
U3-01	-	-	3	-	-
U3-02	1	-	3	-	-
U3-03	2	2	3	-	-

3.1 घर्षण

एक मेज पर रखे भार W के एक गुटके पर विचार करते हैं। इस गुटके पर एक बाह्य क्षैतिज परिवर्ती बल P प्रयुक्त किया जाता है, जैसाकि चित्र-3.1 (a) में दर्शाया गया है। गुटका साम्यावस्था में है और इसलिय $\Sigma V = 0$ तथा मेज की सतह की अभिलम्ब प्रतिक्रिया N, गुटके के भार W का विरोध करती है। $\therefore N = W$

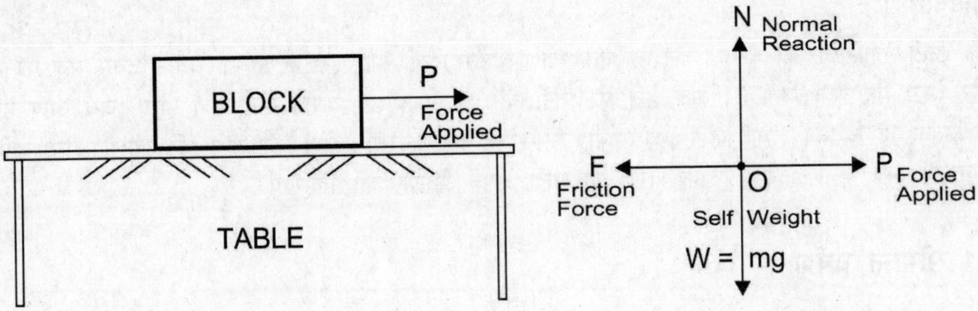

(a) मेज पर विरामावस्था में गुटका (b) मुक्त पिण्ड आरेख

चित्र-3.1 : घर्षण

अब, गुटका तथा मेज की सतह बीच सम्पर्क को बनाए रखते हुए इस गुटका को मेज की सतह पर चलाने का प्रयास करते हैं। मेज की खुरदरी सतह गति के विरुद्ध आन्तरिक प्रतिरोध उत्पन्न करेगी। गति के प्रति यह प्रतिरोध, जो हमेशा गति का विरोध करता है, घर्षण बल या केवल घर्षण कहलाता है, जिसे मुक्त पिण्ड आरेख में F द्वारा प्रदर्शित किया जाता है, जैसाकि चित्र-3.1 (b) में दर्शाया गया है। साम्यावस्था की शर्त के अनुसार $\Sigma H = 0$, अतः यह घर्षण बल F, प्रयुक्त बाह्य बल P के बराबर होना चाहिए, जब गुटका ठीक गति करने वाला होता है $\therefore F = P$।

घर्षण वह बल है जो फिसलन का विरोध करता है, इसे गुणांक के रूप में व्यक्त किया जाता है और यह एक विशेष पदार्थ/सतह के लिए प्रायः नियत माना जाता है। घर्षण की विशेषता यह है कि यह दो सतहों के बीच सम्पर्क सतह के समानान्तर होता है और हमेशा उस दिशा में होता है, जिसमें निकाय एक-दूसरे की सापेक्षिक गति या गति के प्रयास का विरोध करता है।

जब आप गुटका को गति कराने के लिए धक्का देते हैं, तो आपको गुटके को तब तक आगे बढ़ाना पड़ेगा जब तक कि यह सतह के उभारों पर फिसलने न लगे अथवा/और उभारों को तोड़ न दे। बिना किसी प्रत्यक्ष गति के घर्षण द्वारा काफी बल का विरोध किया जा सकता है। यह इस सतह पर स्थित अनियमितताओं के अन्तर्ग्रंथन के कारण होती है, जो गति का विरोध करती हैं। फिसलने वाली सतहें (एक गुटके के ऊपर दूसरे गुटके को रखकर) जितनी अधिक खुरदुरी होंगी, उन्हें खिसकाने के लिए उतना ही अधिक बल की आवश्यकता होती है, क्योंकि अनियमितताओं का अन्तर्ग्रंथन हो जाता है। अतः पिण्ड को गति में लाने के लिए एक बल की आवश्यकता होती है। गति बनाए रखने के लिए कुछ उभार भी टूटेंगे, जिसके लिए भी बल की आवश्यकता होगी। यह दो पिण्डों की सतह के अणुओं के बीच आसंजक बल के कारण भी होता है। यहाँ तक कि पूर्ण चिकनी सतह पर भी कुछ घर्षण होता हैं। आसंजक बल या घर्षण बल सतह के पदार्थ पर भी निर्भर करता है। उदाहरण के लिए रबर तल्लेदार जूते, चमड़े तल्लेदार की तुलना में कम फिसलते हैं, घर्षण चाल से लगभग स्वतंत्र होता है।

गतिविधि-1 :

एक छोटी प्लास्टिक की वस्तु (जैसे कि एक खाद्य कंटेनर) लो और इसे हल्का सा धक्का देकर मेज पर सरकाओ और देखो कि क्या होता है। अब मेज पर पानी की हल्की बौछार करो। अब क्या होगा, जब आप उसी वस्तु पर उतना ही धक्का लगाते हैं? अब पानी की सतह पर वनस्पति तेल की कुछ बूंदें डालो और वही धक्का लगाओ। अब क्या हुआ? प्रत्येक चरण के बाद अपने प्रेक्षणों को लिखिए।

3.1.1 सीमान्त घर्षण

चित्र 3.2 (a) में दर्शाए अनुसार खुरदुरी क्षैतिज सतह पर रखे गए भार W के गुटके पर फिर से विचार करते हैं। इस स्थिति में, हमने गुटके पर कोई बाह्य बल नहीं लगाया है, अर्थात् $P = 0$। इसलिए, आंतरिक प्रतिरोधक घर्षण बल F उत्पन्न नहीं होगा, अर्थात् $F = 0$ और गुटका विरामावस्था में रहेगा।

अब हम गुटके पर बाह्य बल P धीरे-धीरे बढ़ाते हुए लगाते हैं। जैसे-जैसे हम P बढ़ाते जाते हैं, प्रतिरोधक घर्षण बल F भी बढ़ता है और एक स्थिति ऐसी आएगी, जब गुटका गति करना प्रारम्भ कर देगा या हम कह सकते हैं कि गति वह प्रारम्भ करने वाला होगा, (नजदीकी गति) $P = P_1$, जैसाकि चित्र 3.2 (b) में दर्शाया गया है। इस स्थिति में यह ध्यान देना चाहिए कि गति नहीं हुई है, लेकिन जब नगण्य बल लगाया जाता है अर्थात् यदि अँगुली या पेन से हल्का धक्का दिया जाता है, तो गुटका गति करना शुरू कर देगा। इस स्थिति में, हम कहते हैं कि गति नजदीकी है या बस प्रारम्भ होने वाली है तथा घर्षण बल F अपने अधिकतम मान या सीमान्त घर्षण बल (F_{max}) तक पहुंच गया है। हम जान चुके हैं कि घर्षण बल F स्व-समंजक है अर्थात, जैसे-जैसे P बढ़ता है, F भी बढ़ता है या शून्य से F_{max} तक स्व-समंजित हो जाता है। यदि बाह्य बल P को P_1 से और बढ़ाया जाता है, तो गुटका अब गति करेगा। यह देखा गया है कि गति के दौरान, P के बढ़ने पर घर्षण बल F घटता है।

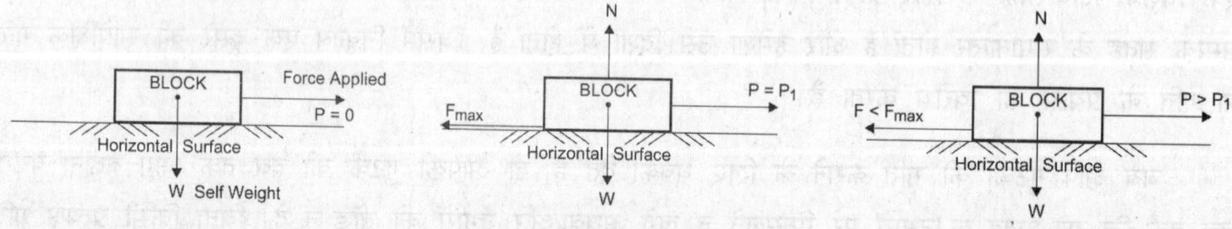

(a) विरामावस्था में गुटका (b) गुटका बस गति करने वाला है (c) गतिशील गुटका

चित्र 3.2 : सीमान्त घर्षण

चित्र 3.3 आरेखीय रूप से बाह्य बल P और घर्षण बल F के बीच संबंध को दर्शाता है। आप इसमें देख सकते हैं कि P जैसे बढ़ता जाता है, F भी बढ़ता जाता है, जब तक कि P, P_1 नहीं हो जाता। इस स्थिति पर, गति बस प्रारम्भ होने वाली है। यह सीमान्त घर्षण या अधिकतम घर्षण की स्थिति है। इस आरेख से घर्षण की प्रकृति भी स्पष्ट हो जाती है, हम देखते हैं कि जब $P = 0$, $F = 0$, लेकिन जैसे-जैसे P बढ़ता है, F स्वयं को समंजित करके P के बराबर हो जाता है। यदि P और बढ़ता है, अर्थात $P > P_1$, गति प्रारम्भ हो जाती है। यह देखा गया है कि इस स्थिति में जैसे-जैसे P बढ़ता है, घर्षण बल F में थोड़ी कमी हो सकती है, जैसाकि चित्र 3.3 में दर्शाया गया है।

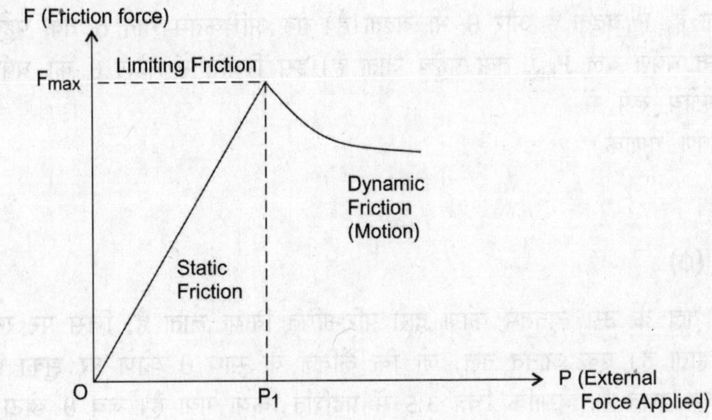

सामान्य घर्षण

चित्र 3.3 : P के साथ F का परिवर्तन

3.1.2 घर्षण गुणांक (μ)

सम्पर्क में दो सतहों की गति का विरोध करने वाले अधिकतम घर्षण बल F_{max} तथा दो सतहों को एक साथ दबाने वाली अभिलम्ब प्रतिक्रिया बल के अनुपात को घर्षण गुणांक कहा जाता है। इसे सामान्यतः ग्रीक अक्षर म्यू (μ) द्वारा प्रदर्शित किया जाता है। गणितीय रूप में, $\mu = \frac{F_{max.}}{N}$, जहाँ $F_{max.}$ अधिकतम घर्षण बल तथा N अभिलम्ब बल (प्रतिक्रिया) है।

3.1.3 घर्षण कोण (α)

माना कि एक गुटका क्षैतिज सतह पर रखा हुआ है और इस पर क्षैतिज खिंचाव बल P लगा हुआ है, जैसाकि चित्र 3.4 में दर्शाया गया है। माना कि R दो बलों, घर्षण बल F और अभिलम्ब प्रतिक्रिया बल N का परिणामी बल है, जो अभिलम्ब प्रतिक्रिया के साथ कोण θ पर कार्य करता है, तब कोण θ को घर्षण कोण कहा जाता है, जैसाकि चित्र 3.4 में दर्शाया गया है।

त्रिभुज OZY से,

$$\tan\theta = \frac{ZY}{OZ} = \frac{\text{घर्षण बल}}{\text{अभिलम्ब प्रतिक्रिया}} = \frac{F}{N}$$

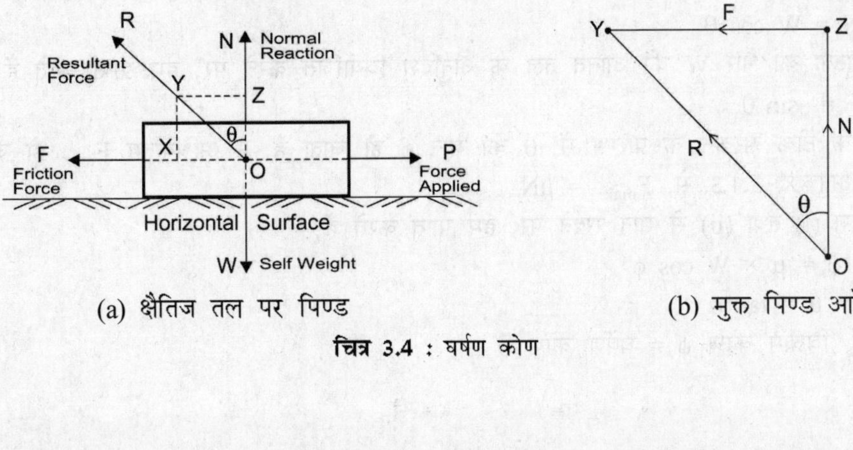

(a) क्षैतिज तल पर पिण्ड (b) मुक्त पिण्ड आरेख

चित्र 3.4 : घर्षण कोण

जैसे-जैसे P बढ़ता है, F बढ़ता है और θ भी बढ़ता है। यह अधिकतम मान α तक पहुँच सकता है, जब F सीमान्त घर्षण बल F_{max} तक पहुँच जाता है। इस स्थिति में कोण θ को घर्षण कोण α कहते हैं। गणितीय रूप में,

$\tan \alpha = \mu$ (घर्षण गुणांक)

$\alpha = \tan^{-1} (\mu)$

घर्षण क्या है?

3.1.4 विश्राम कोण (ϕ)

विश्राम कोण को आनत तल के उस न्यूनतम कोण द्वारा परिभाषित किया जाता है, जिस पर रखा गया पिण्ड ठीक फिसलने की स्थिति में होता है। एक आनत तल, जो कि क्षैतिज के साथ θ कोण पर झुका है, पर रखे भार W वाले एक गुटके पर विचार करते हैं, जैसाकि चित्र 3.5 में प्रदर्शित किया गया है। जब θ छोटा होता है तब गुटका तल पर विरामावस्था में होता है। अब θ को धीरे-धीरे बढ़ाया जाता है, तो एक स्थिति ऐसी आती है, जिस पर गुटका तल से नीचे सरकना प्रारम्भ करता है। वह कोण θ जिस पर गति प्रारम्भ होने वाली होती है, विश्राम कोण कहलाता है। इस प्रकार तल का वह अधिकतम झुकाव जिस पर बिना बाह्य बल से कोई पिण्ड विरामावस्था में रह सकता है, को विश्राम कोण कहा जाता है। इसे सामान्यतः ग्रीक अक्षर फाई (ϕ) द्वारा प्रदर्शित किया जाता है।

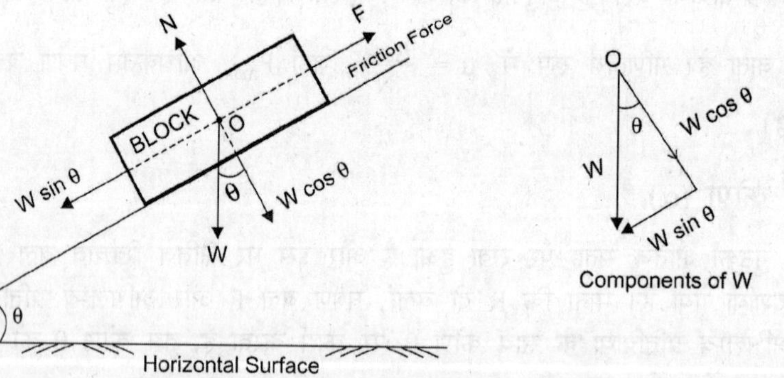

चित्र 3.5 : विश्राम कोण

चूँकि, गुटका विरामावस्था में है और इसलिए साम्यावस्था में है। अतः साम्यावस्था की शर्तें लागू की जा सकती हैं।

(i) गुटके के भार W को आनत तल के लम्बवत् वियोजित करने पर, हम प्राप्त करते हैं।

$N = W \cos \theta$ ...(i)

(ii) गुटके का भार W को आनत तल के अनुदिश वियोजित करने पर, हम प्राप्त करते हैं।

$F = \sin \theta$ ...(ii)

ब्लाक के ठीक सरकने के प्रारम्भ में, θ का मान ϕ हो जाता है, F अधिकतम $F_{max.}$ हो जाता है।

परन्तु, अनुच्छेद 3.1.3 से, $F_{max.} = \mu N$

समीकरण (i) तथा (ii) से मान रखने पर, हम प्राप्त करते हैं,

$W \sin \phi = \mu \times W \cos \phi$

$\tan \phi = \mu = \tan \alpha$

इसलिय, विश्राम कोण ϕ = घर्षण कोण α

3.1.5 घर्षण के प्रकार

घर्षण दो प्रकार का होता है। (a) स्थैतिक घर्षण तथा (b) गतिक घर्षण।

(a) स्थैतिक घर्षण

जब वस्तुएँ स्थिर होती हैं, तो उनके बीच स्थैतिक घर्षण कार्य कर सकता है। एक पिण्ड का घर्षण बल तब अधिकतम होता है जब वह विरामावस्था में होता है (अर्थात् सीमान्त घर्षण एक प्रकार का स्थैतिक घर्षण है)। जब कोई पिण्ड किसी अन्य पिण्ड की सतह पर ठीक गति करने की स्थिति में होता है तो इसे स्थैतिक घर्षण कहा जाता है। इसे F_s द्वारा प्रदर्शित किया जाता है। स्थैतिक घर्षण का परिमाण $F_s \leq \mu_s N$

यहाँ μ_s स्थैतिक घर्षण गुणांक है तथा N अभिलम्ब प्रतिक्रिया का परिमाण है (सतह के लम्बवत् बल)।

(b) गतिक घर्षण

यदि दो सतह सम्पर्क में हैं और एक दूसरे के सापेक्ष गतिशील हैं, तो उनके बीच के घर्षण को गतिक घर्षण कहा जाता है। यह तब होता है, जब प्रयुक्त बल का मान सीमान्त घर्षण से अधिक हो जाता है और पिण्ड गतिशील होता है। गतिक घर्षण का मान सीमान्त घर्षण से कम होता है। इसे F_k द्वारा प्रदर्शित किया जाता है। एक बार जब बाह्य बल P_1 से अधिक हो जाता है तो पिण्ड गति करेगा तथा गतिज घर्षण F_k का परिमाण $F_k = \mu_k N$ द्वारा दिया जाता है। जहाँ μ_k गतिक घर्षण गुणांक है और N अभिलम्ब प्रतिक्रिया का परिमाण है।

गतिक घर्षण को दो प्रकारों में उप-विभाजित किया जा सकता है। (i) सर्पी घर्षण तथा (ii) लोटनिक घर्षण।

(i) **सर्पी घर्षण :** यह वह घर्षण बल है, जो तब अस्तित्व में आता है, जब कोई पिण्ड बाह्य बल के प्रभाव में दूसरे पिण्ड के ऊपर सरकता है।

(ii) **लोटनिक घर्षण :** यह वह घर्षण बल है, जो तब अस्तित्व में आता है, जब कोई पिण्ड बाह्य बल के प्रभाव में दूसरे पिण्ड के ऊपर लुढ़कता है।

तालिका 3.1 घर्षण गुणांक की अनुमानित सीमा

क्र.	निकाय	स्थैतिक घर्षण (μ_s)	गतिक घर्षण (μ_k)
1	लकड़ी पर लकड़ी	0.4 – 0.7	0.3
2	धातु पर लकड़ी	0.25 – 0.65	0.3
3	चमड़े पर लकड़ी	0.5 – 0.6	0.3 – 0.5
4	इस्पात पर इस्पात (शुष्क)	0.6	0.3
5	इस्पात पर इस्पात (तेल से सना हुआ)	0.05	0.03
6	बर्फ पर इस्पात	0.4	0.02
7	कंक्रीट पर इस्पात	0.3 – 0.6	0.4

3.1.6 घर्षण के नियम

हम घर्षण की घटना के बारे में अध्ययन कर चुके हैं। इसके संबंधित महत्वपूर्ण बिन्दुओं को घर्षण के नियम के रूप में निम्नानुसार सूचीबद्ध किया गया है :

1. घर्षण बल दोनों सम्पर्क सतहों के बीच अभिलम्ब प्रतिक्रिया के समानुपाती होता है, सम्पर्क सतह के समानान्तर कार्य करता है और हमेशा दोनों सतहों की सापेक्षिक गति की विपरीत दिशा में कार्य करता है।
2. घर्षण बल सम्पर्क सतहों के पदार्थ और सम्पर्क सतहों के खुरदरेपन पर निर्भर करता है।
3. घर्षण बल सम्पर्क सतहों के क्षेत्रफल पर निर्भर नहीं करता है।
4. घर्षण बल सम्पर्क सतहों के सापेक्षिक वेग पर निर्भर नहीं करता है।
5. घर्षण बल और अभिलम्ब प्रतिक्रिया का अनुपात घर्षण गुणांक कहलाता है और दी गई दो सतहों के लिए इसका मान हमेशा स्थिर होता है।
6. स्थैतिक घर्षण गुणांक का मान, गतिक घर्षण गुणांक के मान से अधिक होता है।

3.2 क्षैतिज तल पर पिण्ड की साम्यावस्था

अब यह स्पष्ट है कि, एक खुरदरी क्षैतिज समतल सतह पर रखा एक पिण्ड हमेशा साम्यावस्था में होता है। लेकिन जब कोई बाह्य बल P उस पर लगाया जाता है, तो पिण्ड बल की दिशा में गति करना प्रारम्भ कर देगा। इस बाह्य बल P को दो भिन्न प्रकार से लगाया जा सकता है। (i) तल के समानान्तर (अर्थात् क्षैतिज) और (iii) क्षैतिज तल से कोई कोण बनाते हुए।

आइए एक-एक करके इन स्थितियों पर चर्चा करते हैं।

3.2.1 क्षैतिज तल पर एक पिण्ड की साम्यावस्था जबकि बाह्य बल क्षैतिज है (चित्र 3.1)

इस स्थिति में साम्यावस्था समीकरण क्षैतिज (तल के समानान्तर) तथा उर्ध्वाधर (तल के लम्बवत्) दिशाओं में प्रयुक्त किए जाते हैं।

(i) $\Sigma H = 0 \therefore F_{max.} = P$ जहाँ $F_{max.}$ घर्षण बल तथा P = प्रयुक्त बाह्य बल।

(ii) $\Sigma V = 0 \therefore N = W$ जहाँ N = अभिलम्ब प्रतिक्रिया तथा W = पिण्ड का भार।

अब घर्षण बल F_{max} का मान निम्न संबंध से प्राप्त होता है :

(iii) $F_{max.} = \mu N$ जहाँ μ = घर्षण गुणांक तथा N = अभिलम्ब प्रतिक्रिया बल।

उपरोक्त तीन समीकरणों का उपयोग करके, हम समस्याओं को हल कर सकते हैं।

3.2.2 क्षैतिज तल पर एक पिण्ड की साम्यावस्था जबकि बाह्य बल किसी कोण पर लगा हो (चित्र 3.6)

इस स्थिति में, किसी कोण पर लगे बाह्य बल को (तल के समानान्तर और तल के लम्बवत्) घटकों में वियोजित किया जाता है, जैसाकि इस पुस्तक की यूनिट 2 में उल्लेख किया गया है। अब पिण्ड पर साम्यावस्था समीकरण

क्षैतिज (तल के समानान्तर) तथा उर्ध्वाधर (तल के लम्बवत्) दिशाओं में प्रयुक्त किये जाते हैं, जैसाकि चित्र 3.6 में दर्शाया गया है।

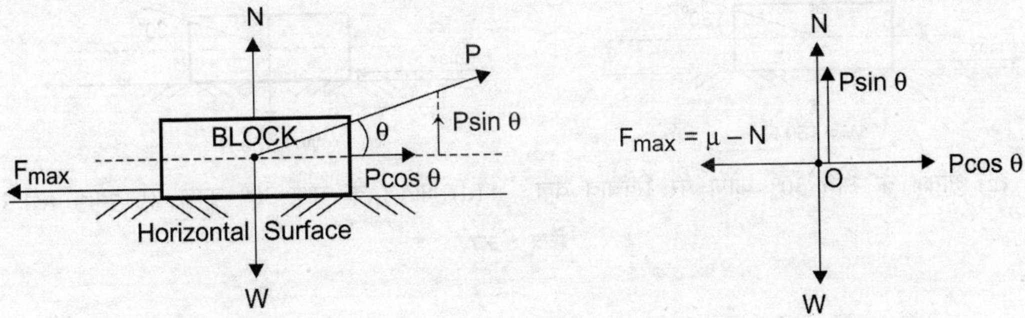

(a) पिण्ड (b) मुक्त पिण्ड आरेख

चित्र 3.6 : पिण्ड की साम्यावस्था जबकि बाह्य बल किसी कोण पर लगा हो

(i) $\Sigma H = 0 \therefore F_{max.} = P \cos\theta$ जहाँ $F_{max.}$ = घर्षण बल तथा P = प्रयुक्त बाह्य बल।

(ii) $\Sigma V = 0 \therefore W = N + P \sin\theta$ जहाँ N = अभिलम्ब प्रतिक्रिया तथा W = पिण्ड का भार।

अब घर्षण बल F_{max} का मान निम्न संबंध से प्राप्त होता है :

(iii) $F_{max.} = \mu N$ जहाँ μ = घर्षण गुणांक तथा N = अभिलम्ब प्रतिक्रिया बल।

उपरोक्त तीन समीकरणों का उपयोग करके, हम समस्याओं को हल कर सकते हैं। उपरोक्त सभी बिन्दुओं को समझने के लिए हम कुछ उदाहरणों की हल करते हैं।

उदाहरण 1. *150 N भार का एक गुटका क्षैतिज सतह पर रखा हुआ है। गुटका और क्षैतिज सतह के बीच घर्षण गुणांक 0.25 है।*

(a) *यदि P = 30 N का क्षैतिज बाह्य बल लगाया जाए, जैसाकि चित्र में दर्शाया गया है, तो गुटके का क्या होगा? स्पष्ट कीजिये।*

(b) *अब आवश्यक बाहरी बल ज्ञात कीजिये, यदि गुटके को ठीक गति की अवस्था में लाने के लिए P बाह्य क्षैतिज बल है। (c) P क्षैतिज के साथ 30° के कोण पर लगा हुआ एक खिंचाव बल है और (d) P क्षैतिज के साथ 30° के कोण पर लगा हुआ दबाब बल है।*

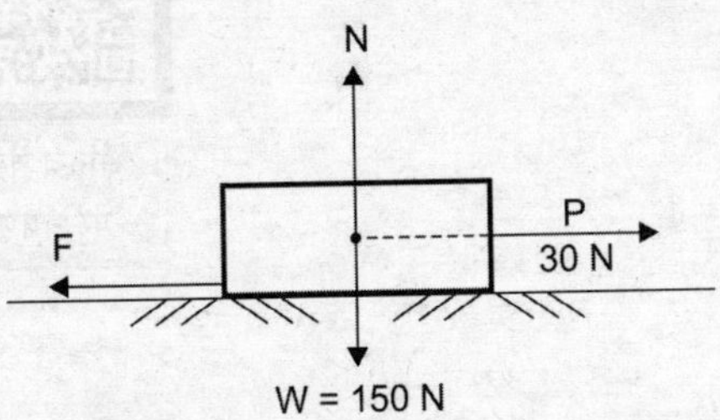

(a) बाह्य बल P = 30 N

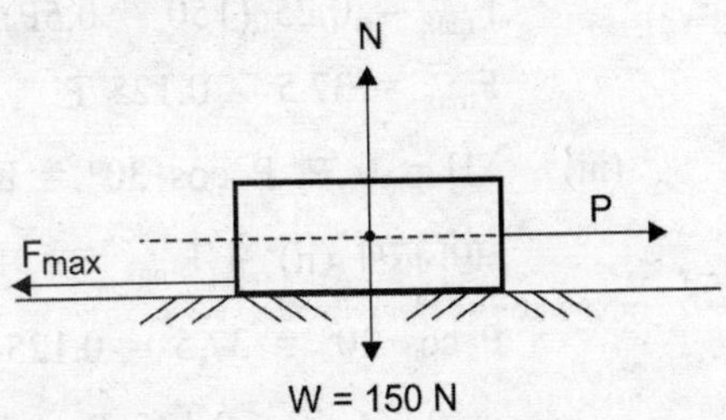

(b) क्षैतिज बाह्य बल

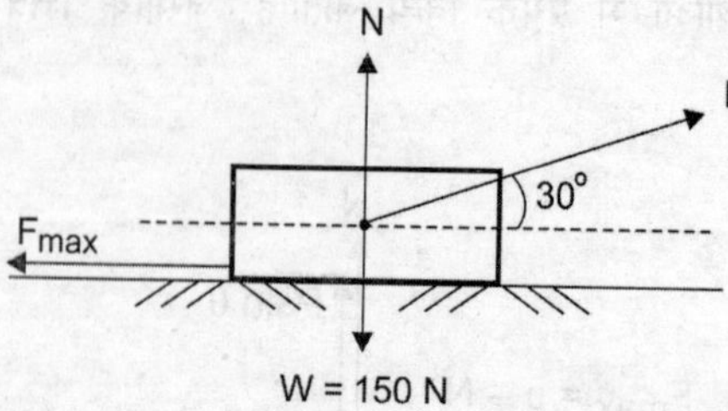

(c) क्षैतिज के साथ 30° कोण पर खिंचाव बल

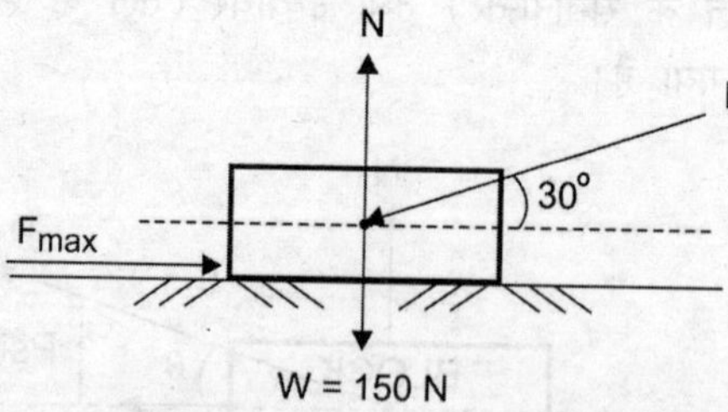

(d) क्षैतिज के साथ 30° कोण पर दबाब बल

चित्र : 3.7

हल :

(a) W = 150 N, $\mu = 0.25$ एवं P = 30 N, [चित्र 3.7 (a)]

साम्यावस्था की शर्तें प्रयुक्त करने पर,

(i) $\Sigma V = 0, \therefore N = W = 150$ N

(ii) $\Sigma H = 0, \therefore F = P = 30$ N

(iii) $F_{max.} = \mu N = 0.25 \times 150 = 37.5$ N

चूँकि $F < F_{max,}$ ब्लाक साम्यावस्था में रहेगा। यह गतिशील नहीं होगा, क्योंकि प्रयुक्त बल F_{max} से कम है। (उत्तर)

(b) W = 150 N, $\mu = 0.25$ [चित्र 3.7 (b)]

(i) $\Sigma V = 0, \therefore N = W = 150$ N

(ii) हम जानते हैं कि $F_{max.} = \mu N = 0.25 \times 150 = 37.5$ N

(iii) $\Sigma H = 0$ से, $P = F_{max} = 37.5$ N (उत्तर)

(c) W = 150 N, $\mu = 0.25$ [चित्र 3.7 (c)]

(i) $\Sigma V = 0$ से, $N = 150 - P \sin 30^o$

$N = 150 - 0.5 P$

(ii) जैसा हम जानते हैं कि $F_{max.} = \mu N$

$F_{max} = 0.25 (150 - 0.5P)$

$F_{max} = 37.5 - 0.125 P$

(iii) $\Sigma H = 0$ से, $P \cos 30^o = F_{max}$

समीकरण (ii) से $F_{max.}$ का मान रखने पर,

$P \cos 30^o = 37.5 - 0.125 P$

$\therefore 0.866 P + 0.125 P = 37.5$

$\therefore P = 37.84$ N (उत्तर)

क्षैतिज तल पर घर्षण

(d) $W = 150$ N, $\mu = 0.25$ [चित्र 3.7 (d)]

यहाँ यह स्पष्ट होना चाहिए कि दबाब प्रकार का बाह्य प्रयुक्त बल (P) पिण्ड पर लगाया जाता है। इसलिए घर्षण बल (F_{max}) संभावित गति या प्रयुक्त बाह्य बल की दिशा के विपरीत दिशा में होगा।

(i) $\Sigma V = 0$ से, $N = 150 + P \sin 30^o$

$N = 150 + 0.5\ P$

(ii) जैसा हम जानते हैं कि, $F_{max} = \mu\ N$

$F_{max} = 0.25\ (150 + 0.5P)$

$F_{max} = 37.5 + 0.125\ P$

(iii) $\Sigma H = 0$ से, $P \cos 30^o = F_{max.}$

समीकरण (ii) से $F_{max.}$ का मान रखने पर, हम प्राप्त करते हैं :

$0.866\ P = 37.5 + 0.125\ P$

$\therefore\ 0.741\ P = 37.5$

$\therefore\ P = 50.61$ N **(उत्तर)**

उदाहरण 2. *एक पिण्ड एक खुरदुरे क्षैतिज तल पर रखा है। पिण्ड और तल के बीच घर्षण का गुणांक 0.2 है और पिण्ड पर कार्य करने वाला सीमान्त घर्षण बल 80 N है। दिया है कि R, घर्षण बल और अभिलम्ब प्रतिक्रिया बल का परिणामी है, तो R का परिमाण ज्ञात कीजिए।*

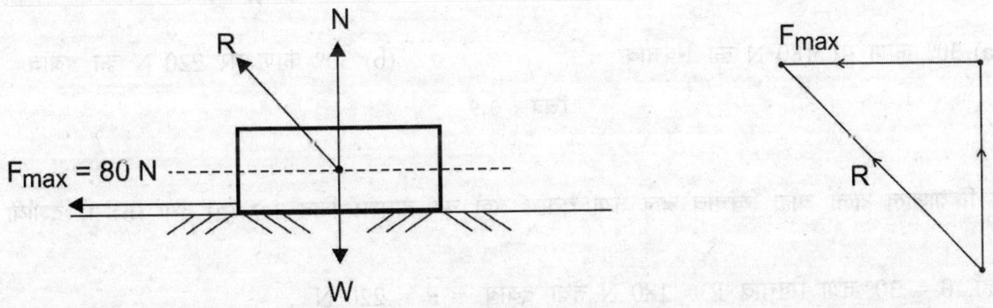

चित्र : 3.8

हल :

पिण्ड पर क्रियाशील बलों को चित्र 3.8 में दर्शाया गया है। यहाँ, $F_{max.} = 80$ N तथा $\mu = 0.2$

(i) अब, सीमान्त घर्षण = $F_{max.} = \mu N$,

$\therefore\ 80 = 0.2\ N$

$\therefore\ N = \dfrac{80}{0.2}$

$\therefore\ N = 400$ N

(ii) $\because$ बल R अभिलम्ब प्रतिक्रिया बल N और सीमान्त घर्षण F_{max} का परिणामी है,

अतः $R^2 = N^2 + Fmax.^2$ (पाइथागोरस प्रमेय से)

$\therefore\ R^2 = 400^2 + 80^2 = 166400$

$\therefore\ R = 407.92$ N **(उत्तर)**

इसे करने का प्रयास करें :

क्या आप इस परिणामी बल R (उदाहरण 2 के) को किसी अन्य विधि से ज्ञात कर सकते हैं? इस समाधान के लिए अपने कक्ष-शिक्षक से चर्चा करें। (संकेत : आप यूनिट 1 या यूनिट 2 की किसी विधि का उपयोग कर सकते हैं।)

उदाहरण 3. *एक पिण्ड एक खुरदुरे क्षैतिज तल पर रखा है। इसकी गति बस प्रारंभ करने के लिए क्षैतिज तल से 30° कोण पर 180 N (खिंचाव प्रकार) के बाह्य बल की आवश्यकता होती है। इसके अलावा, यह भी देखा गया है कि क्षैतिज तल से 30° कोण पर क्रियाशील 220 N (दबाब प्रकार) का बाह्य बल भी यह गति प्रारंभ करा सकता है। पिण्ड का भार और घर्षण गुणांक ज्ञात कीजिए।*

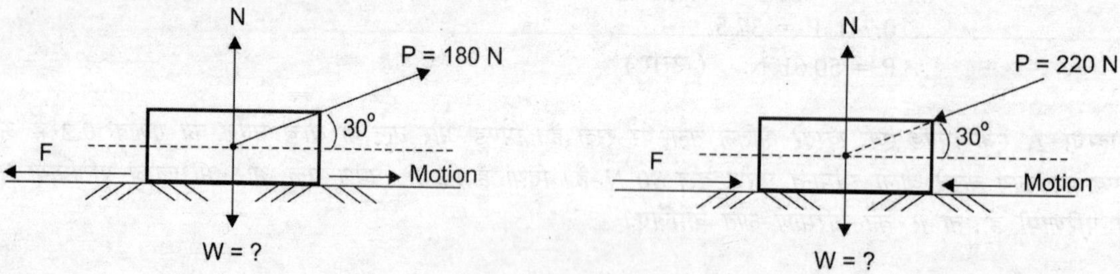

(a) 30° कोण पर 180 N का खिंचाव

(b) 30° कोण पर 220 N का दबाव

चित्र : 3.9

हल :

पिण्ड पर क्रियाशील बलों बाह्य खिंचाव बल तथा दबाब बल को क्रमशः चित्र 3.9 (a) तथा (b) में दर्शाया गया है।

यहाँ, $\theta = 30^o$ तथा खिंचाव $P = 180$ N तथा दबाब $= P = 220$ N

दोनों स्थितियों के लिए सभी बलों को क्षैतिज तथा उर्ध्वाधर घटकों में वियोजित करने पर, हम प्राप्त करते हैं;

(A) स्थिति I में जहाँ बाह्य बल को क्षैतिज के साथ 30° के कोण पर 180 N के खिंचाव बल के रूप में लगाया गया है।

(i) $\Sigma H = 0 \quad \therefore F = P \cos \theta$

$\therefore F = 180 \times \cos 30^o$

$\therefore F = 155.9$ N

(ii) $\Sigma V = 0 \quad \therefore W = N + P \sin \theta$

$\therefore W = N + 180 \times \sin 30^o$

$\therefore W = N + 90$

$\therefore N = W - 90$

(iii) हम जानते हैं कि घर्षण बल $= F = \mu N = \mu (W - 90)$

$$\therefore 155.9 = \mu (W - 90) \qquad \text{... (i)}$$

(B) स्थिति II में जहाँ बाह्य बल को क्षैतिज के साथ 30° के कोण पर 220 N के दबाब के रूप में लगाया गया है।

(i) $\Sigma H = 0 \quad \therefore F = P \cos \theta$

$\therefore F = 220 \times \cos 30^o$

$\therefore F = 190.5$ N

(ii) $\Sigma V = 0 \quad \therefore N = W + P \sin \theta$

$\therefore N = W + 220 \times \sin 30^o$

$\therefore N = W + 110$

(iii) हम जानते हैं कि घर्षण बल $= F = \mu N = \mu (W + 110)$

$\therefore 190.5 = \mu (W + 110)$ ...(ii)

(C) समीकरण (i) में (ii) से भाग देने पर हम प्राप्त करते हैं :

$$\frac{155.9}{190.5} = \frac{\mu(W-90)}{\mu(W+110)} = \frac{(W-90)}{(W+110)}$$

$\therefore 155.9 (W + 110) = 190.5 (W - 90)$

$\therefore 155.9 W + 17149 = 190.5 W - 17145$

$\therefore 34.6 W = 34249$

$\therefore W - 991.16$ N **(उत्तर)**

(D) W का मान समीकरण (i) में रखने पर हमें प्राप्त होता है :

$\therefore 155.9 = \mu (W - 90) = \mu (991.16 - 90) = \mu (901.16)$

$\therefore \mu = 155\ 9\ 901\ 16$ . .

$\therefore \mu = 0.173$ **(उत्तर)**

3.3 आनत तल पर पिण्ड की साम्यावस्था

हम यह देख चुके हैं कि, यदि खुरदरे आनत तल का झुकाव, विश्राम कोण ϕ (घर्षण कोण α) से कम है और पिण्ड पर कोई बाह्य बल नहीं लगाया गया है; तो पिण्ड विरामावस्था (साम्यावस्था) में होगा। पिण्ड को ऊपर या नीचे की दिशा में गति कराने के लिए गति की दिशा में बाह्य बल का प्रयोग आवश्यक होता है। अब इस स्थिति के विपरीत, यदि आनत तल का झुकाव विश्राम कोण (घर्षण कोण) से अधिक है, तो नीचे की ओर गति के कारण पिण्ड साम्यावस्था (विरामावस्था) में नहीं रहेगा। ऐसी स्थिति में, पिण्ड को साम्यावस्था में रखने के लिए ऊपर की ओर एक बाह्य बल लगाना आवश्यक होता है। यह बाह्य बल आनत तल की सतह साथ किसी के कोण पर या समतल की सतह के समानान्तर अथवा क्षैतिज दिशा में लगाया जाता है।

यहाँ हम अपनी चर्चा (पाठ्यचर्या के दृष्टिकोण से) को सीमित कर रहे हैं, जिसमें पिण्ड को आनत तल पर आनत तल की सतह के समानान्तर एक बाहरी बल द्वारा खींचा जाता है।

3.3.1 आनत तल पर पिण्ड की साम्यावस्था जबकि बाह्य बल तल के समान्तर हो (चित्र 3.10)

इस स्थिति में, पिण्ड पर कार्य करने वाले सभी बलों को तल की सतह के समानान्तर (अनुदिश) तथा तल की सतह के अभिलम्बवत् (लम्बवत्) वियोजित करके पिण्ड की साम्यावस्था का अध्ययन किया जाता है। चाहे वह (i) पिण्ड की ऊपर की ओर गति के लिए खिंचाव के रूप में और (ii) पिण्ड को नीचे की ओर गति के लिए दबाब के रूप में हो।

(a) आनत तल पर पिण्ड को ऊपर की ओर गति कराने के लिए बाह्य बल को खिंचाव के रूप में लगाने पर :

इस स्थिति में पिण्ड पर कार्य करने वाले बलों को चित्र 3.10 में दर्शाया गया है।

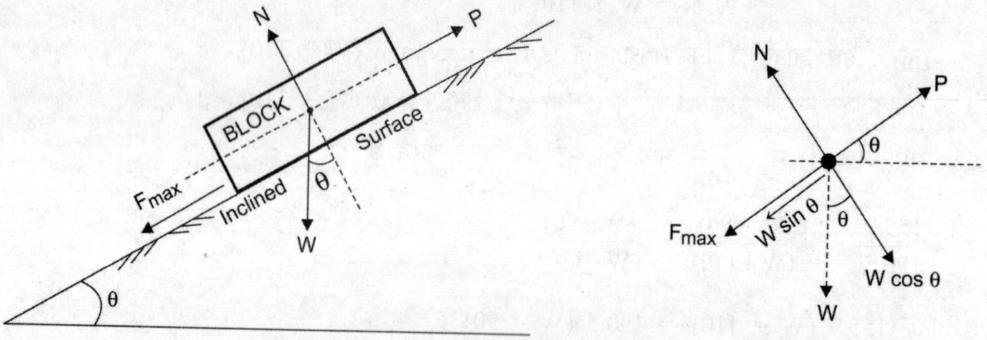

(a) आनत तल पर पिण्ड (b) मुक्त पिण्ड आरेख

चित्र 3.10 : आनत तल सतह पर पिण्ड की साम्यावस्था

(i) सभी बलों को दिए गए आनत तल के समानान्तर (अनुदिश) वियोजित करने पर, हम प्राप्त करते हैं,

$P = F_{max.} + W \sin\theta$

$P = \mu N = W \sin\theta$ [चूँकि $F_{max.} = \mu N$] ...(i)

(ii) सभी बलों को दिए गए आनत तल के लम्बवत् (अभिलम्बवत्) वियोजित करने पर, हम प्राप्त करते हैं,

$N = W \cos\theta$ ...(ii)

समीकरण (ii) को समीकरण (i) में रखने पर, हमें प्राप्त होगा, $P = \mu W \cos\theta + W \sin\theta$ ...(iii)

अब μ = घर्षण गुणांक = $\tan\alpha = \frac{\sin\alpha}{\cos\alpha}$, समीकरण (iii) में रखने करने पर, हम प्राप्त करते हैं,

$$P = \frac{\sin\alpha}{\cos\alpha} W \cos\theta + W \sin\theta$$

$$\therefore P \cos\alpha = W \sin\alpha \cos\theta + W \cos\alpha \sin\theta$$

$$\therefore P \cos\alpha = \sin(\alpha + \theta)$$

$$\therefore P = \frac{W \sin(\alpha+\theta)}{\cos\alpha} \quad ...(iv)$$

इस प्रकार पिण्ड की उर्ध्व गति के लिए प्रयुक्त होने वाले बाह्य बल P का मान समीकरण (iv) का उपयोग करके प्राप्त किया जा सकता है।

(b) आनत तल पर पिण्ड को नीचे की ओर गति कराने के लिए बाह्य बल को दबाब के रूप में लगाने पर :

भाग (a) के लिए प्रयोग किये गए तरीके का उपयोग करने पर, हम प्राप्त करते हैं,

$$P = \frac{W \sin(\alpha - \theta)}{\cos \alpha} \quad ...(v)$$

इस प्रकार, पिण्ड की नीचे की ओर गति के लिए प्रयुक्त होने वाले बाह्य बल P का मान समीकरण (v) का उपयोग करके ज्ञात किया जा सकता है। उपरोक्त बिंदुओं को समझने के लिए हम कुछ उदाहरण हल कर सकते हैं।

उदाहरण 4. *10 किग्रा द्रव्यमान का एक गुटका क्षैतिज से 30° कोण के झुकाव वाले खुरदुरे तल पर रखा हुआ है। यदि दोनों की सम्पर्क सतहों के बीच घर्षण गुणांक 0.25 है, तो ब्लॉक को (i) ऊपर की ओर और (ii) नीचे की ओर, ले जाने के लिए आनत तल के समानान्तर बाहरी बल ज्ञात कीजिये।*

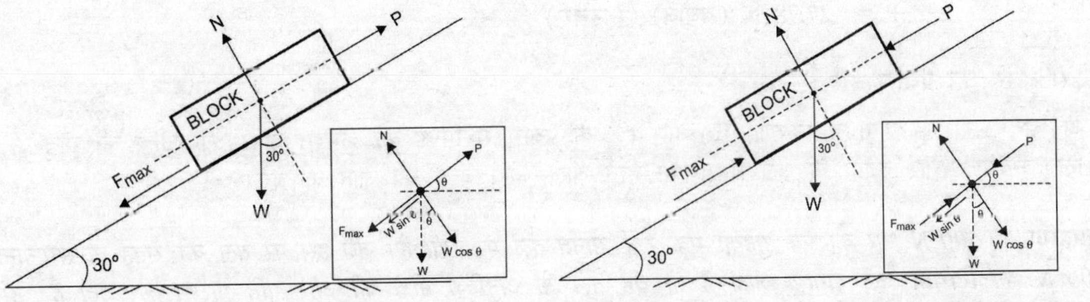

(a) आनत तल पर ब्लॉक की ऊपर की ओर गति (b) आनत तल पर ब्लॉक की नीचे की ओर गति

चित्र : 3.11

हल :

दिया है : $\theta = 30^o$, $\mu = 0.25$ तथा द्रव्यमान = m = 10 kg, W = mg = 10 × 9.8 N = 98 N

(A) आनत तल पर गुटका की ऊपर की ओर गति के लिए :

(i) सभी बलों को दिए गए आनत तल के लम्बवत् (अभिलम्बवत्) वियोजित करने पर, हम प्राप्त करते हैं :

$$N = W \cos \theta$$

$$\therefore N = 90 \times \cos 30^o$$

$$\therefore N = 84.87 \text{ N} \quad ...(i)$$

(ii) सभी बलों को दिए गए आनत तल के समानान्तर (अनुदिश) वियोजित करने पर, हम प्राप्त करते हैं :

$$P = F_{max.} + W \sin \theta$$

$$P = \mu N + W \sin \theta \quad ...(ii)$$

μ, θ, N तथा W के मान रखने पर, हम प्राप्त करते हैं;

$P = (0.25 \times 84.87) + (98 \times \sin 30^o)$

$P = 70.22$ N **(उत्तर)**

(B) आनत तल पर ब्लॉक की नीचे की ओर गति के लिए :

(i) सभी बलों को दिए गए आनत तल के लम्बवत् (अभिलम्बवत्) वियोजित करने पर, हम प्राप्त करते है :

$N = W \cos \theta$

$N = 90 \times \cos 30^o$

$N = 84.87$ N ...(i)

(ii) सभी बलों को दिए गए आनत तल के समानान्तर (अनुदिश) वियोजित करने पर, हम प्राप्त करते है :

$P = F_{max.} - W \sin \theta$

$P = \mu N - W \sin \theta$ ...(ii)

μ, θ, N तथा W के मान रखने पर, हम प्राप्त करते हैं;

$P = (0.25 \times 84.87) - (98 \times \sin 30^o)$

$P = -27.78$ N (दबाव) **(उत्तर)**

इसे करने का प्रयास करे :

अनुच्छेद 3.3.1 में प्राप्त समीकरणों (iv) और (v) के प्रयोग से पिण्ड की क्रमशः ऊपर और नीचे की गति के लिए खिंचाव और दबाव के रूप में प्रयुक्त होने वाले बाह्य बलों को ज्ञात कीजिये।

उदाहरण 5. *500 N भार का एक गुटका एक रुक्ष आनत तल पर रखा है। जब इस पर तल की सतह के समानान्तर 200 N का खिंचाव बल लगाया जाता है तो वह तल के अनुदिश नीचे की ओर गति प्रारम्भ कर देता है। उसी पर जब तल की सतह के समानान्तर 300 N का खिंचाव बल लगाया जाता है तो यह ऊपर की ओर गति के लिए तैयार हो जाता है। तल का झुकाव तथा गुटका एवं आनत तल के बीच घर्षण गुणांक ज्ञात कीजिए।*

हल :

ब्लॉक की नीचे और ऊपर की गति के लिए मुक्त पिण्ड आरेख क्रमशः चित्र 3.12 (a) और (b) में दिखाए गए हैं। हमें ध्यान देना चाहिए कि घर्षण बल $F_{max.}$ गति का विरोध करता है और पिण्ड की गति की विपरीत दिशा में कार्य करता है। दोनों ही स्थितियों में $F_{max.} = \mu N$ [क्योंकि पिण्ड गति करने वाला है]

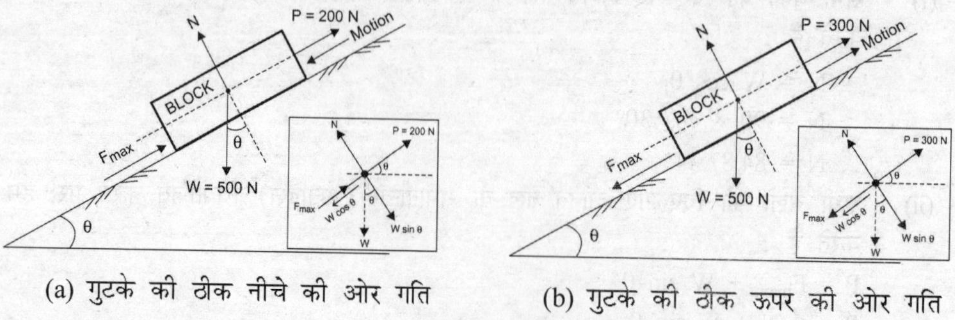

(a) गुटके की ठीक नीचे की ओर गति (b) गुटके की ठीक ऊपर की ओर गति

चित्र : 3.12

दिया है : W = 500 N, बाह्य बल (i) 200 N तथा (ii) 300 N,

(A) आनत तल पर गुटके की नीचे की ओर गति के लिए :

(i) सभी बलों को दिए गए आनत तल के लम्बवत् (अभिलम्बवत्) वियोजित करने पर, हम प्राप्त करते हैं :

$N = W \cos \theta$

$\therefore N = 500 \times \cos \theta$ ...(i)

(ii) सभी बलों को दिए गए आनत तल के समानान्तर (अनुदिश) वियोजित करने पर, हम प्राप्त करते हैं :

$P + F_{max.} = W \sin \theta$ जहाँ $F_{max.} = \mu N$ ...(ii)

समीकरण (i) में P, N तथा W के मान रखने पर, हम प्राप्त करते है;

$200 + (\mu \times 500 \times \cos \theta) = (500 \times \sin \theta)$

$\therefore 200 = 500 \times \sin \theta - \mu \times 500 \times \cos \theta$ ...(iii)

(B) आनत तल पर गुटके की ऊपर की ओर गति के लिए :

(i) सभी बलों को दिए गए आनत तल के लम्बवत् (अभिलम्बवत्) वियोजित करने पर, हम प्राप्त करते हैं;

$N = W \cos \theta$

$\therefore N = 500 \times \cos \theta$ स्थिति (A) के समान

(ii) सभी बलों को दिए गए आनत तल के समानान्तर (अनुदिश) वियोजित करने पर, हम प्राप्त करते हैं;

$P = W \sin \theta + F_{max.}$ जहाँ $F_{max.} = \mu N$

$\therefore 300 = (500 \times \sin \theta) + (\mu \times 500 \times \cos \theta)$ ...(iv)

(C) अब, समीकरण (iii) और (iv) को जोड़ने पर, हम प्राप्त करते हैं;

$500 = 1000 \times \sin \theta$

$\therefore \sin \theta = 0.5$

$\therefore \quad \theta = 30^o$ **(उत्तर)**

(D) समीकरण (iv) में θ का मान रखने पर, हम प्राप्त करते हैं;

$300 = (500 \times \sin \theta) + (\mu \times 500 \times \cos \Sigma)$

$300 = (500 \times 0.5) + (\mu \times 500 \times 0.866)$

$\therefore \quad 300 = 250 + (\mu \times 433.01)$

$\therefore \quad \mu = 0.1155$ **(उत्तर)**

यूनिट सारांश

- **घर्षण** वह बल है जो सुनिश्चित करता है कि आप फिसलेंगे नहीं।
- **घर्षण** वह बल है जो फिसलन का विरोध करता है, इसे गुणांक के रूप में व्यक्त किया जाता है और यह एक विशेष पदार्थ के लिए प्रायः नियत माना जाता है।
- सम्पर्क में दो सतहों की गति का विरोध करने वाले अधिकतम घर्षण बल $F_{max.}$ तथा दो सतहों को एक साथ दबाने वाली अभिलम्ब प्रतिक्रिया बल के अनुपात को **घर्षण गुणांक** (μ) कहा जाता है।
- **विश्राम कोण** (ϕ) उस तल का अधिकतम झुकाव है, जिस पर पिण्ड बिना किसी बाहरी बल के विरामावस्था में रहता है।
- **घर्षण कोण** (α) **:** R दो बलों, घर्षण बल F और अभिलम्ब प्रतिक्रिया बल N का परिणामी बल है, जो अभिलम्ब प्रतिक्रिया के साथ कोण θ पर कार्य करता है, तब $F_{max.}$ के लिए कोण θ को घर्षण कोण कहा जाता है।
- **सीमान्त घर्षण :** गति प्रारम्भ होते समय घर्षण ही सीमान्त घर्षण है।
- **घर्षण के प्रकार**

  स्थैतिक घर्षण दो वस्तुओं के बीच कार्य कर सकता है, जबकि वस्तुएं स्थिर होती हों। जब कोई पिण्ड किसी अन्य पिण्ड की सतह पर ठीक गति करने की स्थिति में होता है तो इसे स्थैतिक घर्षण कहते हैं।
- **गतिक घर्षण :** यदि दो सतहें एक-दूसरे के सम्पर्क में हैं और एक दूसरे के सापेक्ष गतिशील हैं, तो उनके बीच के घर्षण को गतिक घर्षण कहते हैं।

  (i) सर्पी घर्षण : यह घर्षण बल है, जो तब अस्तित्व में आता है, जब बाहरी बल के प्रभाव में एक पिण्ड दूसरे के ऊपर सरकता है।

  (ii) लोटनिक घर्षण : यह घर्षण बल है, जो तब अस्तित्व में आता है, जब बाहरी बल के प्रभाव में एक पिण्ड दूसरे के ऊपर लुढ़कता है।
- **घर्षण के नियम :**
  1. घर्षण बल सम्पर्क की दो सतहों के बीच अभिलम्ब प्रतिक्रिया के समानुपाती होता है, सम्पर्क सतह के समानान्तर कार्य करता है और हमेशा दोनों सतहों की सापेक्षिक गति की विपरीत दिशा में कार्य करता है।
  2. घर्षण बल सम्पर्क सतहों के पदार्थ और सम्पर्क सतहों के खुरदरेपन पर निर्भर करता है।
  3. घर्षण बल सम्पर्क सतहों के क्षेत्रफल पर निर्भर नहीं करता है।
  4. घर्षण बल सम्पर्क सतहों के सापेक्षिक वेग पर निर्भर नहीं करता है।
  5. घर्षण बल और अभिलम्ब प्रतिक्रिया का अनुपात घर्षण गुणांक कहलाता है और दी गयी दो सतहों के लिए इसका मान हमेशा स्थिर रहेगा।
  6. स्थैतिक घर्षण गुणांक का मान गतिक घर्षण गुणांक के मान से अधिक होता है।

- **क्षैतिज तल पर पिण्ड की साम्यावस्था जबकि बाह्य बल क्षैतिज हो :**
  (i) $\Sigma H = 0 \therefore F_{max.} = P$ जहाँ $F_{max.}$ = घर्षण बल तथा P = प्रयुक्त बाह्य बल।
  (ii) $\Sigma V = 0 \therefore N = W$ जहाँ N = अभिलम्ब प्रतिक्रिया तथा W = पिण्ड का भार।
  (iii) $F_{max.} = \mu N$ जहाँ μ = घर्षण गुणांक तथा N = अभिलम्ब प्रतिक्रिया।
- **क्षैतिज तल पर पिण्ड की साम्यावस्था जबकि बाह्य बल किसी कोण पर लगा हो :**
  (i) $\Sigma H = 0 \therefore F_{max.} = P \cos\theta$ जहाँ $F_{max.}$ = घर्षण बल तथा P = प्रयुक्त बाह्य बल।
  (ii) $\Sigma V = 0 \therefore W = N + P \sin\theta$ जहाँ N = अभिलम्ब प्रतिक्रिया तथा W = पिण्ड का भार।
  (iii) $F_{max.} = \mu N$ जहाँ μ = घर्षण गुणांक तथा N = अभिलम्ब प्रतिक्रिया।
- **आनत तल पर पिण्ड की साम्यावस्था जबकि बाह्य बल तल के समानान्तर हो :**
  (a) आनत तल पर पिण्ड को ऊपर की ओर गति कराने के लिए बाह्य बल को खिंचाव के रूप में लगाने पर : $P = \dfrac{W \sin(\alpha + \theta)}{\cos\alpha}$
  (b) आनत तल पर पिण्ड को नीचे की ओर गति कराने के लिए बाह्य बल को दबाब के रूप में लगाने पर : $P = \dfrac{W \sin(\alpha - \theta)}{\cos\alpha}$

अभ्यास

(A) वस्तुनिष्ठ प्रश्न

3.1 घर्षण गुणांक निर्भर करता है :

(a) केवल सम्पर्क सतह के क्षेत्रफल पर (b) केवल सतहों की प्रकृति पर
(c) (a) तथा (b) दोनों (d) उपरोक्त में से कोई नहीं

3.2 घर्षण गुणांक है :

(a) घर्षण और अभिलम्ब प्रतिक्रिया का अनुपात
(b) जब पिण्ड गति में होता है उस समय का घर्षण बल
(c) अभिलम्ब प्रतिक्रिया और अभिलम्ब प्रतिक्रिया एवं सीमान्त घर्षण के परिणामी के बीच का कोण
(d) घर्षण बल, जब पिण्ड गति करने ही वाला है

3.3 आनत तल पर रखी कोई वस्तु नीचे जाने की स्थिति में होती है तब आनत तल क्षैतिज के साथ जो कोण बनाता है, वह कोण कहलाता है :

(a) विश्राम कोण (b) घर्षण कोण
(c) झुकाव कोण (d) उपरोक्त में से कोई नहीं

3.4 निम्नलिखित में से कौन सा कथन सत्य है?

(a) घर्षण कोण की स्पर्शज्या, घर्षण गुणांक के बराबर होती है

(b) विश्राम कोण, घर्षण कोण के बराबर होता है

(c) विश्राम कोण की स्पर्शज्या, घर्षण गुणांक के बराबर होती है

(d) उपरोक्त सभी

3.5 अधिकतम घर्षण बल जो तब अस्तित्व में आता है, जब एक पिण्ड दूसरे पिण्ड की सतह पर सरकना शुरू करता है, कहलाता है :

(a) सर्पी घर्षण (b) लोटनिक घर्षण

(c) सीमान्त घर्षण (d) उपरोक्त में से कोई नहीं

3.6 विरामावस्था पर पिण्ड द्वारा अनुभव किए जाने वाला घर्षण कहलाता है :

(a) स्थैतिक घर्षण (b) गतिक घर्षण

(c) सीमान्त घर्षण (d) घर्षण गुणांक

3.7 गति में होने पर किसी पिण्ड द्वारा अनुभव किए गए घर्षण को कहते हैं :

(a) लोटनिक घर्षण (b) गतिक घर्षण

(c) सीमान्त घर्षण (d) स्थैतिक घर्षण

3.8 निम्नलिखित में से कौन सा कथन सही है?

(a) घर्षण बल संपर्क सतह के क्षेत्रफल पर निर्भर नहीं करता है।

(b) सीमान्त घर्षण का परिमाण दो सतहों के बीच अभिलम्ब प्रतिक्रिया के लिए एक स्थिर अनुपात होता है।

(c) स्थैतिक घर्षण का मान सीमान्त घर्षण से थोड़ा कम होता है।

(d) (a) तथा (c) दोनों (e) (a), (b) तथा (c) सभी

3.9 एक दूसरे के ऊपर रखे दो पिण्डों के बीच घर्षण बल का परिमाण .... के खुरदुरेपन पर निर्भर करता है :

(a) ऊपरी पिण्ड (b) निचला पिण्ड

(c) दोनों पिण्डों (d) पिण्ड जिसका खुरदुरापन अधिक हे

3.10 घर्षण बल हमेशा उस दिशा के विपरीत कार्य करता है :

(a) जिसमें पिण्ड गति करने का प्रयास करता है (b) जिसमें पिण्ड गति कर रहा है

(c) (a) तथा (b) दोनों (d) (a) और (b) में से कोई नहीं

[**उत्तर :** (1–d), (2–a), (3–a), (4–d), (5–c), (6–a), (7–b), (8–e), (9–c), (10–c)]

(B) विषयात्मक प्रश्न

3.1 निम्न पदों को परिभाषित कीजिये : (a) घर्षण (b) घर्षण गुणांक (c) घर्षण कोण (d) विश्राम कोण (e) सीमान्त घर्षण (f) स्थैतिक घर्षण (g) गतिक घर्षण।

3.2 कुछ ऐसे उदाहरणों की सूची बनाइए जिनमें घर्षण हमारे लिए सहायक होता है।

3.3 कुछ ऐसे उदाहरणों की सूची बनाइए जिनमें घर्षण हमारे लिए सहायक नहीं होता है।

3.4 घर्षण गुणांक और घर्षण कोण में अंतर स्पष्ट कीजिए।

3.5 विश्राम कोण से आप क्या समझते हैं?

3.6 सिद्ध कीजिये कि विश्राम कोण, घर्षण के कोण के बराबर होता है।

3.7 यदि सम्पर्क सतहों का क्षेत्रफल बढ़ा दिया जाएए तो घर्षण पर इसका क्या प्रभाव पड़ेगा?

3.8 घर्षण गुणांक किन-किन कारकों पर निर्भर करता है।

3.9 उस पिण्ड का क्या होता है, जब सम्पर्क सतह पर परिणामी बल घर्षण कोण से कम होता है?

3.10 घर्षण का नियम बताइए।

3.11 60 N भार का एक पिण्ड खुरदुरे क्षैतिज तल पर रखा है। पिण्ड की गति को प्रारम्भ करने के लिए क्षैतिज से 20° पर क्रिया करने वाले 18 N के दबाव बल की आवश्यक होती है। घर्षण गुणांक ज्ञात कीजिए। [उत्तर : 0.255]

3.12 एक खुरदुरे क्षैतिज तल पर रखे पिण्ड की गति प्रारम्भ कराने के लिए इस पर 60 N के खिंचाव बल की आवश्कयता होती है, जोकि क्षैतिज से 25° कोण पर कार्य करता है। उसी पिण्ड पर 75 N का एक दबाव बल जोकि क्षैतिज 25° पर कार्य करता है, पिण्ड की गति प्रारम्भ करा देता है। पिण्ड का भार और पिण्ड एवं खुरदरी क्षैतिज तल के बीच घर्षण गुणांक ज्ञात कीजिए। [उत्तर : 253.83 N, 0.238]

3.13 खुरदरी क्षैतिज समतल सतह पर रखे गए पिण्ड के भार के लिए दर्शाइए कि क्षैतिज के साथ θ कोण पर प्रयुक्त होने के लिए आवश्यक न्यूनतम खिंचाव बल $W \sin \theta$ होता है।

3.14 खुरदुरे क्षैतिज समतल सतह के अनुदिश 100 N भार के पिण्ड को गति कराने के लिए आवश्यक क्षैतिज बल ज्ञात कीजिये, जबकि तल को धीरे-धीरे 15° तक ऊपर उठाया जाए तो पिण्ड सरकना प्रारंभ कर देता है। [उत्तर : 26.79 N]

3.15 50 N भार के एक गुटके पर क्षैतिज के साथ 14° के कोण पर क्रिया करते हुए 18 N खिंचाव लगाने पर वह खुरदुरे क्षैतिज समतल सतह के अनुदिश गति प्रारम्भ करता है। घर्षण गुणांक ज्ञात कीजिए। [उत्तर : 0.383]

3.16 क्षैतिज के साथ 15° के कोण पर झुके एक आनत तल रखे 500 N भार के पिण्ड को 250 N का खिंचाव बल खींचता है। खिंचाव बल, आनत तल के समानांतर लगाया जाता है। घर्षण गुणांक ज्ञात कीजिए। [उत्तर : 0.25]

3.17 500 N भार का एक गुटका एक आनत तल पर रखा हुआ है, जिसका क्षैतिज से झुकाव 30° है। यदि गुटका और तल के बीच घर्षण गुणांक 0.4 है। ब्लॉक को साम्यावस्था में रखने के लिए आवश्यक न्यूनतम और अधिकतम बल ज्ञात कीजिए। [उत्तर : 76.68 N, 422.5 N]

3.18 250 N भार का एक गुटका एक आनत तल पर रखा हुआ है, जिसका क्षैतिज से झुकाव 30° है। आनत तल के समानांतर क्रिया करने वाला एक खिंचाव बल P पिण्ड को ऊपर की ओर गति कराता है। गुटके को साम्यावस्था में रखने के लिए P के न्यूनतम और अधिकतम मान ज्ञात कीजिए। पिण्ड और आनत तल के बीच घर्षण गुणांक 0.3 है। [उत्तर : 189.95 N, 60.05 N]

3.19 200 N और 400 N भार के दो पिण्ड A और B, कड़ी AB द्वारा, आनत खुरदुरे तल पर रखे हुए हैं। पिण्ड A तथा सतह के बीच घर्षण गुणांक 0.15 एवं पिण्ड B तथा सतह के बीच घर्षण गुणांक 0.40 है। कड़ी AB में तनाव तथा तल का झुकाव ज्ञात कीजिये, जबकि गति आनत तल पर नीचे की ओर होती है।

[उत्तर : 17.57°, 31.78 N]

3.20 500 N भार का एक गुटका क्षैतिज के साथ 25° के कोण पर झुके एक खुरदरे आनत तल पर रखा हुआ है। गुटका को साम्यावस्था में रखने के लिए आवश्यक न्यूनतम और अधिकतम बल ज्ञात कीजिए, यदि घर्षण कोण 20° है। [उत्तर : 46.4 N, 376.2 N]

प्रायोगिक कार्य

P–15 : घर्षण गुणांक

15.1 प्रायोगिक कथन

क्षैतिज और आनत तल पर गति के लिए घर्षण गुणांक ज्ञात करना।

15.2 प्रायोगिक महत्त्व

दी गई दो पदार्थ सतहों के बीच घर्षण गुणांक ज्ञात करना।

15.3 प्रासंगिक सिद्धान्त

जब पिण्ड में गति या गति की प्रवृत्ति होती है, तो संपर्क सतह पर घर्षण बल इसका विरोध करने के लिए उत्पन्न होगा। घर्षण बल की दिशा गति की दिशा के विपरीत होगी। जब पिण्ड गति में आने से ठीक पहले की स्थिति में होता है तो घर्षण बल अधिकतम होगा। इस अधिकतम घर्षण बल को सीमान्त घर्षण कहते हैं।

घर्षण गुणांक : यह सीमान्त घर्षण बल तथा अभिलम्ब प्रतिक्रिया का अनुपात होता है।

घर्षण कोण अभिलम्ब प्रतिक्रिया और घर्षण बल तथा अभिलम्ब प्रतिक्रिया के परिणामी के बीच का कोण होता है।

15.4 प्रैक्टिकल आउटकम्स (PrO)

प्रयोग पूर्ण करने के पश्चात् विद्यार्थी निम्न में सक्षम होंगे :

PrO1 : दो अलग-अलग सतहों के बीच घर्षण गुणांक की गणना करना।

PrO2 : घर्षण गुणांक पर द्रव्यमान परिवर्तन, आनत कोण के परिवर्तन या दोनों के प्रभाव की व्याख्या करना।

15.5 प्रायोगिक व्यवस्था

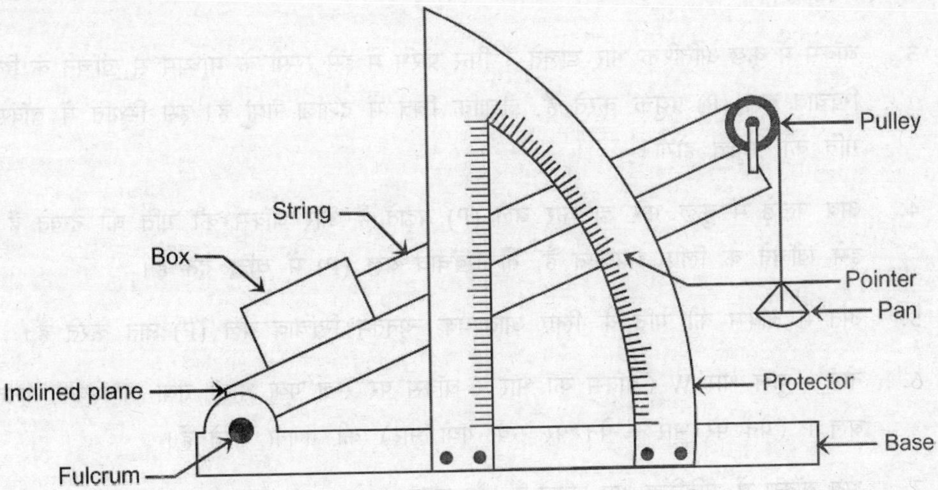

15.6 आवश्यक संसाधन

क्र	सुझाए गए आवश्यक संसाधन महत्वपूर्ण विशिष्टता वाली मशीनें / उपकरण / यंत्र	संख्या	आवश्यक वास्तविक संसाधन विस्तृत विवरण सहित मशीनें / उपकरण / यंत्र	टिप्पणी
1	घर्षण बेंच	1		
2	लकड़ी का बक्सा और पलड़ा	1		
3	1g, 2g, 5g, 10g, 20g, 50g, 100g, 200g, 500g के खांचेदार भारों का सेट	4 to 6		
4	स्प्रिट लेवल	1		
5	रस्सी	2		

15.7 सावधानियाँ

1. घर्षण बेंच को वास्तव में सटीक रूप से सरेखित करें।
2. सतह को साफ करें ताकि सतह पर कोई ग्रीस या गंदगी चिपकी न रह जाये।
3. भार को बिना किसी झटके या संघात के धीरे से पलड़े में रखना चाहिए।
4. गुटके को ठीक चलना शुरू करना चाहिए इसे अचानक से नहीं चलना चाहिए।

15.8 प्रयोग विधि

1. स्प्रिट लेवल का उपयोग करके घर्षण बेंच की सतह को क्षैतिज रखते हैं।

2. आप जिस खाली बॉक्स और खाली पलड़े का उपयोग करने जा रहे हैं उसका भार लेते हैं और नोट करते हैं।

3. बॉक्स में कुछ अतिरिक्त भार डालते हैं फिर प्रारंभ में इसे रस्सी के माध्यम से खींचने के लिए अपर्याप्त खिंचाव बल (P) प्रयुक्त करते हैं, जैसाकि चित्र में दर्शाया गया है। इस स्थिति में बॉक्स में केवल गति की प्रवृत्ति होगी।

4. अब पलड़े में कुछ भार डालकर बल (P) बढ़ाते हैं और बॉक्स की गति को देखते हैं। यदि बल इसे खींचने के लिए अपर्याप्त है, तो खिंचाव बल (P) में वृद्धि देते हैं।

5. अंत में बॉक्स की गति के लिए आवश्यक न्यूनतम खिंचाव बल (P) ज्ञात करते हैं।

6. नोट : कुल भार W (बॉक्स का भार + बॉक्स पर रखा गया भार) तथा आवश्यक न्यूनतम खिंचाव बल P (पेन पर भार + पेन पर रखा गया भार) की गणना करते हैं।

7. अब बॉक्स में अतिरिक्त भार बढ़ाते है और चरण 3 से 6 दोहराकर फिर से आवश्यक न्यूनतम खिंचाव बल ज्ञात करते है और 4 से 5 और पाठ्यांक का सेट लेते हैं।

8. ग्राफ पर खींचिये : X-अक्ष पर कुल भार (W) तथा Y-अक्ष पर न्यूनतम खिंचाव बल (P) के बीच।

9. ग्राफ का ढाल उन दो सतहों के बीच घर्षण गुणांक (μ) को प्रदर्शित करता है।

10. सम्पर्क सतहों को बदलते हैं और अन्य प्रकार की सम्पर्क सतहों के लिए उपरोक्त सभी चरणों (2 से 10) को दोहराते हैं।

15.9 प्रेक्षण सारणी एवं गणना

सम्पर्क वाली सतह :

W = बॉक्स का भार (   ) + बॉक्स में रखा गया भार तथा P = पलड़े का भार (   ) + पलड़े में रखा गया भार

क्र.	भार (W) (ग्राम में)	बल (P) (ग्राम में)	घर्षण गुणांक $\mu = \frac{P}{W}$	औसत μ	ग्राफ से μ	घर्षण कोण (ϕ)
1						
2						
3						
4						
5						

गणना :

$$\mu = \frac{P}{W}$$

15.10 परिणाम एवं / अथवा विवेचना

....

15.11 निष्कर्ष एवं / अथवा सत्यापन

....

15.12 प्रयोग सम्बन्धित प्रश्न

1. दो सतहों के बीच घर्षण गुणांक के मान की तुलना मानक पुस्तक में दिए गए मान से कीजिये।
2. क्या घर्षण गुणांक का मान समान होगा, यदि समतल और ब्लॉक पर पदार्थ आपस में बदल जाते हैं?
3. उन कारकों की सूची बनाइए जिन पर घर्षण निर्भर करता है।

15.13 अपशिष्ट का निपटान

इस प्रयोग में फेंके जाने वाले अपशिष्ट पदार्थों को निम्नलिखित डिब्बों में वर्गीकृत करें :

अपशिष्ट के प्रकार	डिब्बे का रंग।	विवरण
बायोडिग्रेबल अपशिष्ट	हरा	
ई–अपशिष्ट	काला	
प्लास्टिक और धातु अपशिष्ट	नीला	
अन्य कोई		

15.14 पर्यावरण के अनुकूल दृष्टिकोण : पुनः उपयोग, कम उपयोग एवं पुनर्चक्रण

....

15.15 सुझाई गई मूल्यांकन योजना (प्रयोग P1 के अनुसार)

अधिक जानिए

1. किस स्थिति में, हम पिण्ड की साम्यावस्था के लिए लामी की प्रमेय को लागू कर सकते हैं।

सन्दर्भ एवं अध्ययन हेतु सुझाव

1. D.S.Bedi, "Engineering Mechanics"; Khanna publications, New Delhi.
2. Khurmi RS, "Applied Mechanics"; S. Chand & Co, New Delhi.
3. Ramamrutham, "Engineering Mechanics"; S. Chand & Co, New Delhi.
4. Bansal RK, "A text book of Engineering Mechanics"; Laxmi publications, New Delhi.
5. Dhade, Jamadar & Walawelkar, "Fundamentals of Applied Mechanics"; Pune VidhyarthiGruh, Pune
6. Meriam JL, Kraige LG, "Engineering Mechanics- statics -Vol.-I"; Wiley publication, New Delhi.
7. Beer, Johnson, Mazurek, Cornwell &Sanghi, "Vector Mechanics for Engineers - Statics and Dynamics"; Tata McGraw Hill, New Delhi.
8. https://nptel.ac.in/courses/112/106/112106286/
9. https://nptel.ac.in/courses/122/104/122104015/
10. https://www.youtube.com/playlist?list=PLC3A601B6060658D3
11. https://www.youtube.com/playlist?list=PLB85BDFBE784B

4 केन्द्रक एवं गुरुत्व केन्द्र

यूनिट विशिष्ट

इस अध्याय में निम्नलिखित विषयों पर चर्चा की गई है–

- गुरुत्व केन्द्र (CG) एवं केन्द्रक की परिभाषा
- गुरुत्व केन्द्र (CG) एवं केन्द्रक के बीच तुलना
- CG से संबंधित विभिन्न तकनीकी पद
- 1D तथा 2D अवयवों के लिए मानक आकृतियों के केन्द्रक
- संयुक्त आकृति (पटल) का केन्द्रक
- सरल मानक ठोसों [3D अवयवों] का CG
- संयुक्त ठोस का CG

चूँकि यह यूनिट अन्य पाठ्यक्रमों में अगली यूनिट (जड़त्व आघूर्ण) के लिए महत्वपूर्ण है; उदाहरण को हल करने के लिए आसान सारणीबद्ध विधि पर चर्चा की गई है। उदाहरणों को हल करने का कोई अन्य तरीका ''इसे प्रयास करें'' शीर्षक के तहत दिया गया है। ''गतिविधि भाग'' के अंतर्गत कुछ गतिविधियों को इस तरह से लिया गया है कि छात्र सिद्धान्त को अच्छी तरीके से समझ सकें। इस यूनिट में आगे के कार्य के लिए ''अभ्यास'' श्रेणी के अंतर्गत ब्लूम्स टेक्सोनोमी के अनुसार लघु और दीर्घ उत्तरीय प्रश्नों सहित अनेक संख्यात्मक प्रश्नों के साथ-साथ ''वस्तुनिष्ठ प्रश्न'' श्रेणी के अंतर्गत अनेक बहुविकल्पी प्रश्नों (एमसीक्यू) का समावेश किया गया है।

यूनिट में संदर्भ एवं अध्ययन हेतु सुझाव की एक सूची दी गई है, ताकि अधिक जानकारी के लिए अध्ययन किया जा सके। यह ध्यान रखना महत्वपूर्ण है कि विभिन्न विषयों पर अधिक जानकारी प्राप्त करने के लिए कुछ क्यूआर कोड प्रदान किए गए हैं, जिन्हें प्रासंगिक सहायक ज्ञान के लिए स्कैन किया जा सकता है।

भूमिका

क्या आपने कभी सोचा है कि पानी पर जहाज क्यों तैर रहा है? सड़क पर दौड़ती हुई बस या कार क्यों नहीं गिरती हैं? बस में नीचे का डेक खाली होने और ऊपर का डेक लोगों से भरा होने पर भी बसें नहीं पलटती है। यहाँ गुरुत्व केन्द्र एक महत्वपूर्ण भूमिका निभाता है। किसी पिण्ड के गुरुत्व केन्द्र की स्थिति उसकी स्थिरता को प्रभावित करती है। इस यूनिट में हम गुरुत्व केन्द्र और केन्द्रक के महत्व को समझेंगे। इंजीनियरिंग डिजाइनिंग जैसे संरचना डिजाइन, मशीन डिजाइन और पदार्थ सामर्थ्य में केन्द्रक और गुरुत्व केन्द्र को ज्ञात करना अधिक महत्वपूर्ण होता है।

पूर्व अपेक्षित ज्ञान

मानक आकृतियों के क्षेत्रफल, मानक ठोसों के आयतन का आधारभूत ज्ञान।

यूनिट आउटकम्स

इस पाठ्यक्रम के पूर्ण अध्ययन करने के बाद, विधार्थी निम्न में सक्षम होंगे :

1. केन्द्रक और गुरुत्व केन्द्र के बीच अन्तर करना।
2. सममित पिण्डों के केन्द्रक और गुरुत्व केन्द्र की पहचान करना।
3. दिए गए पिण्ड के केन्द्रक और गुरुत्व केन्द्र को ज्ञात करना।

कोर्स आउटकम्स के साथ यूनिट आउटकम्स का परस्पर सम्बन्ध

यूनिट-4 आउटकम्स	कोर्स आउटकम्स के साथ अपेक्षित सम्बन्ध *1-कमजोर सहसंबंध; 2-मध्यम सहसंबंध; 3-मजबूत सहसंबंध*				
	CO-1	CO-2	CO-3	CO-4	CO-5
U4-O1	-	-	-	3	-
U4-O2	-	-	-	3	-
U4-O3	-	-	-	3	-

4.1 प्रस्तावना

पिण्ड की आकृति पिण्ड के व्यवहार करने के तरीके को प्रभावित करती है। पिण्ड के इस व्यवहार का अध्ययन करने के लिए केन्द्रक, गुरुत्व केन्द्र के साथ-साथ क्षेत्रफल और द्रव्यमान के आघूर्ण की जानकारी की आवश्यकता होती

है। इस यूनिट में हम किसी दिए गए पिण्ड के लिए केन्द्रक और गुरुत्व केन्द्र को कैसे ज्ञात किया जाए, इसका अध्ययन करेंगे। यह पिण्ड मानक आकृतियों का संयोजन भी हो सकता है।

4.1.1 गुरुत्व केन्द्र (CG)

यह बहुत पहले ही स्थापित किया जा चुका है, कि किसी पिण्ड का प्रत्येक कण पृथ्वी द्वारा अपने केन्द्र की ओर आकर्षित होता है। यह आकर्षण बल जो पिण्ड के कणों के द्रव्यमान के समानुपाती होता है, उर्ध्वाधर नीचे की ओर कार्य करता है, पिण्ड का भार कहलाता है। चूँकि किसी पिण्ड के विभिन्न कणों और पृथ्वी के केन्द्र के बीच की दूरी समान मानी जाती है (पृथ्वी की तुलना में पिण्ड के बहुत छोटे आकार के कारण), इन बलों को चित्र 4.1 में दर्शाए अनुसार समानान्तर रेखाओं के अनुदिश कार्य करते हुए माना जा सकता है। इन सभी समानान्तर बलों का परिणामी R एक बिन्दु G पर कार्य करता है। यह बिन्दु जिससे होकर पिण्ड का सम्पूर्ण भार कार्य करता है, गुरुत्व केन्द्र (CG) कहलाता है। यह पिण्ड की स्थिति पर निर्भर नहीं करता है। यह ध्यान रखना चाहिए कि प्रत्येक पिण्ड का केवल और केवल एक गुरुत्व केन्द्र होता है। यदि हम गुरुत्व केन्द्र के इस बिन्दु पर पिण्ड को संतुलित करने का प्रयास करते हैं, तो यह संतुलित हो जाएगा।

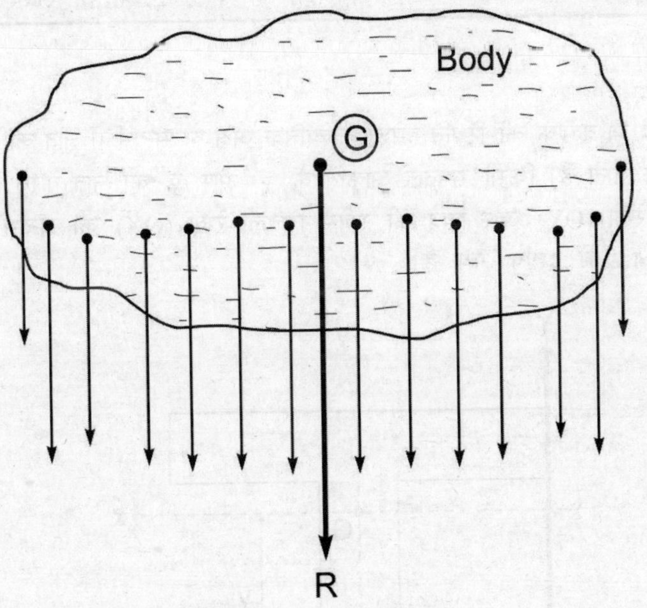

चित्र 4.1 : गुरुत्व केन्द्र (CG)

4.1.2 केन्द्रक

समतल आकृतियों (जैसे त्रिभुज, वृत्त आदि) का क्षेत्रफल होता है परन्तु कोई द्रव्यमान नहीं होता है। द्वि-आयामी आकृतियों के क्षेत्रफल के केन्द्र को केन्द्रक कहते हैं। केन्द्रक समतल काट में एक ऐसा बिन्दु है कि इस बिन्दु से गुजरने वाली किसी भी अक्ष के लिए क्षेत्रफल का आघूर्ण शून्य होता है।

4.1.3 गुरुत्व केन्द्र एवं केन्द्रक के बीच तुलना

तुलना का मापदण्ड	गुरुत्व केन्द्र	केन्द्रक
अनुभूति	गुरुत्व केन्द्र वह बिन्दु है जहाँ पिण्ड का कुल द्रव्यमान कार्य करता है।	केन्द्रक पिण्ड का ज्यामितीय केन्द्र होता है जहाँ सम्पूर्ण क्षेत्रफल को केन्द्रित माना जा सकता है।
पिण्ड घनत्व	गुरुत्व केन्द्र किसी भी घनत्व वाली पिण्डों पर प्रयुक्त होता है।	केन्द्रक एक समान घनत्व वाले पिण्डों का केन्द्र बिन्दु होता है।
संरचना से सम्बंधित	सामान्यत: त्रि-आयामी संरचना से संबंधित होता है।	सामान्यत: द्वि-आयामी संरचना से संबंधित होता है।
विषय सम्बद्धता	गुरुत्व केन्द्र सामान्यत: भौतिकी में पाया जाने वाला एक पद होता है।	केन्द्रक वह पद है जो सामान्यत: किसी भी आकृति के संबंध में, गणित में प्रयोग किया जाता है।
उदाहरण	घन, शंकु, बेलन, गोला, अर्द्धगोला .... आदि	वर्ग, आयत, त्रिभुज, वृत्त, अर्द्धवृत्त, चतुर्थांश वृत्त .... आदि

4.1.4 सन्दर्भ अक्ष

किसी पिण्ड के गुरुत्व केन्द्र या केन्द्रक की स्थिति हमेशा काल्पनिक अक्ष के सन्दर्भ में ज्ञात की जाती है। इस काल्पनिक अक्ष को सन्दर्भ अक्ष कहा जाता है। किसी समतल आकृति के $\bar{x}$ और $\bar{y}$ को ज्ञात करने के लिए सामान्यत: चित्र की सबसे बाईं ओर की रेखा (OY) और चित्र की सबसे निचली रेखा (OX) को सन्दर्भ अक्ष के रूप में लिया जाता है, जैसा कि चित्र 4.2 में दर्शाया गया है।

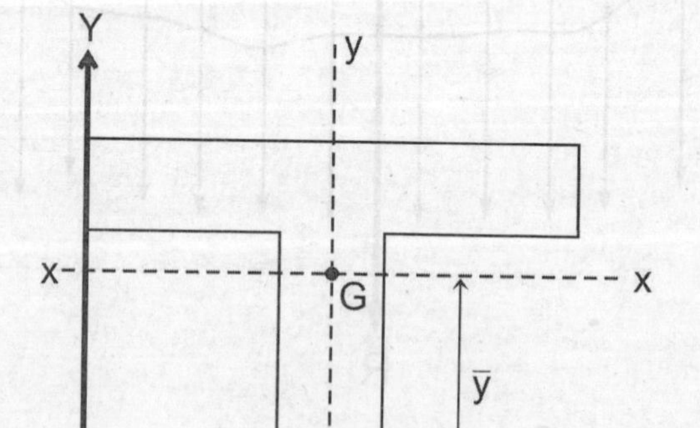

चित्र 4.2 : सन्दर्भ अक्ष

गुरुत्व केन्द्र के मूल सिद्धान्त

4.1.5 सममिति अक्ष

वह अक्ष ($x - x$ अक्ष या y – y अक्ष) जो आकृति को दो एक-समान भागों में विभाजित करती है, सममिति अक्ष कहलाती है।

यदि आकृति y–y अक्ष सापेक्ष सममित है, तो $\bar{x}$ सीधे ही ज्ञात हो जाता है और $\bar{y}$ की गणना करने की आवश्यकता होती है।

यदि आकृति x–x अक्ष सापेक्ष सममित है, तो $\bar{y}$ सीधे ही ज्ञात हो जाता है और $\bar{x}$ की गणना करने की आवश्यकता होती है।

(a) **T–काट** [चित्र 4.2] काट y – y अक्ष के सापेक्ष सममित होता है। इसलिए $\bar{x}$ सीधे ही ज्ञात हो जाता है और $\bar{y}$ की गणना करने की आवश्यकता होती है।

(b) **C–काट (चैनल)** [चित्र 4.3 (a)] काट $x - x$ अक्ष के सापेक्ष सममित होता है। इसलिए $\bar{y}$ सीधे ही ज्ञात हो जाता है और $\bar{x}$ की गणना करने की आवश्यकता होती है।

(c) **I–काट** [चित्र 4.3 (b)] काट $x - x$ अक्ष तथा y – y अक्ष दोनों के सापेक्ष सममित होता है। इसलिए $\bar{x}$ तथा $\bar{y}$ सीधे ही ज्ञात हो जाते हैं।

(d) **L काट (एंगल काट)** [चित्र 4.3 (c)] काट किसी भी अक्ष के सापेक्ष सममित नहीं होता है। इसलिए $\bar{x}$ और $\bar{y}$ दोनों की गणना करने की आवश्यकता होती है।

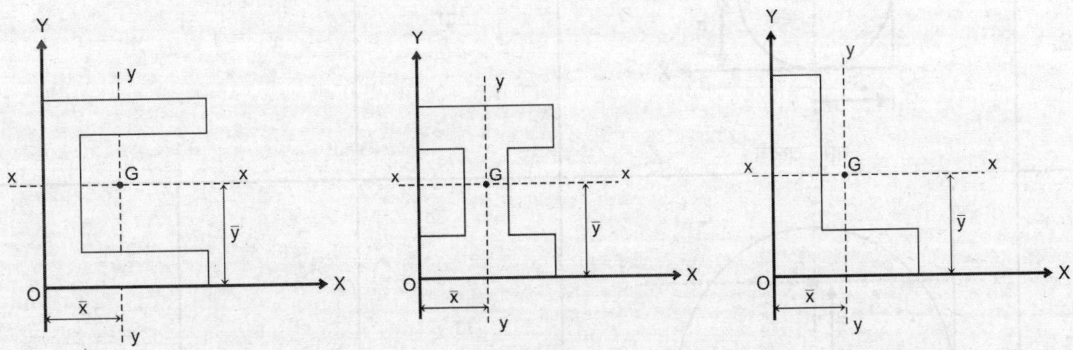

(a) C–काट (b) I–काट (c) L–काट

चित्र 4.3 : सममिति अक्ष

गतिविधि 1 :

गुरुत्व केन्द्र की स्थिति पिण्ड के आकार और संरचना पर निर्भर करती है। कई इंजीनियर डिजाइन में गुरुत्व केन्द्र को अधिक वांछनीय स्थिति में स्थानांतरित करने के लिए गिट्टी के भार को भी जोड़ा जा सकता है। एक हवाई जहाज की छवि को देखें। चर्चा करें कि आप आदर्श रूप से गुरुत्व केन्द्र कहाँ चाहते हैं।

4.2 मानक आकृतियों के केन्द्रक

मानक एकल-आयामी (तार) और द्वि-आयामी (समतल आकृति) अवयवों के लिए केन्द्रक को तालिका 4.1 में दर्शाया गया है।

तालिका 4.1 : मानक आकृतियों के केन्द्रक [1D एवं 2D अवयव]

(A) एकल-आयामी आकृति (तार)

स. क्र.	ज्यामितीय आकृति	लम्बाई	$\bar{x}$	$\bar{y}$
1.	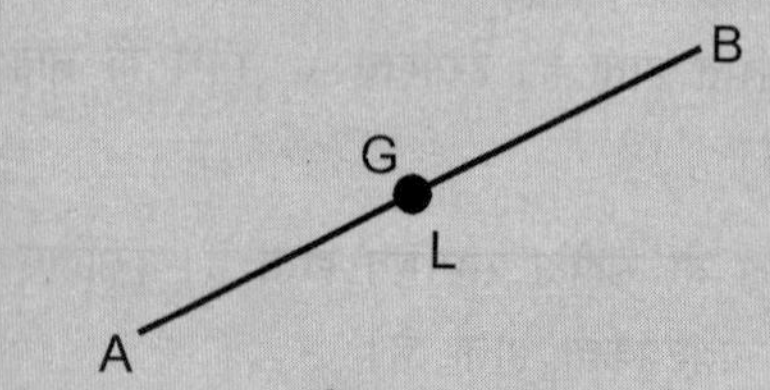 सीधा तार AB	L	लंबाई का केन्द्र $\left(\frac{L}{2}\right)$	
2.	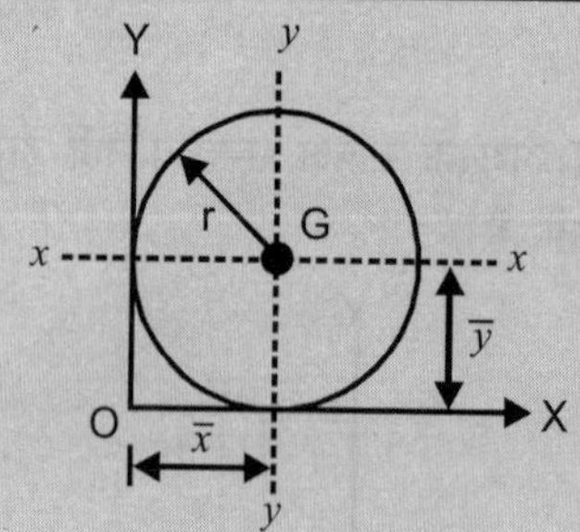 तार वलय	$2\pi r$	वृत्त का केन्द्र (r) $\bar{x} = r$ $\bar{y} = r$	
3.	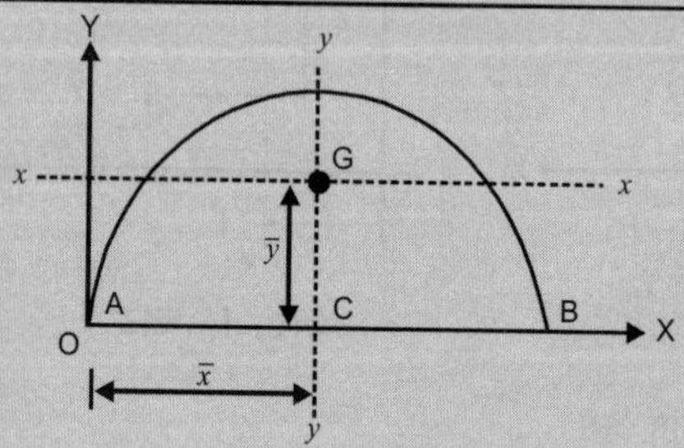 अर्द्धवृत्त तार AB	πr	r	$\frac{2r}{\pi}$
4.	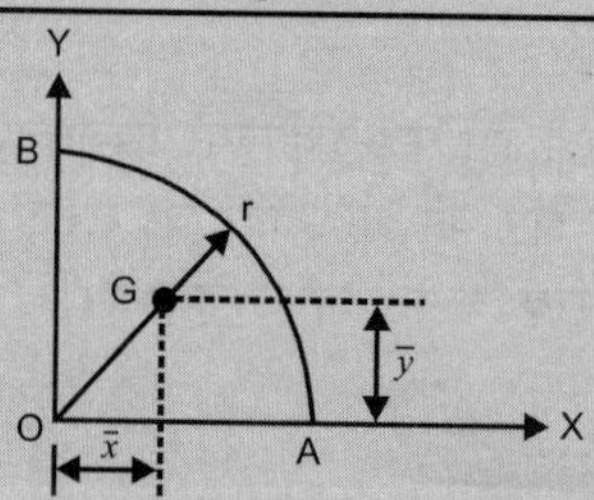 चतुर्थांश-वृत्तीय तार AB	$\frac{\pi r}{2}$	$\frac{2r}{\pi}$	$\frac{2r}{\pi}$

(B) द्वि-आयामी आकृति (समतल आकृति)

स. क्र.	ज्यामितीय आकृति	क्षेत्रफल	$\bar{x}$	$\bar{y}$
1.	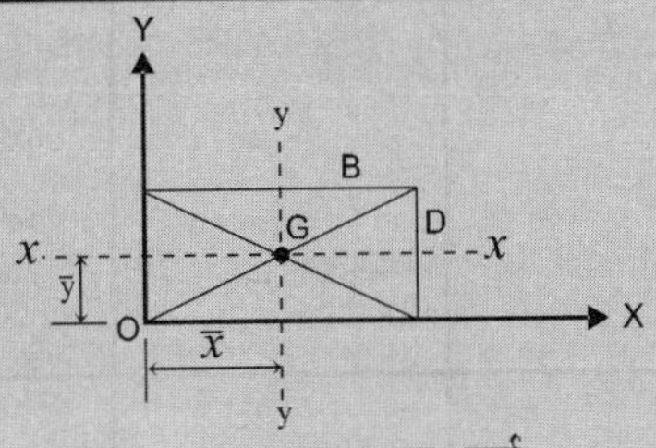 आयताकार या वर्ग	A = B.D.	$\frac{B}{2}$	$\frac{D}{2}$
2.	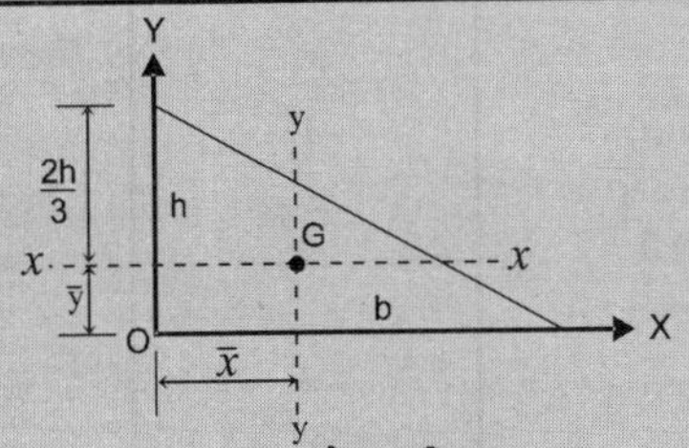 समकोण त्रिभुज	$A = \frac{1}{2}$ b.h	$\frac{1}{3}$ b	$\frac{1}{3}$ h
3.	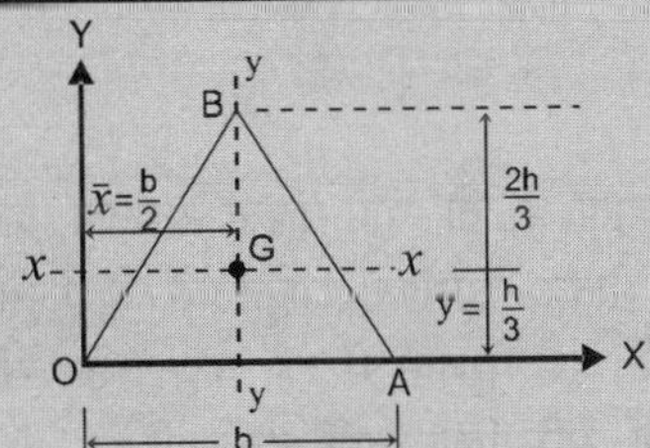 सममित त्रिभुज	$A = \frac{1}{2}$ .b.h	$\frac{b}{2}$	$\frac{b}{3}$
4.	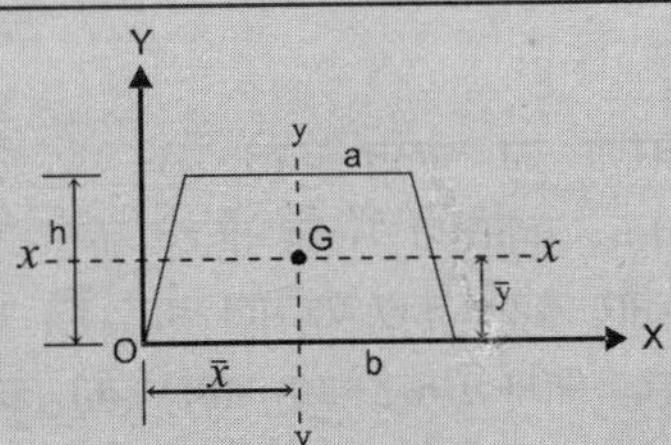 समलम्ब चतुर्भुज	$A = (a+b)\,\frac{h}{2}$	$\frac{b}{2}$	$\frac{h}{3}\left(\frac{b+2a}{b+a}\right)$
5.	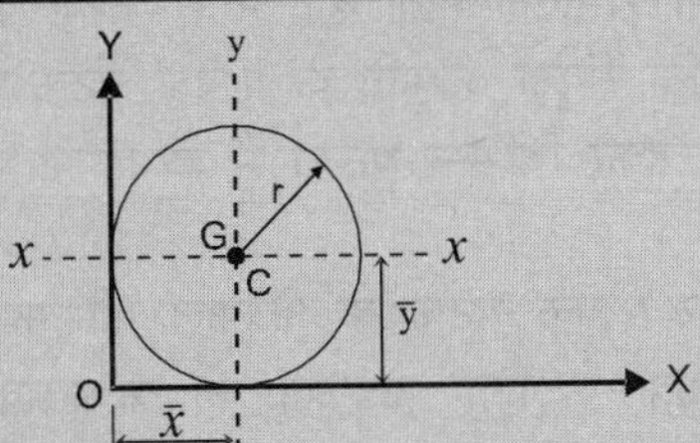 वृत्त	$A = \pi r^2$ या $A = \frac{\pi}{4}\,d^2$	r	r

6.	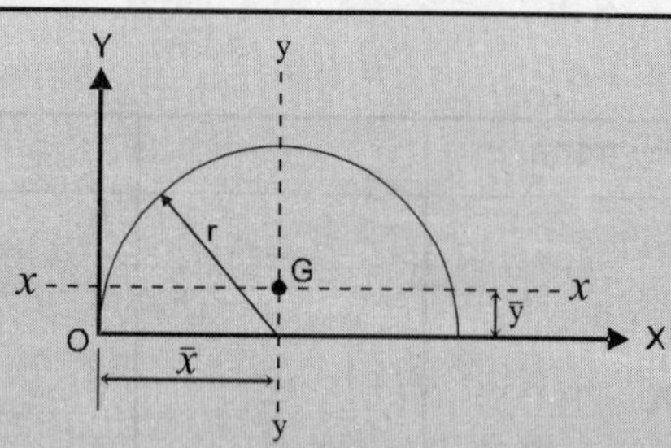 अर्द्धवृत्त	$A = \frac{\pi r^2}{2}$	r	$\frac{4r}{3\pi}$
7.	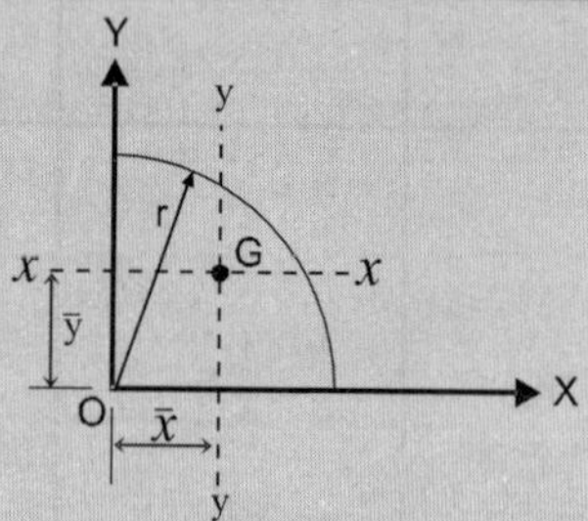 चतुर्थांश वृत्त	$A = \frac{\pi r^2}{2}$	$\frac{4r}{3\pi}$	$\frac{4r}{3\pi}$

4.3 संयुक्त आकृति का केन्द्रक

जब एक से अधिक मानक समतल आकृतियों को आपस में जोड़ा जाता है, तो यह संयुक्त समतल आकृति कहलाती हैं। संयुक्त आकृति का केन्द्रक (CG) ज्ञात करने के लिए हम इसे मानक समतल आकृतियों में विभाजित करते हैं और अगले उप-अनुच्छेद 4.7.1 में बताए गए चरणों का पालन करते हैं। इस पुस्तक में हमें केवल उन संयुक्त आकृतियों का अध्ययन करना है, जिसमें तीन से अधिक ज्यामितीय आकृतियाँ सम्मिलित नहीं होती हैं।

4.3.1 संयुक्त आकृति का केन्द्रक ज्ञात करने के चरण

संयुक्त आकृति का केन्द्रक ज्ञात करने के लिए, हम निम्नलिखित चरणों का पालन करते हैं।

चरण-1 : दी गई संयुक्त (यौगिक) आकृति को विभिन्न मानक आकृतियों में विभाजित करते हैं। इन मानक आकृतियों में वर्ग, आयत, वृत्त, अर्धवृत्त, त्रिभुज और बहुत कुछ शामिल होते हैं। संयुक्त आकृति को विभाजित करते समय इसमें सम्मिलित छिद्रयुक्त भागों (कटे हुए भाग) को ऋणात्मक मानों वाले घटकों के रूप में माना जाता है। संयुक्त काट को समायोजित करने के लिए मानक आकृति के घुमाने (90°, 180°, 270° एवं 350°) की भी संभावना होती है। अगले चरण पर आगे बढ़ने से पहले आप को यह सुनिश्चित करना चाहिए कि संयुक्त आकृति के प्रत्येक घटक को कोई नाम (जैसे–घटक-1, घटक-2 और इसी तरह अन्य) देकर विभिन्न घटकों में विभाजित कर दिया गया है।

चरण-2 : तालिका 4.1 (B) से मानक आकृति के अनुसार प्रत्येक घटक के क्षेत्रफल की गणना करते हैं। छिद्रयुक्त भागों (कटे हुए भाग) वाले नामित क्षेत्रों के लिए क्षेत्रफल को ऋणात्मक लेते हैं।

चरण-3 : दी गई आकृति में सन्दर्भ रेखा के रूप में X–अक्ष और Y–अक्ष होना चाहिए। दी गई संयुक्त आकृति के सबसे निचले बिन्दु से होकर गुजरने वाली क्षैतिज रेखा के रूप में X–अक्ष खींचते हैं, जबकि

दी गई संयुक्त आकृति के सबसे बायें बिन्दु से होकर जाने वाली ऊर्ध्वाधर रेखा के रूप में Y–अक्ष को खींचते हैं।

चरण-4 : संदर्भ रेखाओं X–अक्ष और Y–अक्ष से चरण-1 में मानक आकृतियों में विभाजित प्रत्येक घटक की केन्द्रक से दूरी ज्ञात करते हैं।

चरण-5 : तालिका बनाकर गणना करते हैं, जैसाकि नीचे दर्शाया गया है।

स. क्र.	घटक का नाम	घटक का क्षेत्रफल A (mm^2 में)	सन्दर्भ रेखाओं से घटक के केन्द्रक की दूरी		A.x	A.y
			x	y		
1	घटक 1	A_1	x_1	y_1	A_1x_1	A_1y_1
2	घटक 2	A_2	x_2	y_2	A_2x_2	A_2y_2
n	घटक n	A_n	x_n	y_n	A_nx_n	A_ny_n
	योग	$\Sigma A =$	---	---	$\Sigma A_x =$	$\Sigma A_y =$

चरण-6 : सन्दर्भ रेखाओं से केन्द्रक (CG) के निर्देशांक ($\bar{x}$, $\bar{y}$) को ज्ञात करने के लिए निम्न समीकरणों का उपयोग करते हैं।

(a) $\bar{x} = \dfrac{\Sigma A_x}{\Sigma A}$ एवं (b) $\bar{y} = \dfrac{\Sigma A_y}{\Sigma A}$

उपरोक्त चरणों को समझने के लिए, पाठ्यक्रम के अनुसार संयुक्त आकृति (काट) के कुछ ऐसे उदाहरण लेते हैं, जिनमें संयुक्त आकृति तीन से अधिक ज्यामितीय आकृतियों से मिलकर न बनी हो।

उदाहरण 1. *100 mm × 150 mm × 30 mm T–काट का केन्द्रक ज्ञात कीजिये, जैसाकि चित्र में दर्शाया गया है।*

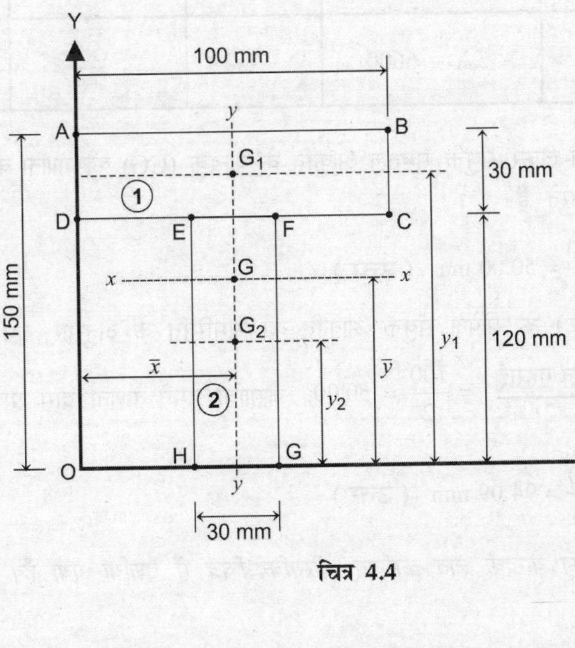

चित्र 4.4

हल :

चरण-1 : दी गई संयुक्त (यौगिक) आकृति को विभिन्न मानक आकृतियों में विभाजित करते हैं। इस स्थिति में, T–आकृति दो आयतों का संयोजन है। शीर्ष आयत (निकला हुआ किनारा) ABCD को घटक-1 और ऊर्ध्वाधर आयत (वेब) EFGH को घटक-2 का नाम देते हैं, जैसाकि नीचे दी गई तालिका में दर्शाया गया है।

चरण-2 : मानक आकृति (आयत) के अनुसार प्रत्येक घटक के क्षेत्रफल की गणना करते हैं।

चरण-3 : दी गई आकृति में सन्दर्भ रेखा के रूप में एक X–अक्ष (रेखा OX) और Y–अक्ष (रेखा OY) होनी चाहिए।

चरण-4 : सन्दर्भ रेखाओं (X–अक्ष और Y–अक्ष) से, मानक आकृति के अनुसार, प्रत्येक घटक के केन्द्रक (x और y) की दूरी ज्ञात करते हैं।

चरण-5 : चरण-2 से चरण-4 तक प्राप्त सभी मानों को तालिका के रूप में निम्नानुसार लिखते हैं।

स. क्र.	घटक का नाम	घटक का क्षेत्रफल A (mm^2 में)	सन्दर्भ रेखाओं से घटक के केन्द्रक की दूरी		A.x	A.y
			x	y		
1	शीर्ष आयत-1 ABCD (100×30 mm)	100×30 = 3000	$\frac{100}{2} = 50$	$120 = \frac{30}{2} = 135$	150000	405000
2	उर्ध्वाधर आयत-2 EFGH (30×120 mm)	30×120 = 3600	50 (सममिति से)	$\frac{120}{2} = 60$	180000	216000
	योग	ΣA = 6600	---	---	ΣA_x = 330000	ΣA_y = 621000

चरण-6 : तालिका से मान लेकर संयुक्त समतल आकृति के केन्द्रक (CG) की गणना करने के लिए समीकरणों का उपयोग करते हैं।

(a) $\bar{x} = \frac{\Sigma A_x}{\Sigma A} = \frac{330000}{6600} = 50.00$ mm **(उत्तर)**

[y–y अक्ष (ऊर्ध्वाधर) के सापेक्ष संयुक्त आकृति की सममिति के अनुसार, हम $\bar{x}$ को सीधे ही ज्ञात सकते हैं, $\bar{x} = \frac{\text{कुल गहराई}}{2} = \frac{100}{2} = 50.00$; जैसाकि हमने गणना द्वारा प्राप्त किया है।]

(b) $\bar{y} = \frac{\Sigma A_y}{\Sigma A} = \frac{621000}{6600} = 94.09$ mm **(उत्तर)**

उदाहरण 2. *दिए गए C–काट का केन्द्रक ज्ञात कीजिए, जैसाकि चित्र में दर्शाया गया है।*

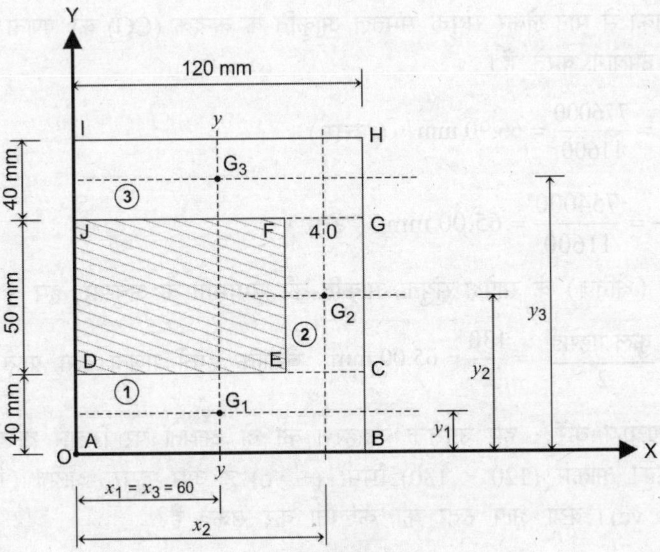

चित्र 4.5

हल :

चरण-1 : दी गई संयुक्त (यौगिक) आकृति को विभिन्न मानक आकृतियों में विभाजित करते हैं। इस स्थिति में, C–आकृति तीन आयतों का संयोजन है। इन तीन घटकों को घटक-1, घटक-2 और घटक-3 के रूप में नाम देते हैं, जैसाकि नीचे दी गई तालिका में दर्शाया गया है।

चरण-2 : मानक आकृति (आयत) के अनुसार प्रत्येक घटक के क्षेत्रफल की गणना करते हैं।

चरण-3 : दी गई आकृति में सन्दर्भ रेखा के रूप में एक X–अक्ष (रेखा OX) और y–अक्ष (रेखा OY) होनी चाहिए।

चरण-4 : संदर्भ रेखाओं (X–अक्ष और Y–अक्ष) से, मानक आकृति के अनुसार, प्रत्येक घटक के केन्द्रक (x और y) की दूरी प्राप्त करते हैं।

चरण-5 : चरण-2 से चरण-4 तक प्राप्त सभी मानों को तालिका में निम्नानुसार लिखते हैं।

स. क्र.	घटक का नाम	घटक का क्षेत्रफल A (mm^2 में)	सन्दर्भ रेखाओं से घटक के केन्द्रक की दूरी		A.x	A.y
			x	y		
1	निचला आयत-1 [ABCD]	120×40 = 4800	$\frac{120}{2} = 60$	$\frac{40}{2} = 20$	288000	96000
2	उर्ध्वाधर आयत-2 [CEFG]	40×50 = 2000	120 – 20 = 100	$40 = \frac{50}{2} = 65$	200000	130000
3	शीर्ष आयत-3 [GHIJ]	120×40 = 4800	$\frac{120}{2} = 60$	$40+50 = \frac{40}{2} = 110$	288000	528000
	योग	ΣA = 11600	---	---	ΣA_x = 776000	ΣA_y = 754000

चरण-6 : तालिका से मान लेकर संयुक्त समतल आकृति के केन्द्रक (CG) की गणना करने के लिए समीकरणों का उपयोग करते हैं।

(a) $\bar{x} = \dfrac{\Sigma A_x}{\Sigma A} = \dfrac{776000}{11600} = 66.90 \text{ mm}$ **(उत्तर)**

(b) $\bar{y} = \dfrac{\Sigma A_y}{\Sigma A} = \dfrac{754000}{11600} = 65.00 \text{ mm}$ **(उत्तर)**

[x–x अक्ष (क्षैतिज) के सापेक्ष संयुक्त आकृति की सममिति के अनुसार, हम $\bar{y}$ को सीधे ही ज्ञात सकते हैं, $\bar{y} = \dfrac{\text{कुल गहराई}}{2} = \dfrac{130}{2} = 65.00 \text{ mm}$; जैसाकि हमने गणना द्वारा प्राप्त किया है।]

इसे करने का प्रयास करें : हम उपरोक्त उदाहरण को दो आयतों पर विचार करके हल कर सकते हैं। एक बड़ा वाला जिसका आकार (120 × 130) मिमी (+ ve) है और दूसरा आयत (छिद्र) जिसका आकार (80 × 50) मिमी (– ve)। क्या आप उत्तर की कल्पना कर सकते हैं?

उदाहरण 3. *चित्र में दर्शाई गई संयुक्त आकृति का केन्द्रक ज्ञात कीजिए।*

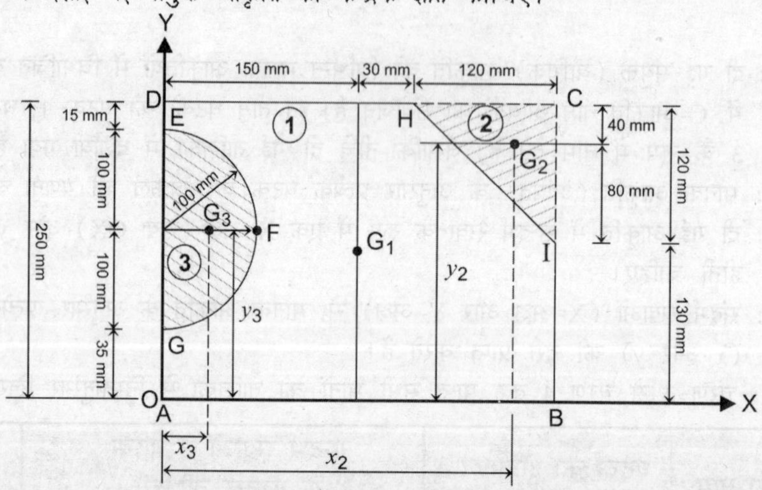

चित्र 4.6

हल :

चरण-1 : दी गई संयुक्त (यौगिक) आकृति को विभिन्न मानक आकृतियों में विभाजित करते हैं। इस स्थिति में, यह तीन आकृतियों का संयोजन है। नीचे दी गई तालिका में दिखाए गए अनुसार इन तीनों घटकों को घटक–1, कटा हुआ घटक–2 और कटा हुआ घटक –3 के रूप में नाम देते हैं। यहाँ दोनों कटे हुए भागों को तालिका 4.1 (B) में दर्शाई गई मानक आकृति के रूप में अभिविन्यासित किया जा सकता हैं, अतः केन्द्रक की स्थिति तदनुसार स्थानांतरित हो जाती है। अर्धवृत्त के लिए जैसे ही यह 90° से घुमाया जाता है, $\bar{x}$ निर्देशांक $\bar{y}$ बन जाता है एवं $\bar{y}$ निर्देशांक $\bar{x}$ बन जाता है। समकोण त्रिभुज के लिए जैसे ही 180° से घुमाया जाता है, आधार शीर्ष पर जाता है, केन्द्रक दूरी तदनुसार मापी जा सकती है।

चरण-2 : मानक आकृति के अनुसार प्रत्येक घटक के क्षेत्रफल की गणना करते हैं, जबकि कटे हुए घटक-2 और 3 का क्षेत्रफल ऋणात्मक लिया जाता है।

चरण-3 : दी गई आकृति में सन्दर्भ रेखा के रूप में एक X–अक्ष (रेखा OX) और Y–अक्ष (रेखा OY) होनी चाहिए।

चरण-4 : सन्दर्भ रेखाओं (X–अक्ष और Y–अक्ष) से, मानक आकृति के अनुसार, प्रत्येक घटक के केन्द्रक (x और y) की दूरी प्राप्त करते हैं।

चरण-5 : चरण-2 से चरण-4 तक प्राप्त सभी मानों को तालिका में निम्नानुसार लिखते हैं।

स. क्र.	घटक का नाम	घटक का क्षेत्रफल A (mm^2 में)	सन्दर्भ रेखाओं से घटक के केन्द्रक की दूरी		A.x	A.y
			x	y		
1	आयत-1 [ABCD] (300×250 mm)	30 × 250 = 75000	$\frac{300}{2} = 150$	$\frac{250}{2} = 250$	11250000	9375000
2	कटा हुआ त्रिभुज-2[CHI] (120 mm आधार तथा ऊँचाई दोनों)	$120 \times \frac{120}{2} = -7200$	300–40=260	240–40=210	–1872000	–1512000
3	कटा हुआ अर्धवृत्त-3 [EFG] (त्रिज्या = 100 mm)	$\frac{\pi \times 100^2}{2} = -15707.96$	$\frac{4 \times 100}{3 \times \pi} = 42.44$	35+100=135	–666645.82	–2120574.60
	योग	ΣA = 52092.04	---	---	ΣA_x = 8711354.18	ΣA_y = 5742425.40

चरण-6 : तालिका से मान लेकर संयुक्त समतल आकृति के केन्द्रक (CG) की गणना करने के लिए समीकरणों का उपयोग करते हैं।

(a) $\bar{x} = \frac{\Sigma A_x}{\Sigma A} = \frac{8711354.18}{52092.04} = 167.23 \text{ mm}$ **(उत्तर)**

(b) $\bar{y} = \frac{\Sigma A_y}{\Sigma A} = \frac{5742425.40}{52092.04} = 110.23 \text{ mm}$ **(उत्तर)**

गतिविधि-2

प्रत्येक छात्र या समूह को वास्तविक दुनिया की पिण्डों में से एक या अधिक प्रदान करें। गुरुत्वीय संतुलन विधि से गुरुत्व केन्द्र (केन्द्रों) को ज्ञात करने के लिए कोई विधि ज्ञात करने को कहें। ऐसा करने का एक तरीका निम्नानुसार है :

(a) पिण्ड में दो अलग-अलग छेद करें।
(b) किसी एक छिद्र से पिण्ड और भारित रस्सी को लटकायें।
(c) पिण्ड पर, एक रेखा खींचें जहाँ रस्सी लटकती है।
(d) दूसरे छिद्र का उपयोग करके चरण (b) और (c) को दोहरायें।

जहाँ दो रेखाएँ प्रतिच्छेद करती हैं वह गुरुत्व केन्द्र होता है।

4.4 सरल ठोसों के गुरुत्व केन्द्र [3–D अवयव]

मानक त्रि-आयामी अवयवों (सरल ठोसों) के गुरुत्व केन्द्र (CG) को तालिका 4.2 में दर्शाया गया है।

तालिका 4.2 : त्रि-आयामी मानक ठोस का गुरुत्व केन्द्र

स. क्र.	ज्यामितीय आकृति	आयतन	$\bar{x}$	$\bar{y}$
1.	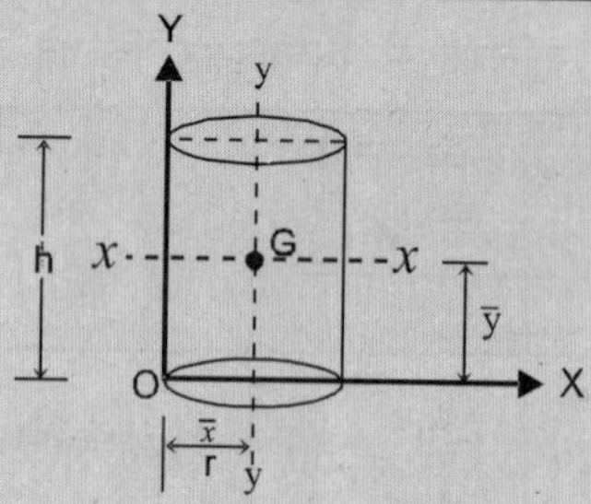 बेलन	$V = \pi r^2 h$	r	$\frac{h}{2}$
2.	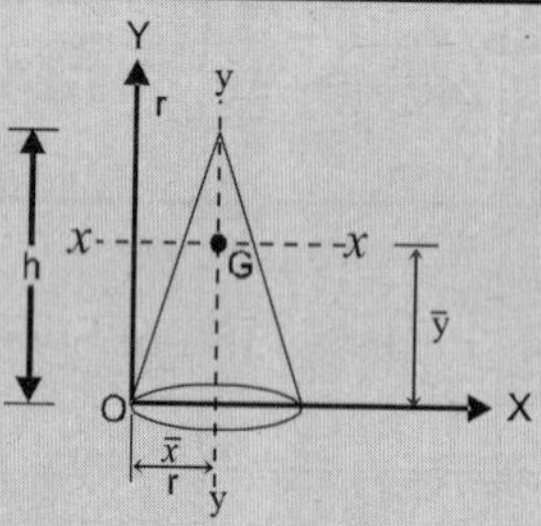 शंकु	$V = \frac{\pi}{3} r^2 h$	r	$\frac{h}{4}$
3.	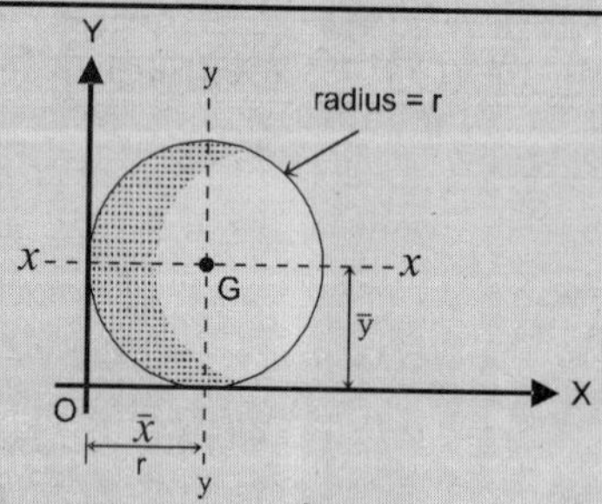 गोला	$V = \frac{4}{3} \pi r^3$	r	r
4.	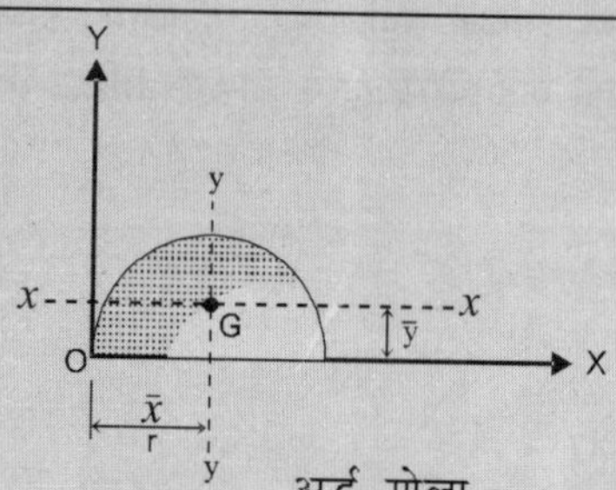 अर्द्ध गोला	$V = \frac{2}{3} \pi r^3$	r	$\frac{3r}{8}$

4.5 संयुक्त ठोस का गुरुत्व केन्द्र (CG)

इसमें हम समतल आकृति के क्षेत्रफल (A) के स्थान पर ठोसों के आयतन (V) पर विचार करेंगे। अन्य सभी प्रक्रिया समान रहेंगी, लेकिन सुविधा के लिए विभिन्न चरणों की सूची इस प्रकार है।

चरण-1 : दिए गए संयुक्त (यौगिक) ठोस को विभिन्न मानक ठोसों में विभाजित करते हैं। इन मानक ठोसों में शंकु, सिलेण्डर, गोला, अर्धगोला सम्मिलित होते हैं। संयुक्त ठोसों को विभाजित करते समय इसमें सम्मिलित छिद्रयुक्त भागों (कटे हुए भाग) को ऋणात्मक मानों वाले घटकों के रूप में माना जाता है। अगले चरण पर आगे बढ़ने से पहले आप को यह सुनिश्चित करना चाहिए कि संयुक्त ठोस के प्रत्येक घटक को कोई नाम (जैसे–घटक-1, घटक-2 और इसी तरह अन्य) देकर विभिन्न घटकों में विभाजित कर दिया गया है।

चरण-2 : तालिका 4.2 से मानक ठोस के अनुसार प्रत्येक घटक के आयतन की गणना करते हैं। छिद्रयुक्त भागों (कटे हुए भाग) वाले नामित ठोस के लिए आयतन को ऋणात्मक लेते हैं।

चरण-3 : दी गई ठोस में सन्दर्भ रेखा के रूप में X–अक्ष और Y–अक्ष होना चाहिए। दिए गए संयुक्त ठोस के सबसे निचले बिन्दु से होकर गुजरने वाली क्षैतिज रेखा के रूप में X–अक्ष खींचते हैं, जबकि दिए गए संयुक्त ठोस के सबसे बायें बिन्दु से होकर जाने वाली ऊर्ध्वाधर रेखा के रूप में Y–अक्ष को खींचते हैं।

चरण-4 : सन्दर्भ रेखाओं X–अक्ष और Y–अक्ष से चरण-1 में मानक ठोसों में विभाजित प्रत्येक घटक की केन्द्रक से दूरी ज्ञात करते हैं।

चरण-5 : तालिका बनाकर गणना करते हैं, जैसाकि नीचे दर्शाया गया है।

स. क्र.	घटक का नाम	घटक का आयतन V (mm^3 में)	सन्दर्भ रेखाओं से घटक के केन्द्रक की दूरी		V.x	V.y
			x	y		
1	घटक 1	V_1	x_1	y_1	A_1x_1	A_1y_1
2	घटक 2	V_2	x_2	y_2	A_2x_2	A_2y_2
n	घटक n	V_n	x_n	y_n	A_nx_n	A_ny_n
	योग	$\Sigma V =$	---	---	$\Sigma A_x =$	$\Sigma A_y =$

चरण-6 : सन्दर्भ रेखाओं से केन्द्रक (CG) के निर्देशांक ($\bar{x}$, $\bar{y}$) को ज्ञात करने के लिए निम्न समीकरणों का उपयोग करते हैं।

(a) $\bar{x} = \dfrac{\Sigma V_x}{\Sigma V}$ एवं (b) $\bar{y} = \dfrac{\Sigma V_y}{\Sigma V}$

उपरोक्त चरणों को समझने के लिए, पाठ्यक्रम के अनुसार संयुक्त ठोस (काट) के कुछ ऐसे उदाहरण लेते हैं, जिनमें संयुक्त ठोस दो से अधिक ज्यामितीय ठोसों से मिलकर न बनी हो।

उदाहरण 4. *उस संयुक्त ठोस का गुरुत्व केन्द्र (CG) ज्ञात कीजिये जिसमें 160 मिमी व्यास और समान ऊँचाई का एक बेलन है और इस बेलन पर एक शंकु रखा है जिसके आधार का व्यास एवं ऊँचाई समान, 160 मिमी है। चित्र में CG की स्थिति दर्शाइए।*

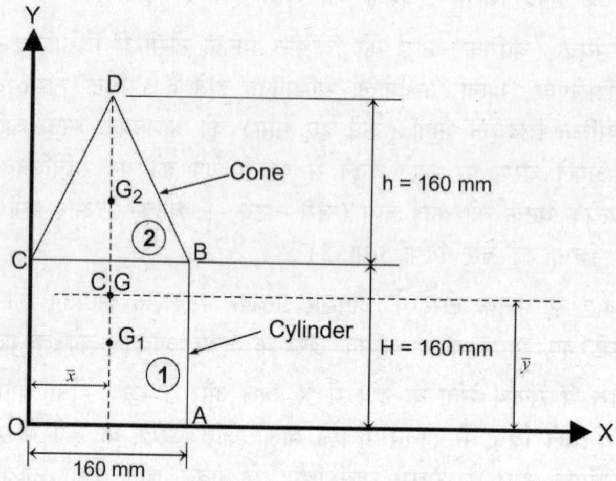

चित्र 4.7

हल :

चरण-1 : दिए गए संयुक्त (यौगिक) ठोस को विभिन्न मानक ठोसों में विभाजित करते हैं। यहाँ निचला भाग बेलन OABC को घटक-1 के रूप में नामित किया जाता है तथा शीर्ष भाग शंकु BCD को घटक-2 के रूप में नामित किया जाता है, जैसाकि चित्र में प्रदर्शित किया गया है।

चरण-2 : तालिका 4.2 से मानक ठोस के अनुसार प्रत्येक घटक के आयतन की गणना करते हैं।

चरण-3 : दिए गए ठोस में सन्दर्भ रेखा के रूप में एक X-अक्ष और Y-अक्ष होनी चाहिए। दिए गए संयुक्त ठोस के सबसे निचले बिन्दु से गुजरने वाली क्षैतिज रेखा के रूप में X-अक्ष खींचते हैं, जबकि दिए गए संयुक्त ठोस के सबसे बायें बिन्दु से होकर जाने वाली ऊर्ध्वाधर रेखा के रूप में Y-अक्ष खींचते हैं।

चरण-4 : सन्दर्भ रेखाओं X-अक्ष और Y-अक्ष से चरण-1 में मानक ठोसों में विभाजित प्रत्येक घटक के केन्द्रक की दूरी ज्ञात करते हैं।

चरण-5 : तालिका बनाकर गणना करते हैं, जैसाकि नीचे दर्शाया गया है।

स. क्र.	घटक का नाम	घटक का आयतन V (mm^3 में)	सन्दर्भ रेखाओं से घटक के केन्द्रक की दूरी		V.x	V.y
			x	y		
1	बेलन-OABC (D = H = 160 mm)	$\pi R^2 H$ $= \pi \times 80^2 \times 160$ $= 321699.88$	$\frac{D}{2}$ $= \frac{160}{2}$ $= 80$	$\frac{H}{2}$ $= \frac{160}{2}$ $= 80$	257359270.40	257359270.40

2	शंकु-BCD (d = h = 160 mm)	$\pi r^2 h$ $= \frac{\pi \times 80^2 \times 160}{3}$ = 1072330.29	$\frac{d}{2}$ $= \frac{160}{2}$ = 80	$H + \frac{h}{4}$ $= 160 + \frac{160}{4}$ = 200	85786423.20	214466058.00
	योग	ΣV = 4289321.17	---	---	ΣV_x = 343145693.60	ΣV_y = 471825328.40

चरण-6 : संदर्भ रेखाओं से केन्द्रक (CG) के निर्देशांक ($\bar{x}$, $\bar{y}$) को ज्ञात करने के लिए समीकरणों का उपयोग करते हैं।

(a) $\bar{x} = \frac{\Sigma V_x}{\Sigma V} = \frac{343145693.60}{4289321.17} = 80.00 \text{ mm}$ **(उत्तर)**

(b) $\bar{y} = \frac{\Sigma V_y}{\Sigma V} = \frac{471825328.40}{4289321.17} = 110.00 \text{ mm}$ **(उत्तर)**

उदाहरण 5. *शंकु के एक छिन्नक के आधार का व्यास 100 मिमी और ऊपरी भाग का व्यास 50 मिमी है तथा ऊँचाई 100 मिमी है। इस छिन्नक का गुरुत्व केन्द्र ज्ञात कीजिए।*

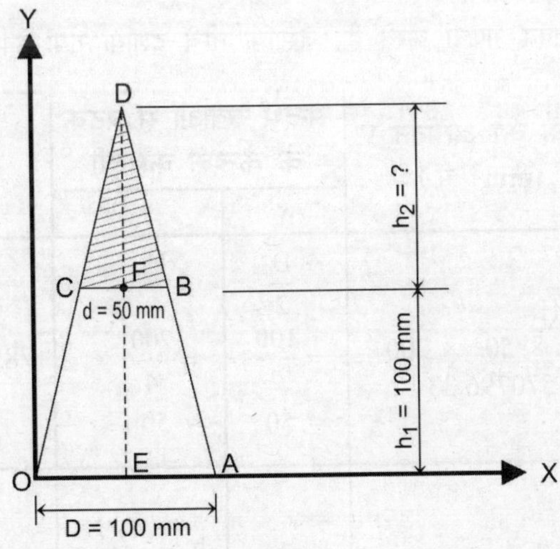

चित्र 4.8

हल :

यहाँ छिन्नक प्राप्त करने के लिए, हमें पूर्ण शंकु OAD से ऊपरी शंकु BCD को हटाना होगा, जैसाकि चित्र में दर्शाया गया है। पूर्ण शंकु OAD के लिए, त्रिभुज DOE तथा OAD की तुलना करने पर, हम प्राप्त करते हैं–

$$\frac{DE}{OE} = \frac{DF}{CF}$$

$$\therefore \quad \frac{DE}{50} = \frac{(DE-100)}{25}$$

$$\therefore \quad 25\ DE = 50\ DE - 5000$$

$$\therefore \quad 25\ DE = 5000$$

$$\therefore \quad DE = 200\ mm$$

$$\therefore \quad h_2 = DF = DE - EF = 200 - 100$$

$$\therefore \quad h_2 = 100\ mm$$

चरण-1 : दिए गए ठोस को प्राप्त करने के लिए, हमें पूर्ण शंकु OAD से ऊपरी शंकु BCD को हटाना होगा जैसा कि चित्र में दर्शाया गया है। यहाँ पूर्ण शंकु OAD को घटक-1 एवं ऊपरी शंकु BCD को घटक-2 नाम देते हैं, जैसाकि चित्र में दर्शाया गया है।

चरण-2 : तालिका 4.2 से मानक ठोस के अनुसार प्रत्येक घटक के आयतन की गणना करते हैं।

चरण-3 : दी गई ठोस में संदर्भ रेखा के रूप में एक X–अक्ष और Y–अक्ष होनी चाहिए। दिए गए संयुक्त ठोस के सबसे निचले बिन्दु से गुजरने वाली क्षैतिज रेखा के रूप में X–अक्ष खींचते हैं, जबकि दिए गए संयुक्त ठोस के सबसे बायें बिन्दु से होकर जाने वाली ऊर्ध्वाधर रेखा के रूप में Y–अक्ष खींचते हैं।

चरण-4 : सन्दर्भ रेखाओं X–अक्ष और Y–अक्ष से चरण-1 में मानक ठोसों में विभाजित प्रत्येक घटक के केन्द्रक की दूरी प्राप्त करते हैं।

चरण-5 : तालिका बनाकर गणना करते हैं, जैसाकि नीचे दर्शाया गया है।

स. क्र.	घटक का नाम	घटक का आयतन V (mm^3 में)	सन्दर्भ रेखाओं से घटक के केन्द्रक की दूरी		V.x	V.y
			x	y		
1	पूर्ण शंकु OAD (D = 100 mm व H = 200 mm)	$\pi R^2 H$ $= \pi \times 50^2 \times 200$ $= 1570796.33$	$\frac{D}{2} = \frac{100}{2} = 50$	$\frac{H}{4} = \frac{200}{4} = 50$	78539816.50	78539816.50
2	कटा हुआ ऊपरी शंकु BCD (d = 50 mm व h_2 = 100 mm)	$-\pi r^2 h$ $= -\pi \times 25^2 \times 100$ $= -196349.54$	50 (सममिति से)	$h_1 + \frac{h_2}{4} = 160 + \frac{100}{4} = 200$	−9817477.04	−24543692.50
	योग	ΣV = 1374446.79	---	---	ΣV_x = 68722339.46	ΣV_y = 53996124.00

चरण-6 : सन्दर्भ रेखाओं से केन्द्रक (CG) के निर्देशांक $(\bar{x}, \bar{y})$ को ज्ञात करने के लिए समीकरणों का उपयोग करते हैं।

(a) $\bar{x} = \frac{\Sigma V_x}{\Sigma V} = \frac{343145693.60}{4289321.17} = 50.00 \text{ mm}$ **(उत्तर)**

[y–y अक्ष (ऊर्ध्वाधर) के सापेक्ष संयुक्त आकृति की सममिति के अनुसार, हम $\bar{x}$ को सीधे ही ज्ञात सकते हैं, $\bar{x} = \frac{\text{कुल गहराई}}{2} = \frac{100}{2} = 50.00$ mm; जैसाकि हमने गणना द्वारा प्राप्त किया है।]

(b) $\bar{y} = \frac{\Sigma V_y}{\Sigma V} = \frac{53996124.00}{4289321.17} = 39.29 \text{ mm}$ **(उत्तर)**

गतिविधि 3 : द्रव्यमान केन्द्र की चुनौती

- दीवार के सहारे एक कुर्सी रखें ताकि वह पीछे की ओर न खिसक सके।
- अपने पैरों को फर्श पर सपाट रखते हुए कुर्सी पर बैठें। (आपके पैर किसी दिशा में झुके हुए नहीं होने चाहिए।)
- साथी को अपने माथे के बीच में धीरे से अंगूठा रखने को कहें।

अब इस प्रकार खड़े होने की कोशिश करें कि आपके साथी के हाथ पर पीछे की ओर बल न लगे।

यूनिट सारांश

- किसी पिण्ड का **गुरुत्व केन्द्र** वह बिन्दु है जिस पर पिण्ड का परिणामी भार कार्य करता है, चाहे पिण्ड किसी भी स्थिति में रखा हो।
- **केन्द्रक** समतल काट में एक ऐसा बिन्दु है कि उससे गुजरने वाली किसी अक्ष के लिए क्षेत्रफल का आघूर्ण शून्य होता है।
- **सन्दर्भ अक्ष :** किसी पिण्ड के गुरुत्व केन्द्र या केन्द्रक की गणना हमेशा काल्पनिक अक्ष के सन्दर्भ में की जाती है। इस काल्पनिक अक्ष को सन्दर्भ अक्ष कहा जाता है।
- **सममिति अक्ष :** वह अक्ष ($x - x$ अक्ष या y – y अक्ष) जो आकृति को दो एक-समान भागों में विभाजित करता है, सममिति अक्ष कहलाता है।
- **कटे हुए छिद्र के साथ संयुक्त काट का गुरुत्व केन्द्र** मुख्य काट पर विचार करके ज्ञात किया जाता है; पहले पूर्ण रूप में और फिर कटे हुए छिद्र के क्षेत्रफल को घटाकर अर्थात् कटे हुए छिद्र के क्षेत्रफल को ऋणात्मक लिया जाता है।
- **कटे हुए छिद्र के साथ संयुक्त ठोस का गुरुत्व केन्द्र** मुख्य काट पर विचार करके ज्ञात किया जाता है; पहले पूर्ण रूप में और फिर कटे हुए छिद्र के आयतन को घटाकर अर्थात् कटे हुए छिद्र के आयतन को ऋणात्मक लिया जाता है।

अभ्यास

(A) वस्तुनिष्ठ प्रश्न

4.1 निम्नलिखित में से कौन सा कथन सही है?

(a) त्रिभुज का गुरुत्व केन्द्र वह बिन्दु होता है जिस पर कोई भी दो माध्यिकाएँ आपस में मिलती हैं।

(b) एक अनियमित पिण्ड में एक से अधिक गुरुत्व केन्द्र हो सकते हैं।

(c) त्रिभुज का गुरुत्व केन्द्र वह बिन्दु होता है, जहाँ तीनों कोण-अर्धक मिलते हैं।

(d) उपरोक्त सभी

(e) उपरोक्त में से कोई नहीं

4.2 प्रत्येक भुजा 'a' वाले समबाहु त्रिभुज का गुरुत्व केन्द्र तीनों भुजाओं में से किसी भी भुजा से .... दूरी पर होता है।

(a) $\frac{a\sqrt{3}}{2}$ (b) $\frac{a\sqrt{2}}{3}$ (c) $\frac{a}{2\sqrt{3}}$ (d) $\frac{a}{3\sqrt{2}}$

4.3 एक समलम्ब चतुर्भुज जिसकी समान्तर भुजाओं की लम्बाईयाँ a और b एवं इनके बीच दूरी h है, का गुरुत्व केन्द्र आधार से .... दूरी पर स्थित होता है–

(a) $\frac{h}{3} \times \frac{b+2a}{b+a}$ (b) $\frac{h}{4} \times \frac{b+2a}{b+a}$

(c) $\frac{h}{2} \times \frac{b+2a}{b+a}$ (d) $h \times \frac{b+a}{b+2a}$

4.4 एक अर्धवृत्त का गुरुत्व केन्द्र आधार से .... की दूरी पर स्थित होता है, जबकि इसे ऊर्ध्वाधर त्रिज्या r के अनुदिश मापा जाता है।

(a) $\frac{3r}{4\pi}$ (b) $\frac{4r}{3\pi}$ (c) $\frac{4\pi}{3r}$ (d) $\frac{3\pi}{4r}$

4.5 एक अर्धगोले का गुरुत्व केन्द्र आधार से .... की दूरी पर स्थित होता है, जबकि इसे ऊर्ध्वाधर त्रिज्या r के अनुदिश मापा जाता है।

(a) $\frac{3r}{8}$ (b) $\frac{3}{8r}$ (c) $\frac{8r}{3}$ (d) $\frac{8}{3r}$

4.6 व्यास d और ऊँचाई h वाले एक लम्बवृत्तीय शंकु का गुरुत्व केन्द्र उसके आधार से .... की दूरी पर स्थित होता है, जबकि इसे ऊर्ध्वाधर ऊपर की ओर मापा जाता है।

(a) $\frac{h}{2}$ (b) $\frac{h}{3}$ (c) $\frac{h}{4}$ (d) $\frac{h}{6}$

4.7 व्यास d और ऊँचाई h वाले बेलन का गुरुत्व केन्द्र उसके आधार से .... की दूरी पर स्थित है, जबकि इसे ऊर्ध्वाधर त्रिज्या के अनुदिश मापा जाता है।

(a) $\frac{h}{2}$ (b) $\frac{h}{3}$ (c) $\frac{h}{4}$ (d) $\frac{h}{6}$

4.8 एक चतुर्थांश वृत्त का गुरुत्व केन्द्र इसके आधार से .... की दूरी पर स्थित होता है, जबकि इसे ऊर्ध्वाधर त्रिज्या r के अनुदिश मापा जाता है।

(a) $\frac{3r}{4\pi}$ (b) $\frac{4r}{3\pi}$ (c) $\frac{4\pi}{3r}$ (d) $\frac{3\pi}{4r}$

4.9 आधार 'b' और ऊँचाई 'h' वाले समकोण त्रिभुज का गुरुत्व केन्द्र इसके आधार से .... की दूरी पर स्थित होता है, जबकि इसे ऊर्ध्वाधर रेखा के अनुदिश मापा जाता है।

(a) $\frac{h}{2}$ (b) $\frac{h}{3}$ (c) $\frac{h}{4}$ (d) $\frac{h}{6}$

4.10 त्रिज्या r का एक वृत्ताकार छिद्र, त्रिज्या 2 r की एक वृत्ताकार चकती से इस प्रकार काटा जाता है कि छिद्र का व्यास चकती की त्रिज्या के बराबर है। काट का गुरुत्व केन्द्र स्थित होता है

(a) चकती के केन्द्र पर (b) छिद्र के केन्द्र पर

(c) चकती में कहीं पर (d) छिद्र में कहीं पर

[*उत्तर :* (1–a), (2–c), (3–a), (4–b), (5–a), (6–c), (7–a), (8–b), (9–b), (10–c)]

(B) विषयात्मक प्रश्न

4.1 केन्द्रक और गुरुत्व केन्द्र के बीच अंतर स्पष्ट कीजिये।

4.2 परिभाषित कीजिये : (a) केन्द्रक (b) गुरुत्व केन्द्र

(c) सममिति अक्ष (d) सन्दर्भ अक्ष।

4.3 निम्नलिखित का स्वच्छ चित्र बनाइए और केन्द्रक को दर्शाइए :

(a) क्वार्टर वृत्त (b) अर्द्धवृत्त

(c) त्रिभुज (d) लम्बवृत्तीय शंकु

4.4 एक T–काट के फ्लैंज का आकार 200 × 20 mm तथा वेब का आकार 300 × 20 mm है। इसका केन्द्रक ज्ञात कीजिये। चित्र पर केन्द्रक की स्थिति भी दर्शाइए। [उत्तर : $\bar{x}$ = 100 mm, $\bar{y}$ = 214.0 mm]

4.5 I–काट के गुरुत्व केन्द्र की गणना कीजिये जिसमें ऊपरी फ्लैंज 200 × 20 mm और वेब 300 × 20 mm एवं निचली फ्लैंज 400 × 40 mm है। चित्र पर गुरुत्व केन्द्र की स्थिति भी दर्शाइए।

[उत्तर : ($\bar{x}$, $\bar{y}$) = (200, 110 mm)]

4.6 एंगल काट आईएसए 90 × 60 × 6 mm की लम्बी भुजा को लम्बवत् रखते हुए इसका केन्द्रक ज्ञात कीजिये। [उत्तर : $\bar{x}$ = 14.25 mm, $\bar{y}$ = 29.25 mm]

4.7 उस बांध खण्ड का केन्द्रक ज्ञात कीजिये जिसके ऊपर की चौड़ाई 3 मीटर, नीचे की चौड़ाई 6 मीटर और ऊँचाई 9 मीटर है। [उत्तर : ($\bar{x}$, $\bar{y}$) = (2.33 m, 4.0 m)]

4.8 एक T–काट जिसके फ्लैंज का आकार 150 × 20 mm तथा वेब का आकार 200 × 20 mm है। इसका केन्द्रक ज्ञात कीजिये। [उत्तर : ($\bar{x}$, $\bar{y}$) = (75 mm, 147.14 mm)]

4.9 500 mm व्यास के वृत्त से 100 mm व्यास का एक वृत्त काट दिया जाता है। वृत्त के केन्द्र की दूरी बड़े वृत्त के केन्द्र से बाईं ओर 150 मिमी है। दिए गए लैमिना का केन्द्रक ज्ञात कीजिए।

[उत्तर : ($\bar{x}$, $\bar{y}$) = (256.25 mm, 250 mm)]

4.10 50 mm विकर्ण की एक वर्गाकार प्लेट को 100 mm व्यास की एक गोलाकार प्लेट से केंद्रीय क्षैतिज रेखा पर काट कर अलग कर लिया जाता है। शेष भाग का केन्द्रक ज्ञात कीजिए।

[उत्तर : (45.27 mm, 50 mm)]

4.11 तार से बने समबाहु त्रिभुज जिसकी भुजा 40 मिमी है, का केन्द्रक ज्ञात कीजिए।

[उत्तर : ($\bar{x}$, $\bar{y}$) = (20 mm, 11.55 mm)]

4.12 एक बेलन का व्यास 120 मिमी और ऊँचाई 120 मिमी है। इस पर एक शंकु रखा हुआ है जिसके आधार का व्यास 120 मिमी है। संयुक्त ठोस का गुरुत्व केन्द्र ज्ञात कीजिये।

[उत्तर : ($\bar{x}$, $\bar{y}$) = (60 mm, 82.5 mm)]

4.13 एक शंकु के छिन्नक के आधार का व्यास 100 मिमी और ऊपरी भाग का व्यास 50 मिमी है। गुरुत्व केन्द्र की स्थिति को ज्ञात कीजिये। शंकु के छिन्नक की ऊँचाई 100 मिमी है।

[उत्तर : ($\bar{x}$, $\bar{y}$) = (50 mm, 39.3 mm)]

4.14 एंगल काट आईएसए 60 × 40 × 10 mm की लम्बी भुजा को लम्बवत् रखते हुए का केन्द्रक ज्ञात कीजिये। [उत्तर : ($\bar{x}$, $\bar{y}$) = (11.67 mm, 21.67 mm)]

4.15 चैनल काट 100 × 50 × 15 mm के केन्द्रक को ज्ञात कीजिये। [उत्तर : $\bar{x}$ = 17.79 mm]

प्रायोगिक कार्य

P–16 : समतल पटल का केन्द्रक

16.1 प्रायोगिक कथन

ज्यामितीय रूप से समतल पटल/आकृति का केन्द्रक ज्ञात करना।

16.2 प्रायोगिक महत्त्व

साहुल रेखाविधि का उपयोग करके पटल का केन्द्रक ज्ञात करना।

16.3 प्रासंगिक सिद्धान्त

केन्द्रक : वह बिन्दु जिस पर एक समतल पटल के पूरे क्षेत्रफल को केन्द्रित माना जाता है, केन्द्रक कहलाता है। यह शब्द द्वि-आयामी आकृतियों के लिए प्रयुक्त होता है जिसके लिए क्षेत्रफल महत्वपूर्ण है।

गुरुत्व केन्द्र : जिस बिन्दु पर किसी ठोस पिण्ड के पूरे द्रव्यमान को केन्द्रित माना जाता है, उसे गुरुत्व केन्द्र कहा जाता है। यह शब्द त्रि-आयामी आकृतियों के लिए प्रयोग किया जाता है जिसके लिए द्रव्यमान महत्वपूर्ण है।

16.4 प्रैक्टिकल आउटकम्स (PrO)

प्रयोग पूर्ण करने के पश्चात् विद्यार्थी निम्न में सक्षम होंगे :

PrO1 : गुरुत्व केन्द्र की अवधारणा का परीक्षण करना।

PrO2 : गुरुत्व केन्द्र को निकालने के लिए गुरुत्वाकर्षण बल का प्रयोग करना।

16.5 प्रायोगिक व्यवस्था

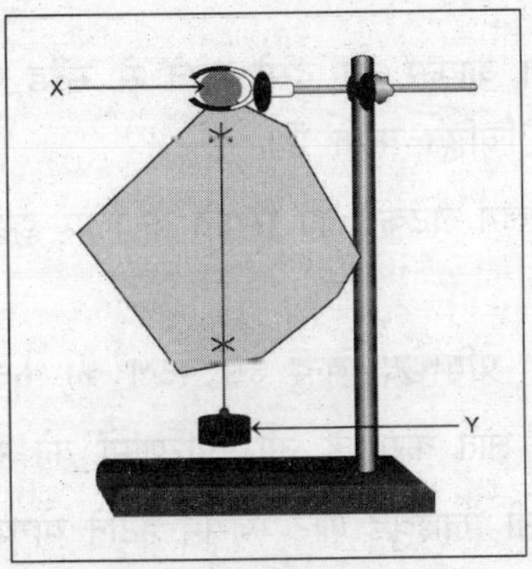

चित्र-1

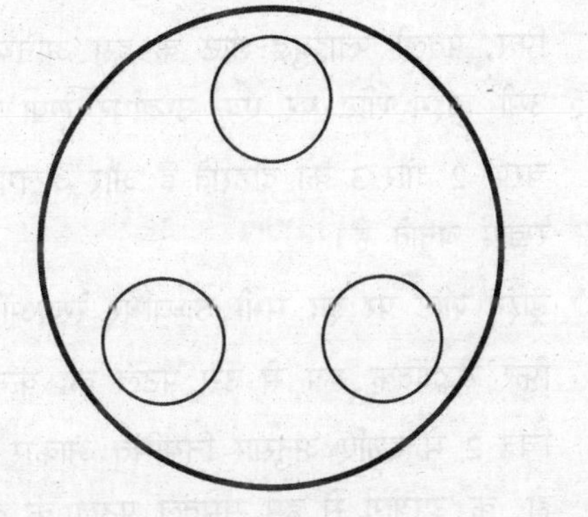

चित्र-2

16.6 आवश्यक संसाधन

क्र	सुझाए गए आवश्यक संसाधन महत्वपूर्ण विशिष्टता वाली मशीनें / उपकरण / यंत्र	संख्या	आवश्यक वास्तविक संसाधन विस्तृत विवरण सहित मशीनें / उपकरण / यंत्र	टिप्पणी
1	पतली,प्लाईवुड (पटल) के विभिन्न आकार के खंड	2 to 3		
2	ऊर्ध्वाधर स्टैंड	1		
3	साहुल बॉब और कील	1		
4	ड्राइंग शीट तथा पैमाना	1		
5	रस्सी तथा पेंसिल	2		

16.7 सावधानियाँ

1. साहुल बॉब का भार इतना अधिक नहीं होना चाहिए कि कील नीचे की और खिंच या हट जाये।
2. जिस समय रेखाएँ खींची जाती हैं, उस समय साहुल बॉब को झूलना नहीं चाहिए।
3. कील मजबूती से आबद्ध होना चाहिए।
4. साहुल रेखा सीधे पैमाने के साथ खींची जानी चाहिए।

16.8 प्रयोग विधि

1. पतली प्लाईवुड शीट (पटल) का कोई भी अनियमित आकार लेते हैं और उसके केन्द्र पर खाली ड्राइंग शीट चिपकाते हैं।
2. चित्र 1 में दर्शाए अनुसार रस्सी की सहायता से इसे किसी एक कोने से ऊर्ध्वाधर स्टैंड पर लटका देते हैं।
3. ड्राइंग शीट पर रस्सी के सरेखण के अनुसार, साहुल बॉब के उपयोग से एक उर्ध्वाधर रेखा बनाते हैं।
4. फिर, पतली प्लाईवुड शीट के इस अनियमित आकार को दूसरे कोने से स्टैंड पर लटकाते हैं और उसी ड्राइंग शीट पर एक उर्ध्वाधर रेखा को चिह्नित करते हैं।
5. चरण-2 और 3 को दोहराते हैं और अलग-अलग लटकने की स्थिति के लिए ड्राइंग शीट पर उर्ध्वाधर रेखाएं बनाते हैं।
6. ड्राइंग शीट पर इन सभी ऊर्ध्वाधर रेखाओं का प्रतिच्छेद बिन्दु उस पटल का केन्द्रक प्रदर्शित करेगा।
7. फिर सैद्धांतिक रूप से उस पटल का केन्द्रक ज्ञात करते हैं और परिणामों को सारणीबद्ध करते हैं।
8. चित्र 2 में दर्शाए अनुसार नियमित आकार वाली प्लाईवुड शीट जिसमें हटाने योग्य डिस्क/डिस्कें लगी हो, के उपयोग से हम समतल पटल के केन्द्रक और इसके स्थानान्तरण की गणना तथा सत्यापन भी कर सकते हैं।

16.9 प्रेक्षण सारणी एवं गणना

क्र.	पटल की आकृति	केन्द्रक के प्रेक्षित निर्देशांक (मिमी)		केन्द्रक के सैद्धांतिक निर्देशांक (मिमी)	
		Y	X	Y	X
1					
2					
3					

16.10 परिणाम एवं / अथवा विवेचना

....

16.11 निष्कर्ष एवं / अथवा सत्यापन

....

16.12 प्रयोग सम्बन्धित प्रश्न

1. सर्वोत्तम परिणाम सुनिश्चित करने के लिए आप क्या सावधानियाँ बरतेंगे?
2. यदि पटल का आकार समलंब चतुर्भुज है, तो आप केन्द्रक कैसे ज्ञात करेंगे?
3. हमें अलग-अलग बिन्दुओं से कई रेखाएँ क्यों खींचनी पड़ती हैं?
4. आप कैसे जाँच सकते हैं कि आपने गुरुत्व केन्द्र सही पाया है?

16.13 अपशिष्ट का निपटान

इस प्रयोग में फेंके जाने वाले अपशिष्ट पदार्थों को निम्नलिखित डिब्बों में वर्गीकृत करें :

अपशिष्ट के प्रकार	डिब्बे का रंग	विवरण
बायोडिग्रेबल अपशिष्ट	हरा	
ई-अपशिष्ट	काला	
प्लास्टिक और धातु अपशिष्ट	नीला	
अन्य कोई		

16.14 पर्यावरण के अनुकूल दृष्टिकोण : पुनः उपयोग, कम उपयोग एवं पुनर्चक्रण

....

16.15 सुझाई गई मूल्यांकन योजना (प्रयोग P1 के अनुसार)

अधिक जानिए

1. समझाइये कि कोई पिण्ड उसके गुरुत्व केन्द्र पर संतुलित क्यों हो जाता है।

सन्दर्भ एवं अध्ययन हेतु सुझाव

1. D.S.Bedi, "Engineering Mechanics"; Khanna publications, New Delhi.
2. Khurmi RS, "Applied Mechanics"; S. Chand & Co, New Delhi.
3. Ramamrutham, "Engineering Mechanics"; S. Chand & Co, New Delhi.
4. Bansal RK, "A text book of Engineering Mechanics"; Laxmi Publications, New Delhi.
5. Dhade, Jamadar & Walawelkar, "Fundamentals of Applied Mechanics"; Pune Vidhyarthi Gruh, Pune
6. Meriam JL, Kraige LG, "Engineering Mechanics- statics -Vol.-I"; Wiley Publication, New Delhi.
7. Beer, Johnson, Mazurek, Cornwell & Sanghi, "Vector Mechanics for Engineers - Statics and Dynamics"; Tata McGraw Hill, New Delhi.
8. https://www.youtube.com/playlist?list=PLB85BDFBE784B

5 सरल उत्थापक मशीनें

यूनिट विशिष्ट

इस अध्याय में निम्नलिखित विषयों पर चर्चा की गई है–

- सरल उत्थापक मशीन से संबंधित परिभाषायें और कुछ तकनीकी शब्द
- मशीन का नियम
- कुछ सरल उत्थापक मशीनों के लिए वेगानुपात

यूनिट की प्रकृति पेचीदा और व्यावहारिक है। कुछ लोकप्रिय दिन-प्रतिदिन के अनुप्रयोग जैसे स्क्रू जैक, घिरनी आदि वास्तव में जीवनरक्षक अनुप्रयोग हैं। लेकिन उनकी तकनीकी अवधारणा को पुस्तक के उपयोगकर्ता द्वारा चित्र और प्रयोग के साथ समझने की बहुत आवश्यकता है। इसलिए इस इकाई में मशीन की तकनीकी समझ के साथ-साथ चित्र और प्रयोग जानकारी दी गई है।

मशीन का नियम, उनकी आरेखीय समझ, मशीनों के लिए अन्य ग्राफ कुछ महत्वपूर्ण अवधारणाओं की चर्चा यहाँ की गई है। यूनिट की स्पष्टता के लिए कुछ महत्वपूर्ण पदों MA_{max}, VR, η_{max} आदि की चर्चा करने की आवश्यकता है।

यूनिट में आगे के कार्य के लिए "अभ्यास" खण्ड के अन्तर्गत "वस्तुनिष्ठ प्रश्न" श्रेणी में पर्याप्त संख्या में बहुविकल्पी प्रश्न (एमसीक्यू) के साथ-साथ ब्लूम्स टेक्सोनोमी के अनुसार लघु और दीर्घ उत्तरीय प्रश्नों एवं संख्यात्मक प्रश्नों का भी समावेश किया गया है।

भूमिका

क्या आपने कभी किसी भारी भार या बोझ को उठाने के लिए छड़ का उपयोग किया है? क्या आपने कभी घिरनी की सहायता से कुएँ से पानी खिंचते हुए देखा है? क्या आपने कभी अपनी कार के पंचर पहिये को बदलने के लिए उसे उठाने के लिए जैक का उपयोग किया है? भारी भार को उठाने के लिए यह लम्बी छड़ या पानी निकालने के लिए घिरनी या कार के लिए जैक सभी सरल मशीन है। इन सरल मशीनों की प्रकृति साधारण होती है लेकिन ये प्रतिदिन के कार्यों में बहुत उपयोगी होती हैं। ये मशीनें हमारे प्रयास/आयास को कम कर देती है। इस यूनिट में हम सरल उत्थापक मशीन के बारे में चर्चा करने जा रहे हैं, जो मानव जीवन के लिए बहुत उपयोगी होती है। हम इस यूनिट में विभिन्न प्रकार की शब्दावली और मशीन के नियम के उपयोग पर भी चर्चा करेंगे।

हम उच्च यांत्रिक लाभ प्राप्त करने के लिए विभिन्न उत्थापक मशीन के वेगानुपात पर भी चर्चा करेंगे।

पूर्व अपेक्षित ज्ञान

माध्यमिक शिक्षा [मानक 8 से कक्षा 10 तक] से भौतिकी और गणित का बुनियादी ज्ञान तथा इंजीनियरिंग यांत्रिकी की इस पुस्तक से पिछली यूनिटों का ज्ञान।

यूनिट आउटकम्स

इस यूनिट के अध्ययन करने के बाद, विद्यार्थी निम्न में सक्षम होंगे :

1. सरल उत्थापक मशीन और इसकी विभिन्न शब्दावली को सम्बद्ध करना।
2. मशीन के नियम का उपयोग करना तथा अधिकतम यांत्रिक लाभ और दक्षता के लिए इसका अनुप्रयोग करना।
3. विभिन्न सरल उत्थापक मशीन के लिए वेगानुपात की व्याख्या करना।

कोर्स आउटकम्स के साथ यूनिट आउटकम्स का परस्पर सम्बन्ध

यूनिट-5 आउटकम्स	कोर्स आउटकम्स के साथ अपेक्षित सम्बन्ध *1-कमजोर सहसम्बन्ध; 2-मध्यम सहसम्बन्ध; 3-मजबूत सहसम्बन्ध*				
	CO–1	**CO–2**	**CO–3**	**CO–4**	**CO–5**
U5–01	-	-	-	3	-
U5–02	-	-	-	3	-
U5–03	-	-	-	3	-

5.1 परिभाषायें

हमने (मानव जाति ने) कई कठिनाइयों को दूर करने या आयास को कम करने के लिए विभिन्न मशीनों का आविष्कार किया है। मूल रूप से, सभी मशीनों को हमारे दिमाग के एक साधारण सिद्धान्त 'आयास कम करें' के आधार पर बनाया गया है। एक अकेला आदमी ही मशीन की सहायता से बहुत भारी भार या बोझ उठा सकता है। उदाहरण के लिए, एक ऑटोमोबाइल को उठाने के लिए 3 से 4 व्यक्तियों की आवश्यकता होती है जबकि स्क्रू जैक के उपयोग से एक ऑटोमोबाइल को आसानी से उठाया जा सकता है। इसी तरह, कुएँ से सीधे एक बाल्टी पानी लाना असुविधाजनक होता है। कुएँ के ऊपर सरल घिरनी लगाने से यह कार्य सुविधाजनक हो जाता है।

इन सभी सरल मशीनों को समझने के लिए, इससे जुड़ी कुछ महत्वपूर्ण शब्दावली को समझना हमारे लिए बहुत आवश्यक होता है।

(i) **सरल मशीन :** सरल मशीन एक ऐसी युक्ति है, जिसमें एक स्थान पर आयास या प्रयास प्रयुक्त किया जाता है और किसी अन्य स्थान पर कार्य होता है या प्राप्त किया जाता है। सरल मशीनें हाथ-पैरों के उपयोग से चलाई जाती है, बिजली से नहीं।
जैसे : घिरनी, साइकिल, सिलाई मशीन और सरल स्क्रू जैक आदि।

(ii) **संयुक्त मशीन :** यदि एक मशीन अनेक सरल मशीनों से मिलकर बनी होती हैं, तो उसे संयुक्त मशीन कहा जाता है। ऐसी मशीनें विद्युत या यांत्रिक शक्ति से चलती हैं। ये मशीनें तेज गति से कार्य करती हैं। संयुक्त मशीन के प्रयोग से कम आयास में ज्यादा कार्य होता है।
जैसे : स्कूटर, खराद, क्रेन और पिसाई मशीन आदि।

(iii) **उत्थापक मशीन :** उत्थापक मशीन एक ऐसा उपकरण होता है, जिसमें कम आयास से भारी भार को उठाया जा सकता है।
जैसे : लिफ्ट, क्रेन आदि

(iv) **सरल उत्थापक मशीन :** सरल उत्थापक मशीन एक ऐसा उपकरण होता है, जिसमें कम आयास से भारी भार को हाथ-पैरों के उपयोग से उठाया जा सकता है।
जैसे : सरल घिरनी, सरल स्क्रू जैक आदि।

5.2 सरल उत्थापन मशीनों से संबंधित तकनीकी पद

(i) **भार (W) :** उठाए जाने वाले अवयवों के वजन को भार (W) कहा जाता है।

(ii) **आयास या प्रयास (P) :** भार (W) को उठाने के लिए लगाया जाने वाला बल आयास या प्रयास (P) कहलाता है।

(iii) **यांत्रिक लाभ (MA) :** उठाये गये भार (W) तथा भार उठाने के लिए आवश्यक आयास (P) के अनुपात को यांत्रिक लाभ कहा जाता है। इसे हमेशा शुद्ध संख्या के रूप में व्यक्त किया जाता है। गणितीय रूप में–

$$MA = \frac{\text{उठाया गया भार}}{\text{आवश्यक प्रयास}}$$

$\therefore \quad MA = \frac{W}{P}$ जहाँ, W = भार (न्यूटन या किलो न्यूटन में) तथा P = प्रयास (न्यूटन में)

(iv) **वेगानुपात (VR) :** आयास द्वारा चली गई दूरी (y) तथा भार द्वारा चली गई दूरी (x) के अनुपात को वेगानुपात कहा जाता है। यह विमाहीन राशि होती है और अतः इसे शुद्ध संख्या के रूप में व्यक्त किया जाता है। गणितीय रूप में–

$$VR = \frac{\text{आयास द्वारा चली गई दूरी}}{\text{भार द्वारा चली गई दूरी}}$$

$$\therefore \quad VR = \frac{y}{x}$$

यहाँ यह भी ध्यान दिया जाना चाहिए कि किसी मशीन के लिए वेगानुपात नियत होता है। यह समय के साथ नहीं बदलता है।

(v) **दक्षता (η) :** मशीन द्वारा किया गया कार्य (कार्य निर्गम या उपलब्ध ऊर्जा) और मशीन पर किए गए कार्य (कार्य निवेश या दत्त ऊर्जा) के अनुपात को मशीन की दक्षता कहा जाता है। कार्य निर्गम तथा कार्य निवेश को गणितीय रूप में निम्न प्रकार व्यक्त किया जा सकता है :

(a) कार्य निवेश = आयास × आयास द्वारा चली गई दूरी
$\therefore$ कार्य निवेश = P . y तथा

(b) कार्य निर्गम = भार × भार द्वारा चली गई दूरी
$\therefore$ कार्य निर्गम = W . x

इसे प्रतिशत के रूप में व्यक्त किया जाता है। गणितीय रूप में, दक्षता = $\frac{\text{कार्य निर्गम}}{\text{कार्य निवेश}} \times 100\%$

$$\therefore \quad \eta = \frac{\text{कार्य निर्गम}}{\text{कार्य निवेश}} \times 100$$

$$= \frac{w.x}{p.y} \times 100 = \frac{W/P}{y/x} \times 100$$

$$\therefore \quad \eta = \frac{MA}{VR} \times 100$$

$$\therefore \quad \eta = \frac{\text{कार्य निर्गम}}{\text{कार्य निवेश}} \times 100 = \frac{MA}{VR} \times 100$$

(vi) मशीन का नियम : किसी मशीन के लिए, यदि हम विभिन्न भारों (W) को उठाने के लिए संगत आवश्यक आयास (P) के विभिन्न मानों को नोट करते हैं तथा आयास और भार के बीच एक ग्राफ बनाते हैं, तो हमें एक सीधी रेखा AB प्राप्त होगी, जैसाकि चित्र में प्रदर्शित किया गया है।

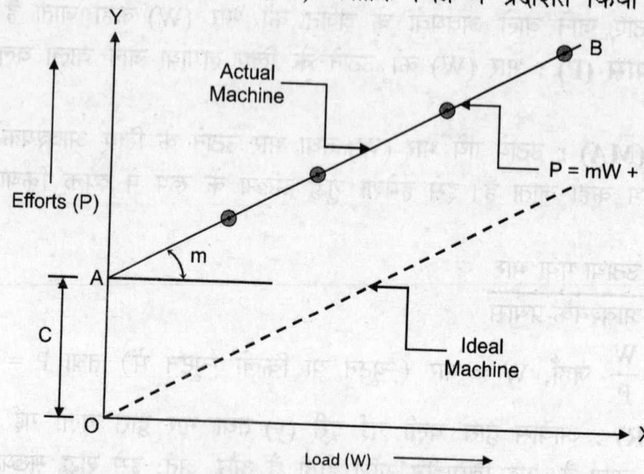

चित्र-5.1 : मशीन का नियम

गणितीय रूप में, मशीन का नियम निम्न संबंध द्वारा दिया गया है :

$P = mW + C$

जहाँ, P = लगाया गया आयास, W = उठाया गया भार, m = स्थिरांक (घर्षण गुणांक) = रेखा AB का ढाल, C = स्थिरांक = मशीन घर्षण

ग्राफ से निम्नलिखित निष्कर्ष या परिणाम प्राप्त होते हैं :

(a) एक मशीन पर, यदि W = 0 है, तो मशीन को चलाने के लिए आयास C की आवश्यकता होती है। अतः मशीन के घर्षण के विरुद्ध आयास C की आवश्यकता होती है।

(b) यदि रेखा AB मूल बिन्दु से होकर गुजरती है, तो घर्षण को संतुलित करने के लिए किसी आयास की आवश्यकता नहीं होती है। ऐसा ग्राफ आदर्श मशीन के लिए होता है।

(c) यदि रेखा AB बिना प्रयास (P) के x–x अक्ष को काटती है, तो कुछ भार उठ सकता है, जो कि असंभव है। अतः रेखा AB कभी भी x–x अक्ष को नहीं काटेगी।

(vii) अधिकतम यांत्रिक लाभ (MA_{max}) : हम जानते हैं कि $MA = \frac{W}{P}$

अधिकतम MA प्राप्त करने के लिए, मशीन के नियम P = mW + C से P का मान रखने पर,

$$\therefore \quad MA_{max} = \frac{W}{mW + C}$$

$$MA_{max} = \frac{1}{m + \frac{c}{W}}$$

$\frac{c}{W}$ नगण्य मानने पर, हम प्राप्त करते हैं :

$$MA_{max} = \frac{1}{m}$$

(viii) अधिकतम दक्षता (η_{max}) : हम जानते हैं कि, दिए गए मशीन के लिए वेगानुपात स्थिर होता है तथा यांत्रिक लाभ परिवर्तित होता है।

अब $\eta = \frac{MA}{VR}$ $\because$ MA को $MA_{max} = \frac{1}{m}$ के रूप में रखने पर η_{max} प्राप्त करते हैं,

$$\therefore \eta_{max} = \frac{1/m}{VR}$$

$$\therefore \eta_{max} = \frac{1}{m \times VR}$$

(ix) आदर्श मशीन : एक मशीन जिसकी दक्षता 100% होती है, आदर्श मशीन कहलाती है। आदर्श मशीन में घर्षण शून्य होता है।

आदर्श मशीन के लिए, कार्य निर्गम = कार्य निवेश या MA = VR

(x) घर्षण में आयास हानि (P_f) : सरल मशीन में, मशीन के विभिन्न भागों के बीच घर्षण को दूर करने के लिए आवश्यक आयास को 'घर्षण में आयास हानि' कहा जाता है।

माना P = आयास, P_o = आदर्श मशीन के लिए आयास, P_f = घर्षण में आयास हानि

$\therefore$ घर्षण में आयास हानि, $P_f = P - P_o$

आदर्श मशीन के लिए MA = VR

$$\therefore \frac{W}{P_o} = VR$$

$$\therefore P_o = \frac{W}{VR} = \text{आदर्श आयास}$$

घर्षण के कारण, वास्तविक आयास > आदर्श आयास P_o

$$\therefore P_f = P - P_o$$

$$\therefore P_f = P - \frac{W}{VR}$$

(xi) घर्षण भार (W_f) : मशीन के गतिशील होने पर उत्पन्न कुल घर्षण बल को घर्षण भार कहते हैं।

माना W = भार (वास्तविक), W_o = आदर्श मशीन के लिए भार तथा P = आयास

आदर्श मशीन के लिए, MA = VR

$$W_o = P \times VR = \text{आदर्श भार}$$

अब, घर्षण भार $W_f = W_o - W$

$$\therefore W_f = (P \times VR) - W$$

(xii) प्रतिवर्ती मशीन : यदि कोई मशीन आयास को हटाने के बाद विपरीत दिशा में कुछ कार्य करने में सक्षम होती हैं, तो उसे प्रतिवर्ती मशीन कहा जाता है।

प्रतिवर्ती मशीन के लिए, $\eta \geq 50\%$

(xiii) अप्रतिवर्ती मशीन या सेल्फ लॉकिंग मशीन : यदि कोई मशीन आयास को हटाने के बाद विपरीत दिशा में कोई भी कार्य करने में सक्षम नहीं होती है, तो उसे अप्रतिवर्ती मशीन या सेल्फ लॉकिंग मशीन कहते हैं। सामान्यतः सभी उत्थापक मशीनें सेल्फ लॉकिंग मशीनें होती हैं।

अप्रतिवर्ती मशीन के लिए, $\eta < 50\%$

(xiv) मशीन की प्रतिवर्तिता के लिए शर्त :

माना W = उठाया गया भार, P = आवश्यक आयास, x = भार द्वारा चली की गई दूरी एवं y = आयास द्वारा चली गई दूरी तथा $P \cdot y$ = कार्य निवेश तथा $W \cdot x$ = कार्य निर्गम

हम जानते हैं कि, मशीन घर्षण = कार्य निवेश − कार्य निर्गम = $P \cdot y - W \cdot x$

मशीन के प्रतिवर्ती होने के लिए,

कार्य निर्गम ≥ मशीन घर्षण

$\therefore W \cdot x \geq P \cdot y - W \cdot x$

$\therefore 2W.x \geq P.y$

$\therefore \dfrac{W.x}{P.y} \geq \dfrac{1}{2}$

$\therefore \dfrac{\text{कार्य निर्गम}}{\text{कार्य निवेश}} \geq 0.5$

$\therefore \eta \geq 50\%$

प्रतिवर्ती मशीन के लिए, $\eta \geq 50\%$

मूल परिभाषायें

उदाहरण 1. *एक उत्थापक मशीन में, 30 N का आयास ठीक 720 N का भार उठाता है। यदि इस भार पर मशीन की दक्षता 30% है, तो यांत्रिक लाभ का मान क्या है? मशीन का वेगानुपात ज्ञात कीजिये।*

हल :

W = 720 N, η = 30% = 0.30 तथा P = 30 N

(a) $MA = \dfrac{W}{P} = \dfrac{720}{30} = 24$

$\therefore$ MA = 24 **(उत्तर)**

(b) $\eta = \dfrac{MA}{VR}$

$\therefore 0.30 = \dfrac{24}{VR}$

$\therefore$ VR = 80 **(उत्तर)**

उदाहरण 2. *एक मशीन का वेगानुपात 20 है और दक्षता 80% है। ज्ञात कीजिए कि 200 N के आयास को प्रयुक्त करने से कितना भार उठ जावेगा।*

हल :

VR = 10, η = 80%, P = 200 N

(a) $\eta = \dfrac{MA}{VR}$

$0.80 = \frac{MA}{20}$

$\therefore \; MA = 16$

(b) $MA = \frac{W}{P}$

$16 = \frac{W}{200}$

$\therefore \; W = 3200 \text{ N}$ **(उत्तर)**

उदाहरण 3. *एक एकल परचेज क्रैब, के विवरण निम्न हैं : यह देखा गया है कि 60 N का आयास 800 N का भार उठाता है और 120 N का आयास 3960 N का भार उठाता है। मशीन का वेगानुपात VR 42 है। (a) मशीन का नियम स्थापित कीजिये। (b) उपर्युक्त से किसी एक स्थिति में दक्षता ज्ञात कीजिए।*

हल :

(i) जब $P_1 = 60$ N, $W_1 = 1800$ N (ii) जब $P_2 = 120$ N, $W_2 = 3960$ N

(A) मशीन का नियम

(a) दोनों प्रेक्षणों के P और W के मान मशीन के नियम P = mW + C में रखने पर

$$\therefore \quad 60 = m \times 1800 + C \qquad \text{... (i)}$$

$$\underset{-}{1}20 = \underset{-}{m} \times 4960 + \underset{-}{C} \qquad \text{... (ii)}$$

$$\therefore \quad -60 = -2160\, m \qquad \text{... (i) – (ii)}$$

$\therefore \; m = \frac{60}{2160}$

$\therefore \; m = 0.0277$

(b) m का मान समीकरण (i) में रखने पर,

$\therefore \; 60 = 0.0277 \times 1800 + C$

$\therefore \; 60 = 49.86 + C$

$\therefore \; C = 10.14$

(c) दी गई मशीन के लिए मशीन का नियम है–

$P = 0.0277\, W + 10.14$ **(उत्तर)**

(B) स्थिति-I के लिए दक्षता

(a) $MA = \frac{W}{P} = \frac{1800}{60} = 30$

(b) $VR = 42$

(c) $\eta = \frac{MA}{VR} = \frac{30}{42} = 0.7142$

$\therefore \; \eta = 71.42\%$ **(उत्तर)**

उदाहरण 4. *वेगानुपात VR = 30 वाली एक सरल उत्थापक मशीन के लिए नीचे दिए गए रिक्त स्थानों को भरिये। मशीन प्रतिवर्ती है या नहीं, यह बताते हुए अधिकतम दक्षता ज्ञात कीजिये।*

स. क्र.	भार (W) kN में	आयास (P) kN में	दक्षता % में
1	100	9.82	______
2	600	49.82	______
3	1000	______	______

हल :

(A) पहले प्रेक्षण के लिए :

W = 100 kN, P = 9.82 kN तथा VR = 30

(i) $$MA = \frac{W}{P} = \frac{100}{9.82} = 10.18$$

(ii) $$\eta = \frac{MA}{VR} \times 100$$

$$= \frac{10.18}{30} \times 100$$

$\therefore \eta = 33.93\%$ **(उत्तर)**

(B) दूसरे प्रेक्षण के लिए :

W = 600 kN, P = 49.82 kN तथा VR = 30

(i) $$MA = \frac{W}{P} = \frac{600}{49.82} = 12.04$$

(ii) $$\eta = \frac{MA}{VR} \times 100$$

$$= \frac{12.04}{30} \times 100$$

$\therefore \eta = 40.13\%$ **(उत्तर)**

(C) तीसरे प्रेक्षण के लिए :

(I) हम जानते हैं कि मशीन का नियम P = mW + C

दोनों प्रेक्षणों के मान रखने पर

(i) $P = 9.82$ kN एवं $W = 100$ kN

(ii) $P = 49.82$ kN एवं $W = 600$ kN

हम प्राप्त करते हैं,

$$\therefore \quad 9.82 = m \times 100 + C \quad \text{... (i)}$$

$$\underline{\underset{-}{4}9.82 = \underset{-}{m} \times 600 \underset{-}{+} C} \quad \text{... (ii)}$$

$$-40 = 500\ m \quad \text{... (i) − (ii)}$$

$$\therefore \quad m = 0.08$$

(II) m का मान समीकरण (i) में रखने पर

$$9.82 = 0.08 \times 100 + C$$

$$\therefore 9.82 = 8 + C$$

$$\therefore C = 1.82$$

(III) मशीन का नियम होगा

$$P = 0.08\ W + 1.82$$

(IV) अब, जब $W = 1000$ kN,

$$P = 0.08 \times 1000 + 1.82$$

$$\therefore P = 82.82 \text{ kN} \quad (\text{उत्तर})$$

(V) (i) $MA = \dfrac{W}{P} = \dfrac{1000}{81.82} = 12.22$

(ii) $\eta = \dfrac{MA}{VR} = \dfrac{12.22}{30} \times 100 = 40.73$ **(उत्तर)**

(D) $\eta_{max} = \dfrac{1}{m \times VR} \times 100$

$$= \frac{100}{0.08 \times 30}$$

$$= 41.67\%$$

$$\therefore \eta_{max} = 41.67\% \quad (\text{उत्तर})$$

(E) उपरोक्त सभी अवलोकनों में, η का मान 50% से कम है। इसलिए, मशीन अप्रतिवर्ती (सेल्फ लॉकिंग मशीन) है।

उदाहरण 5. *एक उठाने वाली मशीन में 30 N का आयास 350 N का भार उठा सकता है और 40 N का आयास 500 N का भार उठा सकता है। यदि मशीन का वेग अनुपात 20 है, तो सिद्ध कीजिये कि अधिकतम दक्षता 75% है।*

हल :

VR = 20, η_{max} = 75%, P_1 = 30 N तथा W_1 = 350 N, P_2 = 40 N तथा W_2 = = 500 N

(a) मशीन के नियम P = mW + C में, दोनों प्रेक्षणों के मान रखने पर,

$$\therefore \quad 30 = m \times 3.50 + C \quad \text{... (i)}$$

$$\underline{\overset{-}{4}0 = \overset{-}{m} \times 500 \ \overset{-}{+} C} \quad \text{... (ii)}$$

$$-10 = -150\ m$$

$$\therefore \quad m = 0.067 \quad \text{... (i) − (ii)}$$

(b) m का मान समीकरण (i) में रखने पर, हम प्राप्त करते हैं

$30 = 0.067 \times 350 + C$

$\therefore C = 6.55$

(c) $$\eta_{max} = \frac{1}{m \times VR}$$

$$= \frac{1}{0.067 \times 20}$$

$\therefore \quad \eta_{max} = 0.746 = 74.6\% \cong 75\%$ **(उत्तर)**

उदाहरण 6. *एक मशीन में जिसका वेगानुपात 6 है और जो 100 N के भार को 20 N के आयास से उठाती है। ज्ञात कीजिये (i) मशीन की दक्षता, (ii) घर्षण में आयास हानि, (iii) घर्षण भार, (iv) आदर्श आयास तथा (v) आदर्श भार।*

हल :

यहाँ VR = 6, W = 100 N, P = 20 N

(i) यांत्रिक लाभ, $MA = \frac{W}{P} = \frac{100}{20} = 5$

(ii) मशीन की दक्षता, $\eta = \frac{MA}{VR} = \frac{5}{6} = 0.8333$

$\therefore$ मशीन की दक्षता, η = 83.33% **(उत्तर)**

(iii) घर्षण में आयास हानि, $P_f = P - \frac{W}{VR} = 20 - \frac{100}{6}$

$\therefore P_f = 3.33$ N **(उत्तर)**

(iv) घर्षण भार, $W_f = (P \times VR) - W$

$\therefore W_f = (20 \times 6) - 100$

$\therefore$ घर्षण भार, W_f = 20 N **(उत्तर)**

(v) आदर्श आयास (P_o), $P_o = \frac{W}{VR} = \frac{100}{6}$

$$\therefore P_o = 16.67 \text{ N}$$

(iv) आदर्श भार (W_o), $W_o = P \times VR$

$$\therefore W_o = 20 \times 6 = 120 \text{ N}$$

5.3 विभिन्न सरल उत्थापक मशीनों के लिए वेगानुपात

(a) सरल धुरी तथा पहिया

चित्र 5.2 में एक सरल धुरी और पहिया दर्शाया गया है, जिसमें पहिया A और धुरी B एक ही शाफ्ट से जुड़े हैं।

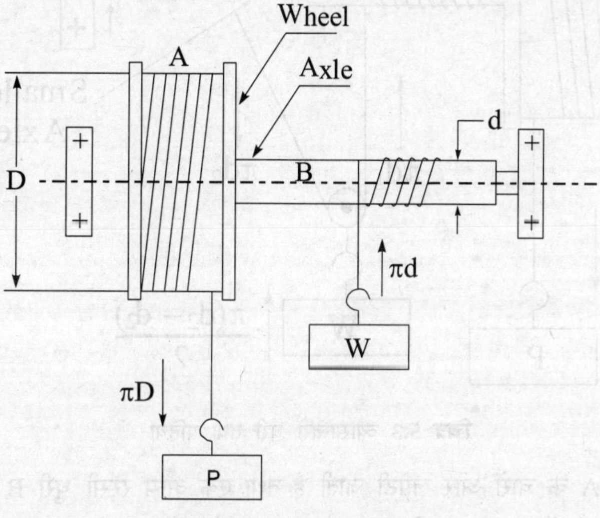

चित्र 5.2 सरल धुरी तथा पहिया

रस्सी को धुरी B चारों ओर लपेटा जाता है, जो भार W को उठाता है। एक दूसरी रस्सी पहिये A के चारों ओर धुरी B पर रस्सी के विपरीत दिशा में लपेटी जाती है, ताकि आयास P की नीचे की ओर गति भार W को उठा ले।

माना D = पहिये का व्यास तथा d = धुरी का व्यास, तब

$$VR = \frac{\text{आयास द्वारा चली गई दूरी}}{\text{भार द्वारा चली गई दूरी}}$$

$$= \frac{y}{x} = \frac{\pi D}{\pi d}$$

$$\therefore VR = \frac{D}{d}$$

(b) व्यासान्तरी धुरी तथा पहिया

चित्र 5.3 में एक व्यासान्तरी धुरी और पहिया दर्शाया गया है। इस स्थिति में, भार धुरी BC अलग-अलग व्यास के दो भागों से बना होता है और आयास पहिया A को एक ही शाफ्ट से जोड़ा जाता है।

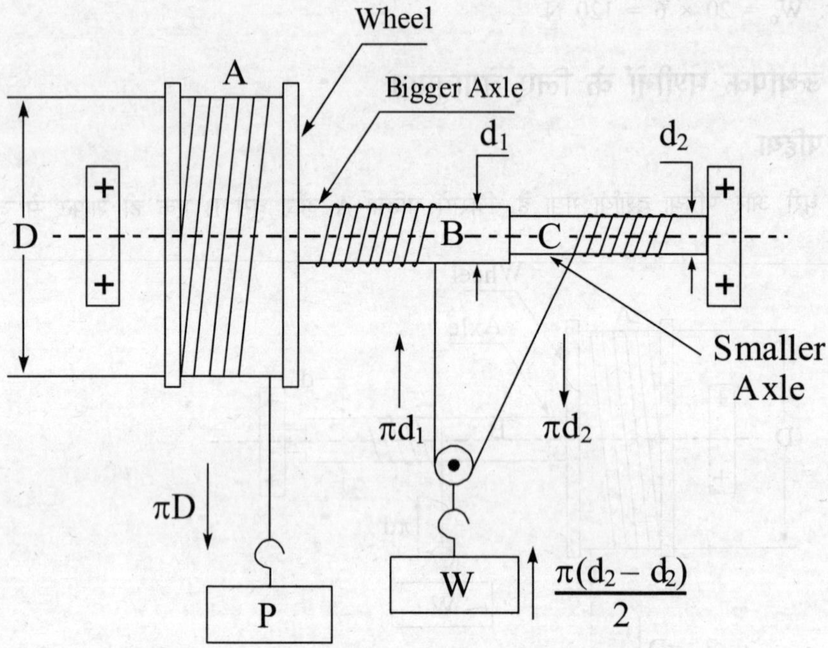

चित्र 5.3 व्यासान्तरी धुरी तथा पहिया

व्यासांतरी धुरी एवं पहिया

आयास रस्सी पहिया A के चारों ओर लपेटी जाती है तथा एक अन्य रस्सी धुरी B के चारों ओर लपेटी जाती है जो घिरनी (जिस पर बहर को उठाने के लिए लटकाया गया है) से गुजरने के बाद धुरी B के विपरीत दिशा में धुरी C के चारों ओर लपेटी जाती है। इसलिये पहिया A से रस्सी उतरने पर, धुरी C से भी रस्सी उतरती है। परन्तु भार W को उठाने के लिए धुरी B पर रस्सी लिपटती है।

माना D = पहिया का व्यास, d_1 = बड़ी धुरी का व्यास, d_2 = छोटी धुरी का व्यास

$$VR = \frac{2D}{d_1 - d_2}$$

(c) वर्म तथा वर्म पहिया

यह वर्गाकार चूड़ी पेंच 'S' जिसे वर्म कहा जाता है तथा एक दाँतेदार पहिया जिसे वर्म पहिया कहा जाता है, से मिलकर बना होता है, जो एक दूसरे के साथ सम्पर्क में होते हैं, जैसाकि चित्र 5.4 में प्रदर्शित किया गया है। पहिए या हैंडल A को प्रयास P लगाने के लिए वर्म से जोड़ा जाता है। भार ड्रम को वर्म पहिये पर सुरक्षित रूप से लगाया जाता है।

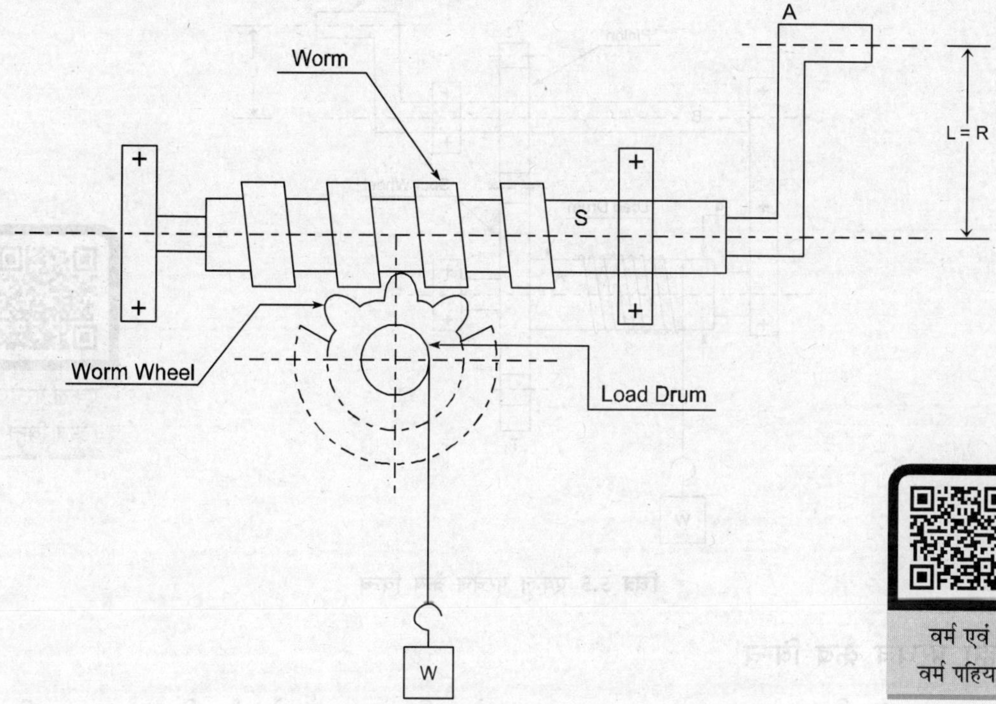

वर्म एवं
वर्म पहिया

चित्र 5.4 वर्म तथा वर्म पहिया

माना R = आयास पहिया की त्रिज्या = हैंडल की लम्बाई, r = भार ड्रम की त्रिज्या, T = वर्म पहिया पर दाँतों की संख्या तथा n = वर्म चूड़ियों की संख्या (एकल, दोहरा आदि)

$$VR = \frac{RT}{r} \quad \text{या} \quad VR = \frac{RT}{nr}$$

(d) एकल परचेज क्रैब विन्च

एक एकल परचेज क्रैब विन्च में, भार ड्रम A से एक रस्सी बंधी होती है और इसे इसके चारों ओर लपेटा जाता है। रस्सी का मुक्त सिरा भार W को ऊपर उठाता है। एक दाँतेदार स्पर पहिये (T_1) को भार ड्रम A पर मजबूती से लगाया जाता है। एक अन्य दाँतेदार पिनियन पहिया स्पर पहिया के साथ सम्पर्क में रहता है, जैसाकि चित्र 5.5 में प्रदर्शित किया गया है।

माना l = हैंडल की लम्बाई, r = भार ड्रम की त्रिज्या, T_1 = मुख्य गियर (स्पर पहिया) पर दाँतों की संख्या तथा T_2 = पिनियन पर दाँतों की संख्या

$$VR = \frac{l}{r} \times \frac{T_1}{T_2}$$

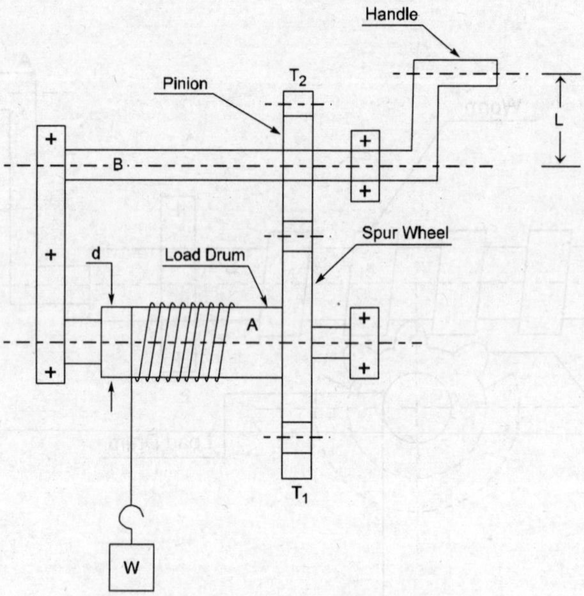

एकल परचेज क्रैब विन्च

चित्र 5.5 एकल परचेज क्रैब विन्च

(e) दोहरा परचेज क्रैब विन्च

एक दोहरा परचेज क्रैब विन्च, वेगानुपात के उच्च मान प्राप्त करने के लिए, एकल परचेज क्रैब विन्च का गहन अभिकल्पन रूप होता है। इसमें T_1 तथा T_3 दाँतों के दो स्पर पहिया के साथ-साथ T_2 तथा T_4 दाँतों के दो पिनियन होते हैं।

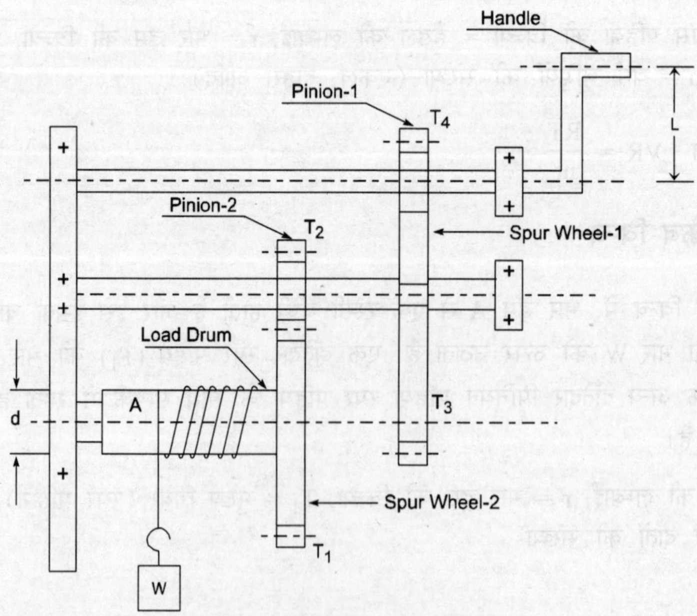

चित्र 5.6 दोहरा परचेज क्रैब विन्च

माना हैंडल की लम्बाई, r = भार ड्रम की त्रिज्या, T_1 तथा T_3 = मुख्य गियरों (स्पर पहियों) पर दाँतों की संख्या, T_2 तथा T_4 = पिनियनों पर दाँतों की संख्या

$$VR = \frac{l}{r} \times \frac{T_1}{T_2} \times \frac{T_3}{T_4}$$

(f) सरल स्क्रू जैक

इसमें एक स्क्रू होता है, जो नट में लगा होता है, जो जैक की बॉडी बनाता है। जिसमें एकल चूड़ी सरल स्क्रू जैक को ध्यान में रखते हुए भार W को उठाने के लिए लीवर हैंडल के अंत में एक प्रयास P को लगाकर स्क्रू को घुमाया जाता है।

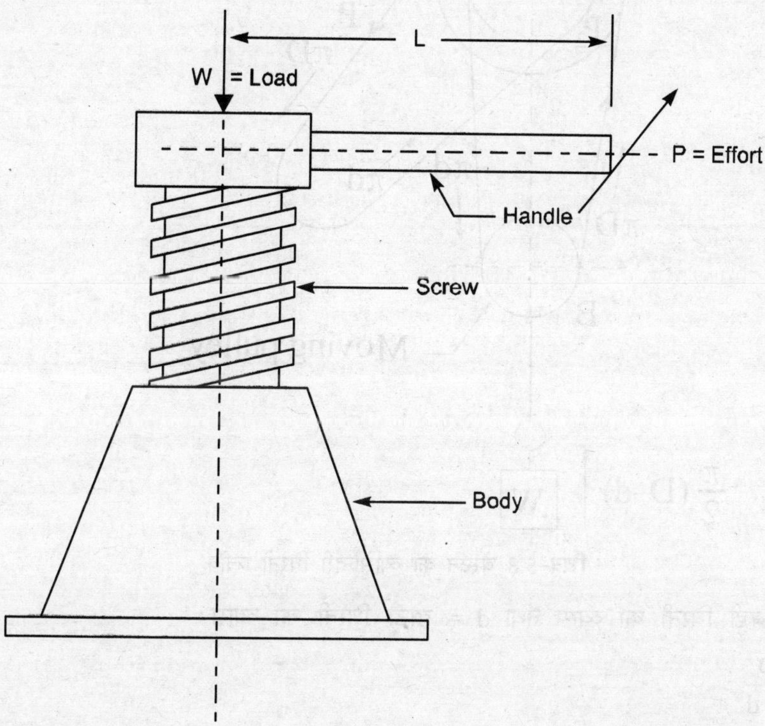

चित्र 5.7 सरल स्क्रू जैक

माना l = हैंडल की लम्बाई तथा p = स्क्रू का पिच

$$VR = \frac{2\pi l}{P}$$

(g) वेस्टन का व्यासान्तरी घिरनी ब्लाक

यह दो घिरनी ब्लाक A तथा B से मिलकर बना होता है। ऊपरी ब्लॉक A में दो घिरनियाँ (P_1 और P_2) होती हैं, एक का व्यास दूसरे की तुलना में थोड़ा बड़ा होता है। अर्थात् दोनों घिरनियाँ दो खाँचे के साथ एक घिरनी के रूप में कार्य करती है। निचले ब्लॉक B में भी एक घिरनी होती है, जिसमें भार W को ऊपर उठाने के लिए जोड़ा

जाता है। एक सतत् चेन घिरनी P_1 से गुजरती है और फिर निचले ब्लॉक की घिरनी से गुजरकर अन्त में घिरनी P_2 को लपेटती है। प्रयास P_1 को घिरनी P_1 के ऊपर से गुजरने वाली चेन पर लगाया जाता है, ताकि भार W को ऊपर उठाया जा सके, जैसाकि चित्र 5.8 में प्रदर्शित किया गया है।

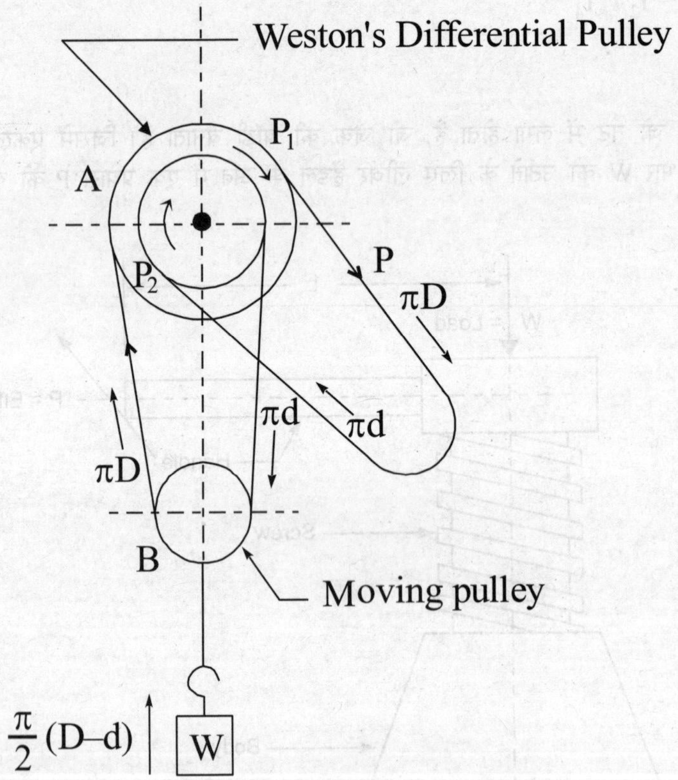

चित्र-5.8 वेस्टन का व्यासान्तरी घिरनी ब्लॉक

माना D = बड़ी घिरनी का व्यास तथा d = छोटी घिरनी का व्यास

$$VR = \frac{2D}{D-d}$$

(h) गियरयुक्त घिरनी ब्लॉक

यह एक दंतीला पहिया A का बना होता है, जिसके चारों ओर एक अंतहीन चेन गुजरती है। एक छोटा गियर पहिया B जिसे पिनियन कहा जाता है, को उसी शाफ्ट पर लगाया जाता है जिस पर A लगा होता है। पहिया धुरी B एक अन्य बड़े पहिया D जिसे स्पर पहिया कहा जाता है, के साथ सम्पर्क में होता है। एक दंतीला पहिया D को उसी शाफ्ट पर लगाया जाता है जिस पर स्पर पहिया C लगा होता है।

भार W एक चेन से जुड़ा होता है जो दंतीला पहिया D के ऊपर से गुजरती है और प्रयास P को अंतहीन चेन पर लगाया जाता है, जो पहिया A के ऊपर से गुजरती है, जैसाकि चित्र 5.9 में प्रदर्शित किया गया है।

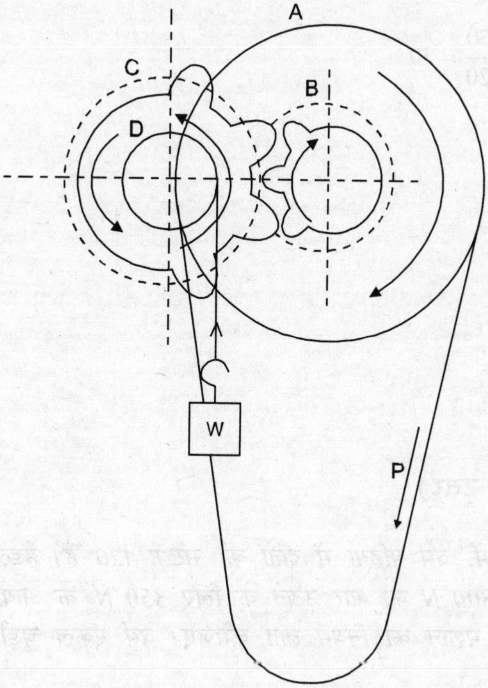

चित्र 5.9 गियर युक्त घिरनी ब्लॉक

माना T_1 = आयास पहिया A पर चक्र दन्तों की संख्या, T_2 = पिनियन पहिया B पर दाँतों की संख्या, T_3 = स्पर पहिया C पर दाँतों की संख्या, T_4 = भार पहिया D पर चक्र दन्तों की संख्या

$$VR = \frac{T_1}{T_2} \times \frac{T_3}{T_4}$$

गतिविधि :

(1) अपनी प्रयोगशाला में विभिन्न उत्थापक मशीनों के लिए VR के समीकरणों को सत्यापित करें।

(2) यदि रस्सी का व्यास बड़ा या विचारणीय है, तो सूचीबद्ध मशीन के लिए VR समीकरणों में किस सुधार की आवश्यकता होती है?

उदाहरण 7. *एक दोहरा परचेज क्रैब विन्च में पिनियन में दाँतों की संख्या 10 और 20 हैं एवं स्पर पहिये में दाँतों की संख्या 40 और 50 हैं। हैंडल 30 सेमी लम्बा और भार धुरी ड्रम का व्यास 20 सेमी है। यदि मशीन की दक्षता 40% है तो 1500 N का भार उठाने के लिए आवश्यक आयास की गणना कीजिये।*

हल :

l = 30 cm, r = = 10 cm, T_1 = 40, T_2 = 10, T_3 = 50, T_4 = 20

(a) $VR = \frac{l}{r} \times \frac{T_1}{T_2} \times \frac{T_3}{T_4}$

$$\therefore VR = \frac{30}{10} \times \frac{40}{10} \times \frac{50}{20} = 30$$

(b) $$\eta = \frac{MA}{VR}$$

$$0.40 = \frac{MA}{30}$$

$$\therefore MA = 12$$

(c) $$MA = \frac{W}{P}$$

$$12 = \frac{1500}{P}$$

$$\therefore P = 125\ N$$ **(उत्तर)**

उदाहरण 8. *वर्म और वर्म पहिया में, वर्म पहिया में दाँतों की संख्या 120 हैं। हैंडल की लम्बाई 30 सेमी और भार ड्रम का व्यास 10 सेमी है। 1800 N का भार उठाने के लिए 350 N के आयास की आवश्यकता होती है। यदि अधिकतम दक्षता 40% है, तो मशीन का नियम ज्ञात कीजिए। वर्म एकल चूड़ी है।*

हल :

$T = 120$, $R = 30$ cm, $r = \frac{10}{2} = 5$ cm, $n = 1$ (स्क्रू एकल चूडी है) तथा $\eta_{max} = 40\%$

(a) $$VR = \frac{RT}{nr} = \frac{30 \times 120}{1 \times 5}$$

$$VR = 720$$

(b) $$\eta_{max} = \frac{1}{m \times VR}$$

$$\therefore 0.40 = \frac{1}{m \times 720}$$

$$\therefore m = 0.00347$$

(c) $$P = mW + C$$

$$350 = 0.00347 \times 1800 + C$$

$$\therefore C = 343.75$$

(d) मशीन का नियम,

$$P = 0.00347\ W + 343.75$$ **(उत्तर)**

उदाहरण 9. *एकल परचेज क्रैब विन्च का विवरण निम्न प्रकार है : (1) लीवर की लम्बाई = 80 सेमी, (2) पिनियन पर दाँतों की संख्या = 20, (3) स्पर पहिया पर दाँतों की संख्या = 120, (4) भार ड्रम धुरी का व्यास = 30 सेमी। यह देखा गया है कि 80 N का आयास 2000 N का भार उठाता है और 160 N का आयास 4200 N का भार उठाता है–(1) मशीन का नियम स्थापित कीजिये, (2) किसी एक स्थिति में दक्षता ज्ञात कीजिए।*

हल :

$$l = 80 \text{ cm}, r = \frac{30}{2} = 15 \text{ cm}, T_1 = 120, T_2 = 20$$

(a) $VR = \frac{l}{r} \times \frac{T_1}{T_2} = \frac{80}{15} \times \frac{120}{20}$

$\therefore VR = 32$

(b) $MA = \frac{W}{P} = \frac{2000}{80} = 25$

(c) रीडिंग 1 के लिए दक्षता

$$\eta = \frac{MA}{VR} \times 100 = \frac{25}{32} \times 100$$

$\eta = 78.125\%$ **(उत्तर)**

(d) मशीन का नियम

(i) मशीन के नियम $P = mW + C$ में दोनों प्रेक्षणों को रखने पर, हम प्राप्त करते हैं–

$80 = m \times 2000 + C$ ... (i)

$160 = m \times 4200 + C$ ... (ii)

$-80 = -2200\ m$ [समीकरण (i) से (ii) को घटाने पर]

$\therefore m = 0.036$

(ii) m का मान समीकरण (i) में रखने पर, हम प्राप्त करते हैं–

$80 = m \times 2000 + C$

$\therefore 80 = 0.036 \times 2000 + C$

$\therefore C = 8$

(iii) इस प्रकार m तथा C के मानों को मशीन के नियम $P = mW + C$ में रखने पर, हम प्राप्त करते हैं–

$P = 0.036\ W + 8$ **(उत्तर)**

उदाहरण 10. *एक व्यासान्तरी धुरी और पहिया में, आयास पहिया का व्यास 400 मिमी है। धुरों की त्रिज्याएँ क्रमशः 150 मिमी और 100 मिमी हैं। रस्सी का व्यास 1 सेमी है। मशीन की दक्षता को 75% मानकर वह भार ज्ञात करें जिसे 200 N के आयास से उठाया जा सकता है।*

हल :

$D = 400$ mm, $d_1 = 2 \times 150 = 300$ mm, $d_2 = 2 \times 100 = 200$ mm,

$t_1 =$ रस्सी का व्यास $= 1$ cm $= 10$ mm, $\eta = 75\%$

(a) व्यासान्तरी धुरी और पहिया के लिए,

$$VR = \frac{2(D + t_1)}{(d_1 + t_1) - (d_2 + t_2)} = \frac{2(D + t_1)}{(d_1 - d_2)}$$

$$\therefore\ VR = \frac{2 \times (400+10)}{300-200}$$

$$\therefore\ VR = 8.2$$

(b) $$\eta = \frac{MA}{VR} \times 100$$

$$75 = \frac{MA}{8.2} \times 100$$

$$\therefore\ MA = 6.15$$

$$MA = \frac{W}{P}$$

$$\therefore\ 6.15 = \frac{W}{200}$$

$$\therefore\ W = 1230\ N$$ (उत्तर)

उदाहरण 11. *एक दोहरा परचेज क्रैब विन्च में पिनियन पर दाँतों की संख्या 120 और 150 और स्पर पहिया पर दाँतों की संख्या 300 और 400 होती है। धुरी का व्यास 20 सेमी है। वेग अनुपात ज्ञात कीजिये। 1.834 kN के भार को उठाने के लिए 105 N के आयास की आवश्यकता होने पर आयास और भार के पद में घर्षण भी ज्ञात कीजिए। हैंडल की लम्बाई 80 सेमी है।*

हल :

l = 80 cm, r = 20 / 2 = 10 cm, T_1 = 300, T_2 = 120, T_3 = 400 तथा T_4 = 150

(a) $$VR = \frac{l}{r} \times \frac{T_1}{T_2} \times \frac{T_3}{T_4}$$

$$VR = \frac{80}{10} \times \frac{300}{120} \times \frac{400}{150} = 53.33$$ (उत्तर)

(b) घर्षण में आयास हानि, $P_f = P - \frac{W}{VR}$

P = 105 N तथा W = 1.834 kN = 1834 N रखने पर,

$$\therefore\ P_f = 105 - \frac{1834}{55.33}$$

$$\therefore\ P_f = 70.61\ N$$ (उत्तर)

(c) घर्षण भार : $W_f = (P \times VR) - W$

$W_f = (105 \times 53.33) - 1834$

$W_f = 3765.65$ N (उत्तर)

यूनिट सारांश

- **यांत्रिक लाभ :** $MA = \frac{W}{P}$, जहाँ W = भार, P = प्रयास
- **वेगानुपात (VR) :** $VR = \frac{y}{x}$, जहाँ y = आयास द्वारा चली गयी दूरी तथा x = भार द्वारा चली गयी दूरी
- **कार्य निवेश :** कार्य निवेश = P.y
- **कार्य निर्गम :** कार्य निर्गम = W.x
- **दक्षता (η) :** $\eta = \frac{MA}{VR} \times 100\%$ या $\eta = \frac{\text{कार्य निर्गम}}{\text{कार्य निवेश}} \times 100\%$
- **आदर्श मशीन :** एक मशीन जिसकी दक्षता η = 100% है, आदर्श मशीन कहलाती है। आदर्श मशीन के लिए, MA = VR या कार्य निर्गम = कार्य निवेश
- **प्रतिवर्ती मशीन के लिए,** $\eta \geq 50\%$ तथा **अप्रतिवर्ती मशीन के लिए,** $\eta < 50\%$.
- **घर्षण में आयास हानि :** (P_f) : $P_f = P - \frac{W}{VR}$
- **घर्षण भार (W_f) :** $W_f = P \times VR - W$
- **मशीन का नियम :** P = mW + C, जहाँ m = ग्राफ का ढाल तथा C = नियतांक = घर्षण
- **अधिकतम MA :** $MA_{max} = \frac{1}{m}$
- **अधिकतम दक्षता :** $\eta_{max} = \frac{1}{m \times VR}$
- **विभिन्न मशीनों के लिए वेगानुपात :**

  (a) सरल धुरी तथा पहिया : $VR = \frac{D}{d}$

  (b) व्यासान्तरी धुरी तथा पहिया : $VR = \frac{2D}{d_1 - d_2}$

  (c) वर्म तथा वर्म पहिया : $VR = \frac{RT}{r}$

  (d) एकल परचेज क्रैब विन्च : $VR = \frac{l}{r} \times \frac{T_1}{T_2}$

  (e) दोहरा परचेज क्रैब विन्च : $VR = \frac{l}{r} \times \left(\frac{T_1 \times T_3}{T_2 \times T_4}\right)$

  (f) सरल स्क्रू जैक : $VR = \frac{2\pi l}{P}$

(g) वेस्टन का व्यासान्तरी घिरनी ब्लाक : $VR = \frac{2D}{D-d}$

(h) गियर युक्त घिरनी ब्लाक : $VR = \frac{T_1}{T_2} \times \frac{T_3}{T_4}$

जहाँ,
$D = R$ = आयास पहिये का व्यास; L = हैण्डल की लम्बाई; $d = d_1 = d_2$ = धुरीयों का व्यास; r = भार ड्रम की त्रिज्या; p = स्क्रू का पिच; T_1 तथा T_2 = स्पर पहिये पर दाँतों की संख्या; T_3 तथा T_4 पिनियन पहिये पर दाँतों की संख्या।

अभ्यास

(A) वस्तुनिष्ठ प्रश्न

5.1 एक सरल उत्थापक मशीन की दक्षता .... का अनुपात होता है–
(a) कार्य निर्गम एवं कार्य निवेश
(b) इसके द्वारा किया गया कार्य एवं इस पर किया गया कार्य
(c) यांत्रिक लाभ एवं वेगानुपात
(d) उपरोक्त सभी

5.2 यदि एक सरल उत्थापक मशीन की दक्षता स्थिर रखी जाती है, तो इसका वेगानुपात सीधे समानुपाती होता है–
(a) यांत्रिक लाभ के
(b) प्रयुक्त आयास के
(c) मशीन घर्षण के
(d) उपरोक्त सभी के

5.3 50% से अधिक दक्षता वाली एक सरल उत्थापक मशीन को कहा जाता है–
(a) सेल्फ लॉकिंग मशीन
(b) अप्रतिवर्ती मशीन
(c) आदर्श मशीन
(d) उपरोक्त में से कोई नहीं

5.4 50% से कम दक्षता वाली एक सरल उत्थापक मशीन को कहा जाता है–
(a) प्रतिवर्ती मशीन
(b) अप्रतिवर्ती मशीन
(c) आदर्श मशीन
(d) उपरोक्त में से कोई नहीं

5.5 एक आदर्श मशीन में, यांत्रिक लाभ वेगानुपात .... होता है–
(a) के बराबर
(b) से कम
(c) से अधिक
(d) उपरोक्त में से कोई नहीं

5.6 1000 N के भार W को 100 N के प्रयास P द्वारा उठाया जा सकता है। यदि मशीन का VR 30 है, तो मशीन है–
(a) प्रतिवर्ती
(b) अप्रतिवर्ती
(c) आदर्श
(d) उपरोक्त में से कोई नहीं

5.7 एक सरल उत्थापक मशीन के लिए मशीन का नियम किस संबंध द्वारा दिया जाता है–
(a) $P = mW - C$
(b) $P = mW + C$
(c) $P = mW \times C$
(d) उपरोक्त में से कोई नहीं
जहाँ भार W उठाने के लिए प्रयुक्त आयास P है तथा m एवं C स्थिरांक है।

5.8 एक सरल उत्थापक मशीन अधिकतम दक्षता होती है–

(a) $\frac{1}{m}$ (b) $\frac{VR}{m}$ (c) $\frac{m}{VR}$ (d) $\frac{1}{(m \times VR)}$

5.9 एक सरल उत्थापक मशीन का अधिकतम यांत्रिक लाभ होता है–

(a) 1 – m (b) 1 + m (c) $\frac{1}{m}$ (d) m

5.10 एक सरल धुरी और पहिया जिसके आयास पहिया एवं भार धुरी के व्यास क्रमशः D तथा d है, का वेगानुपात होता है–

(a) D + d (b) D – d (c) D × d (d) $\frac{D}{d}$

5.11 वर्म और वर्म पहिया के आयास पहिया की त्रिज्या का इसकी दक्षता से कोई सम्बन्ध नहीं होता है–

(a) सहमत (b) असहमत

5.12 एकल परचेज क्रैब विन्च का वेगानुपात बढ़ाया जा सकता है–

(a) हैंडल की लंबाई को बढ़ाकर (b) भार ड्रम की त्रिज्या को बढ़ाकर

(c) पिनियन पर दाँतों की संख्या को बढ़ाकर (d) उपरोक्त सभी

5.13 एक सरल स्क्रू जैक में, प्रयास हैंडल की लंबाई l तथा स्क्रू का पिच p है, तो इसका वेगानुपात है–

(a) $\frac{2\pi l}{p}$ (b) $\frac{\pi l}{2p}$ (c) $\frac{2\pi p}{l}$ (d) $\frac{\pi p}{2l}$

[**उत्तर :** (1–d), (2–a), (3–d), (4–b), (5–a), (6–b), (7–b), (8–d), (9–c), (10–d), (11–b), (12–a), (13–a)]

(B) विषयात्मक प्रश्न

5.1 निम्न को परिभाषित कीजिये : (i) यांत्रिक लाभ (ii) वेगानुपात (iii) कार्य निवेश (iv) कार्य निर्गम (v) घर्षण में आयास हानि (vi) प्रतिवर्ती मशीन (vii) अप्रतिवर्ती मशीन (viii) अधिकतम यांत्रिक लाभ (ix) अधिकतम दक्षता (x) आदर्श मशीन (xi) घर्षण में भार हानि

5.2 मशीन के नियम को समझाइये।

5.3 प्रतिवर्ती तथा अप्रतिवर्ती मशीन को समझाइये।

5.4 सिद्ध कीजिये कि प्रतिवर्ती मशीन के लिए $\eta > 50\%$.

5.5 समझाइये कि अधिकतम दक्षता $\frac{1}{m \times VR}$ होती है।

5.6 'सेल्फ लॉकिंग मशीन' को समझाइये।

5.7 सरल स्क्रू जैक का एक स्वच्छ चित्र बनाइए और उसके भागों को प्रदर्शित कीजिये। वेगानुपात के लिए सूत्र लिखिए।

5.8 एकल परचेज क्रैब विन्च में आयास लीवर की लम्बाई 600 मिमी और भार ड्रम का व्यास 200 मिमी है। पिनियन पर दाँतों की संख्या 20 है और स्पर पहिया पर 100 है। मशीन के वेगानुपात की गणना कीजिये। यदि 100 N के प्रयास से 2000 N का भार उठाया जाता है, तो मशीन का यांत्रिक लाभ और दक्षता ज्ञात कीजिये।

[उत्तर : VR = 30, MA = 20, η = 66.67%]

5.9 सरल मशीन के लिए, मशीन का नियम $P = \frac{1}{10}W + 3.5$ है। 50 kN का भार उठाने के लिए आवश्यक आयास ज्ञात कीजिए। अधिकतम दक्षता और अधिकतम यांत्रिक लाभ ज्ञात कीजिए। वेगानुपात 30.5 है।

[उत्तर : P = 8.5 kN, अधिकतम MA = 10, η_{max} = 32.78%]

5.10 एक सरल मशीन में 30 kN के प्रयास से 100 kN का भार उठाया जाता है, उसी मशीन पर 50 kN के प्रयास से 200 kN का भार उठाया जाता है। यदि VR = 100 है, तो 300 kN का भार उठाने के लिए आवश्यक प्रयास कितना होगा? मशीन की दक्षता क्या होगी?

[उत्तर : P = 0.20 W + 10, P = 70 kN, η = 4.28%]

5.11 एक सरल उत्थापक मशीन के लिए, मशीन का नियम P = 0.03 W + 1 है। यदि VR = 40 तो मशीन की अधिकतम दक्षता ज्ञात करें। बतायें कि मशीन सेल्फ लॉकिंग है या नहीं। 1 kN का भार उठाने के लिए आवश्यक प्रयास ज्ञात कीजिए। [उत्तर : η_{max} = 83.33%, मशीन प्रतिवर्ती है, P = 31 N]

प्रायोगिक कार्य

P–2 : व्यासान्तरी धुरी एवं पहिया

2.1 प्रायोगिक कथन

व्यासान्तरी धुरी एवं पहिया के लिए यांत्रिक लाभ (MA), वेगानुपात (VR) और दक्षता एवं मशीन के नियम को ज्ञात करना।

2.2 प्रायोगिक महत्त्व

दिए गए व्यासान्तरी धुरी एवं पहिया की मशीन का नियम स्थापित करना।

2.3 प्रासंगिक सिद्धान्त

[अनुच्छेद संख्या 5.2 तथा 5.3 को देखें]

2.4 प्रैक्टिकल आउटकम्स (PrO)

प्रयोग पूर्ण करने के पश्चात् विद्यार्थी निम्न में सक्षम होंगे :

PrO1 : यांत्रिक लाभ (MA), वेगानुपात (VR) और मशीन की दक्षता को समझना।

PrO2 : मशीन का नियम P = mW + C को समझना।

PrO3 : वैश्लेषिक और आरेखीय परिणामों की व्याख्या करना।

2.5 प्रायोगिक व्यवस्था

[चित्र 5.3 को देखें]

2.6 आवश्यक संसाधन

क्र	सुझाए गए आवश्यक संसाधन महत्वपूर्ण विशिष्टता वाली मशीनें / उपकरण / यंत्र	संख्या	आवश्यक वास्तविक संसाधन विस्तृत विवरण सहित मशीनें / उपकरण / यंत्र	टिप्पणी
1	व्यासान्तरी धुरी एवं पहिया	1		
2	1 kg, 2 kg, 3 kg के भारों का सेट	2		
3	1 g, 2 g, 5 g, 10 g, 20 g, 50 g, 100 g, 200 g, 500 g के खाँचेदार भारों का सेट	4 to 6		
4	बाहरी वर्नियर कैलिपर	1		
5	इस्पात फुट रूल और लकड़ी का मीटर पैमाना	1		
6	नायलॉन रस्सी	2		

2.7 सावधानियाँ

1. भार को बिना किसी झटके या संघात के धीरे से पलड़े में रखना चाहिए।
2. प्रयास और भार द्वारा तय की गई दूरी सावधानी से मापी जानी चाहिए।
3. ग्राफ के लिए उचित पैमाने का चयन करें।

2.8 प्रयोग विधि

1. सबसे पहले दिए गए व्यासान्तरी धुरी एवं पहिया मशीन की कार्यप्रणाली को जानते हैं।
2. धुरी पर भार W को उठाने के लिए पहिये पर आयास P को उचित मात्रा में लटकाते हैं, जैसाकि चित्र में दर्शाया गया है। जिससे हम क्रमशः प्रयास और भार के विस्थापन y और x को माप सकते हैं।
3. हम प्रयास के विस्थापन और भार के विस्थापन क्रमशः y और x के मानों को मापकर दी गई मशीन के लिए वेगानुपात $= \dfrac{y}{x}$ ज्ञात कर सकते हैं।
4. वेगानुपात का औसत मान प्राप्त करने के लिए अगले पाठ्यांकों (4 से 5) के सेट के लिए चरण संख्या 2 और 3 को दोहराते हैं।
5. अब सैद्धांतिक $VR = \dfrac{2D}{(d_2 - d_2)}$ ज्ञात करने के लिए अब पहिये का व्यास (D) और बड़ी और छोटी धुरी का व्यास (d_1 और d_2) को मापते हैं।

6. उठाए गए भार (W) को X–अक्ष पर तथा प्रयुक्त प्रयास (P) को Y–अक्ष पर लेकर इनके बीच आरेख खींचते हैं और m और C के मानों को आरेखीय रूप से ज्ञात करते हैं।
7. समीकरण P = mW + C में किन्हीं दो प्रेक्षणों को रखकर विश्लेषणात्मक रूप से स्थिरांक m और C ज्ञात करते हैं।
8. विश्लेषणात्मक और आरेखीय रूप से प्राप्त m और C के मानों की तुलना करते हैं।

2.9 प्रेक्षण सारणी एवं गणना

(I) पहिया का व्यास = D = ... mm

(II) बड़ी और छोटी धुरी का व्यास = d_1 = ... mm तथा d_2 = ... mm

क्र.	भार W (N)	आयास P (N)	यांत्रिक लाभ $MA = \frac{W}{P}$	विस्थापन		प्रायोगिक $VR = \frac{y}{x}$	दक्षता $\frac{MA}{VR}$	मशीन के नियम के लिए नियतांक			
				आयास का y (mm)	भार का x (mm)			विश्लेषणात्मक		आरेखीय	
								m	C (N)	m	C (N)
1											
2											
3											
4											
5											

गणना :

(i) $MA = \frac{W}{P}$

(ii) $VR = \frac{y}{x}$

(iii) दक्षता $= \frac{MA}{VR}$

(iv) मशीन का नियम : (वैश्लेषिक) P = mW + C

(v) मशीन का नियम : (आरेखीय) P = mW + C

(vi) सैद्धांतिक वेगानुपात : $VR = \frac{MA}{VR}$

2.10 परिणाम एवं / अथवा विवेचना

....

2.11 निष्कर्ष एवं / अथवा सत्यापन

....

2.12 प्रयोग सम्बन्धित प्रश्न

1. वेगानुपात के सैद्धांतिक और वास्तविक मानों के बीच अंतर के कारणों पर चर्चा कीजिये।
2. मशीन का नियम P = mW + C से स्थिरांक m और C के लिए वैश्लेषिक और आरेखीय मानों के बीच अंतर के कारणों पर चर्चा कीजिये।

2.13 अपशिष्ट का निपटान

इस प्रयोग में फेंके जाने वाले अपशिष्ट पदार्थों को निम्नलिखित डिब्बों में वर्गीकृत करें :

अपशिष्ट के प्रकार	डिब्बे का रंग	विवरण
बायोडिग्रेबल अपशिष्ट	हरा	
ई–अपशिष्ट	काला	
प्लास्टिक और धातु अपशिष्ट	नीला	
अन्य कोई		

2.14 पर्यावरण के अनुकूल दृष्टिकोण : पुनः उपयोग, कम उपयोग एवं पुनर्चक्रण

....

2.15 सुझाई गई मूल्यांकन योजना (प्रयोग P1 के अनुसार)

P–3 : सरल स्क्रू जैक

3.1 प्रायोगिक कथन

सरल स्क्रू जैक के लिए यांत्रिक लाभ (MA), वेगानुपात (VR) और दक्षता एवं मशीन के नियम को ज्ञात करना।

3.2 प्रायोगिक महत्त्व

दिए गए सरल स्क्रू जैक के लिए मशीन का नियम स्थापित करना।

3.3 प्रासंगिक सिद्धान्त

[अनुच्छेद संख्या 5.2 तथा 5.3 को देखें]

3.4 प्रैक्टिकल आउटकम्स (PrO)

प्रयोग पूर्ण करने के पश्चात् विद्यार्थी निम्न में सक्षम होंगे :

PrO1 : यांत्रिक लाभ (MA), वेगानुपात (VR) और मशीन की दक्षता को समझना।

PrO2 : मशीन का नियम $P = mW + C$ को समझना।

PrO3 : वैश्लेषिक और आरेखीय परिणामों की व्याख्या करना।

3.5 प्रायोगिक व्यवस्था

[चित्र 5.7 को देखें]

3.6 आवश्यक संसाधन

क्र	सुझाए गए आवश्यक संसाधन महत्वपूर्ण विशिष्टता वाली मशीनें / उपकरण / यंत्र	संख्या	आवश्यक वास्तविक संसाधन विस्तृत विवरण सहित मशीनें / उपकरण / यंत्र	टिप्पणी
1	सरल स्क्रू जैक	1		
2	1 kg, 2 kg, 3 kg के भारों का सेट	2		
3	10 g, 20 g, 50 g, 100 g, 200 g, 500 g के खाँचेदार भारों का सेट	4 to 6		
4	बाहरी वर्नियर कैलिपर	1		
5	इस्पात फुट रूल और लकड़ी का मीटर पैमाना	1		
6	नायलॉन रस्सी	2		

3.7 सावधानियाँ

1. भार को बिना किसी झटके या संघात के धीरे से पलड़े में रखना चाहिए।
2. स्क्रू जैक की पिच को बहुत सावधानी से मापना चाहिए।
3. भार के प्रत्येक मान के लिए कम से कम तीन पाठ्यांक लिए जाने चाहिए।

3.8 प्रयोग विधि

1. सबसे पहले दिए गए सरल स्क्रू जैक मशीन की कार्यप्रणाली को जानते हैं।
2. दी गई मशीन का वेग अनुपात (VR) प्राप्त करने के लिए :
   (i) सैद्धांतिक रूप से : आयास पहिया / हैंडल का व्यास (D) और स्क्रू का पिच (p) को मापते हैं।
   (ii) आरेखीय रूप से : आयास का विस्थापन तथा भार का विस्थापन y और x को मापते हैं।

3. भार ड्रम पर एक-एक करके अलग-अलग भार W रखते हैं और प्रत्येक भार को उठाने के लिए आयास पहिया / हैंडल पर लगाने के लिए आवश्यक न्यूनतम आयास P ज्ञात करते हैं और उन्हें प्रेक्षण तालिका में नोट करते हैं।
4. उठाए गए भार (W) को X–अक्ष पर तथा प्रयुक्त प्रयास (P) को Y–अक्ष पर लेकर इनके बीच आरेख खींचते हैं और m और C के मानों को आरेखीय रूप से ज्ञात करते हैं।
5. समीकरण P = mW + C में किन्हीं दो प्रेक्षणों को रखकर विश्लेषणात्मक रूप से स्थिरांक m और C ज्ञात कीजिए।
6. विश्लेषणात्मक और आरेखीय रूप से प्राप्त m और C के मानों की तुलना करते हैं।

3.9 प्रेक्षण सारणी एवं गणना

(i) आयास पहिया / हैंडल का व्यास (D) = ... mm

(ii) स्क्रू का पिच = p = ... mm

क्र.	भार W (N)	आयास P (N)	यांत्रिक लाभ $MA = \frac{W}{P}$	विस्थापन		प्रायोगिक $VR = \frac{y}{x}$	दक्षता $\frac{MA}{VR}$	मशीन के नियम के लिए नियतांक			
				आयास का y (mm)	भार का x (mm)			विश्लेषणात्मक		आरेखीय	
								m	C (N)	m	C (N)
1											
2											
3											
4											
5											

गणना :

(I) $MA = \frac{W}{P}$

(II) $VR = \frac{y}{x}$

(III) दक्षता $= \frac{MA}{VR}$

(IV) मशीन का नियम (वैश्लेषिक) P = mW + C

(V) मशीन का नियम (आरेखीय) P = mW + C

(VI) सैद्धांतिक वेगानुपात : $VR = \frac{\pi D}{p}$

3.10 परिणाम एवं / अथवा विवेचना

....

3.11 निष्कर्ष एवं / अथवा सत्यापन

....

3.12 प्रयोग सम्बन्धित प्रश्न

1. पिच क्या है? आप इसे कैसे मापते हैं?
2. आप भार ड्रम की परिधि को कैसे मापते हैं?
3. स्क्रू जैक किस सिद्धान्त पर कार्य करता है?

3.13 अपशिष्ट का निपटान

इस प्रयोग में फेंके जाने वाले अपशिष्ट पदार्थों को निम्नलिखित डिब्बों में वर्गीकृत करें :

अपशिष्ट के प्रकार	डिब्बे का रंग	विवरण
बायोडिग्रेबल अपशिष्ट	हरा	
ई-अपशिष्ट	काला	
प्लास्टिक और धातु अपशिष्ट	नीला	
अन्य कोई		

3.14 पर्यावरण के अनुकूल दृष्टिकोण : पुनः उपयोग, कम उपयोग एवं पुनर्चक्रण

....

3.15 सुझाई गई मूल्यांकन योजना (प्रयोग P1 के अनुसार)

P–4 : वर्म एवं वर्म पहिया

4.1 प्रायोगिक कथन

वर्म एवं वर्म पहिया के लिए मशीन का नियम व्युत्पन्न करना।

4.2 प्रायोगिक महत्त्व

दिए गए वर्म एवं वर्म पहिया के लिए यांत्रिक लाभ, वेगानुपात और दक्षता एवं मशीन के नियम को ज्ञात करना।

4.3 प्रासंगिक सिद्धान्त

[अनुच्छेद संख्या 5.2 तथा 5.3 को देखें]

4.4 प्रैक्टिकल आउटकम्स (PrO)

प्रयोग पूर्ण करने के पश्चात् विद्यार्थी निम्न में सक्षम होंगे :

PrO1 : यांत्रिक लाभ (MA), वेगानुपात (VR) और मशीन की दक्षता को समझना।

PrO2 : मशीन का नियम P = mW + C को समझना।

PrO3 : वैश्लेषिक और आरेखीय परिणामों की व्याख्या करना।

4.5 प्रायोगिक व्यवस्था

[चित्र 5.4 को देखें]

4.6 आवश्यक संसाधन

क्र	सुझाए गए आवश्यक संसाधन महत्वपूर्ण विशिष्टता वाली मशीनें / उपकरण / यंत्र	संख्या	आवश्यक वास्तविक संसाधन विस्तृत विवरण सहित मशीनें / उपकरण / यंत्र	टिप्पणी
1	वर्म एवं वर्म पहिया	1		
2	1 kg, 2 kg, 3 kg के भारों का सेट	2		
3	1 g, 2 g, 5 g, 10 g, 20 g, 50 g, 100 g, 200g, 500g के खाँचेदार भारों का सेट	4 to 6		
4	बाहरी वर्नियर कैलिपर	1		
5	इस्पात फुट रूल और लकड़ी का मीटर पैमाना	1		
6	नायलॉन रस्सी	2		

4.7 सावधानियाँ

1. भार को बिना किसी झटके या संघात के धीरे से पलड़े में रखना चाहिए।
2. प्रयास और भार द्वारा तय की गई दूरी सावधानी से मापी जानी चाहिए।
3. ग्राफ के लिए उचित पैमाने का चयन कीजिये।

4.8 प्रयोग विधि

1. सबसे पहले दिए गए वर्म एवं वर्म पहिया मशीन की कार्यप्रणाली को जानते हैं।
2. भार ड्रम पर भार W को उठाने के लिए पहिया या हैंडल पर आयास P को उचित मात्रा में लटकाते हैं। जिससे हम प्रयास और भार के विस्थापन क्रमशः y और x को माप सकते हैं।

3. हम प्रयास के विस्थापन और भार के विस्थापन क्रमशः y और x के मानों को मापकर दी गई मशीन के लिए वेगानुपात = $\frac{y}{x}$ ज्ञात कर सकते हैं।
4. वेगानुपात का औसत मान प्राप्त करने के लिए अगले पाठ्यांकों (4 से 5) के सेट के लिए चरण संख्या 2 और 3 को दोहराते हैं।
5. अब, पहिया / हैंडल का व्यास (D), भार ड्रम की त्रिज्या (r), वर्म पहिया पर दाँतों की संख्या = T तथा वर्म चूड़ियों (एकल, दोहरी आदि) की संख्या = n को मापते हैं, तब सैद्धांतिक VR = $\frac{RT}{r}$ या VR = $\frac{RT}{nr}$ ।
6. उठाए गए भार W को X–अक्ष पर तथा प्रयुक्त प्रयास (P) को Y–अक्ष पर लेकर इनके बीच आरेख खींचते हैं और m और C के मानों को आरेखीय रूप से ज्ञात करते हैं।
7. समीकरण P = mW + C में किन्हीं दो प्रेक्षणों को रखकर विश्लेषणात्मक रूप से स्थिरांक m और C ज्ञात करते हैं।
8. विश्लेषणात्मक और आरेखीय रूप से प्राप्त m और C के मानों की तुलना करते हैं।

4.9 प्रेक्षण सारणी एवं गणना

(i) पहिया / हैंडल का व्यास (D) = ... mm

(ii) भार ड्रम की त्रिज्या = r .... mm

(iii) वर्म पहिया पर दाँतों की संख्या = T = ...

(iv) वर्म चूडियों की संख्या = n = ...

क्र.	भार W (N)	आयास P (N)	यांत्रिक लाभ $MA = \frac{W}{P}$	विस्थापन		प्रायोगिक $VR = \frac{y}{x}$	दक्षता $\frac{MA}{VR}$	मशीन के नियम के लिए नियतांक			
				आयास का y (mm)	भार का x (mm)			विश्लेषणात्मक		आरेखीय	
								m	C (N)	m	C (N)
1											
2											
3											
4											
5											

गणना :

(I) $MA = \frac{W}{P}$

(II) $VR = \frac{y}{x}$

(III) दक्षता $= \frac{MA}{VR}$

(IV) मशीन का नियम (वैश्लेषिक) $P = mW + C$

(V) मशीन का नियम (आरेखीय) $P = mW + C$

(VI) सैद्धांतिक वेगानुपात : $VR = \frac{RT}{nr}$

4.10 परिणाम एवं / अथवा विवेचना

....

4.11 निष्कर्ष एवं / अथवा सत्यापन

....

4.12 प्रयोग सम्बन्धित प्रश्न

1. सरल उत्थापक मशीन के नियम में नियतांक 'C' से आप क्या समझते हैं?
2. वैश्लेषिक वेगानुपात और प्रायोगिक वेगानुपात के मानों में अंतर के कारणों की सूची बनाएं।
3. प्रयोगशाला में उपलब्ध सरल उत्थापक मशीनों के वेगानुपात के सूत्र लिखिए।

4.13 अपशिष्ट का निपटान

इस प्रयोग में फेंके जाने वाले अपशिष्ट पदार्थों को निम्नलिखित डिब्बों में वर्गीकृत करें :

अपशिष्ट के प्रकार	डिब्बे का रंग	विवरण
बायोडिग्रेबल अपशिष्ट	हरा	
ई–अपशिष्ट	काला	
प्लास्टिक और धातु अपशिष्ट	नीला	
अन्य कोई		

4.14 पर्यावरण के अनुकूल दृष्टिकोण : पुनः उपयोग, कम उपयोग एवं पुनर्चक्रण

....

4.15 सुझाई गई मूल्यांकन योजना (प्रयोग P1 के अनुसार)

P–5 : एकल परचेज क्रेब विन्च

5.1 प्रायोगिक कथन

एकल परचेज क्रैब विन्च के लिए मशीन का नियम व्युत्पन्न करना।

5.2 प्रायोगिक महत्त्व

दिए गए एकल परचेज क्रैब विन्च के लिए यांत्रिक लाभ, वेगानुपात और दक्षता एवं मशीन के नियम को ज्ञात करना।

5.3 प्रासंगिक सिद्धान्त

[अनुच्छेद संख्या 5,2 तथा 5,3 को देखें]

5.4 प्रैक्टिकल आउटकम्स (PrO)

प्रयोग पूर्ण करने के पश्चात् विद्यार्थी निम्न में सक्षम होंगे :

PrO1 : यांत्रिक लाभ (MA), वेगानुपात (VR) और मशीन की दक्षता को समझना।

PrO2 : मशीन का नियम $P = mW + C$ को समझना।

PrO3 : वैश्लेषिक और आरेखीय परिणामों की व्याख्या करना।

5.5 प्रायोगिक व्यवस्था

[चित्र 5.5 को देखें]

5.6 आवश्यक संसाधन

क्र	सुझाए गए आवश्यक संसाधन महत्वपूर्ण विशिष्टता वाली मशीनें / उपकरण / यंत्र	संख्या	आवश्यक वास्तविक संसाधन विस्तृत विवरण सहित मशीनें / उपकरण / यंत्र	टिप्पणी
1	एकल परचेज क्रैब विन्च	1		
2	1 kg, 2 kg, 3 kg के भारों का सेट	2		
3	1 g, 2 g, 5 g, 10 g, 20 g, 50 g, 100 g, 200 g, 500 g के खाँचेदार भारों का सेट	4 to 6		
4	बाहरी वर्नियर कैलिपर	1		
5	इस्पात फुट रूल और लकड़ी का मीटर पैमाना	1		
6	नायलॉन रस्सी	2		

5.7 सावधानियाँ

1. भार को बिना किसी झटके या संघात के धीरे से पलड़े में रखना चाहिए।
2. प्रयास और भार द्वारा तय की गई दूरी सावधानी से मापी जानी चाहिए।
3. ग्राफ के लिए उचित पैमाने का चयन कीजिये।

5.8 प्रयोग विधि

1. सबसे पहले दिए गए एकल परचेज क्रैब विन्च मशीन की कार्यप्रणाली को जानते हैं।
2. भार ड्रम पर भार W को उठाने के लिए पहिया पर आयास P को उचित मात्रा में लटकाते हैं। जिससे हम प्रयास और भार के विस्थापन क्रमशः y और x को माप सकते हैं।
3. हम आयास के विस्थापन और भार के विस्थापन क्रमशः y और x के मानों को मापकर दी गई मशीन के लिए वेगानुपात = $\frac{y}{x}$ ज्ञात कर सकते हैं।
4. वेगानुपात का औसत मान प्राप्त करने के लिए अगले पाठ्यांकों (4 से 5) के सेट के लिए चरण संख्या 2 और 3 को दोहराते हैं।
5. अब सैद्धांतिक VR = $\frac{L}{r} \times \frac{T_1}{T_2}$ ज्ञात करने के लिए हैंडल की लम्बाई या आयास पहिया की त्रिज्या (L), भार ड्रम की त्रिज्या (r), स्पर पहिया (मुख्य गियर) पर दाँतों की संख्या – T_1 तथा पिनियन पहिया पर दाँतों की संख्या = T_2 को मापते हैं।
6. उठाए गए भार (W) को X–अक्ष पर तथा प्रयुक्त प्रयास (P) को Y–अक्ष पर लेकर इनके बीच आरेख खींचते हैं और m और C के मानों को आरेखीय रूप से ज्ञात करते हैं।
7. समीकरण P = mW + C में किन्हीं दो प्रेक्षणों को रखकर विश्लेषणात्मक रूप से स्थिरांक m और C के मानों को ज्ञात करते हैं।
8. विश्लेषणात्मक और आरेखीय रूप से प्राप्त m और C के मानों की तुलना करते हैं।

5.9 प्रेक्षण सारणी एवं गणना

(i) हैंडल की लम्बाई या आयास पहिया की त्रिज्या = L = ... mm

(ii) भार ड्रम की त्रिज्या = r .... mm

(iii) स्पर पहिया (मुख्य गियर) पर दाँतों की संख्या = T_1 = ...

(iv) पिनियन पहिया पर दाँतों की संख्या = T_2 = ...

क्र.	भार W (N)	आयास P (N)	यांत्रिक लाभ $MA = \frac{W}{P}$	विस्थापन		प्रायोगिक $VR = \frac{y}{x}$	दक्षता $\frac{MA}{VR}$	मशीन के नियम के लिए नियतांक			
				आयास का	भार का			विश्लेषणात्मक		आरेखीय	
				y (mm)	x (mm)			m	C (N)	m	C (N)
1											
2											
3											
4											
5											

गणना :

(I) $MA = \frac{W}{P}$

(II) $VR = \frac{y}{x}$

(III) दक्षता $= \frac{MA}{VR}$

(IV) मशीन का नियम (वैश्लेषिक) $P = mW + C$

(V) मशीन का नियम (आरेखीय) $P = mW + C$

(VI) सैद्धांतिक वेगानुपात : $VR = \frac{L}{r} \times \frac{T_1}{T_2}$

5.10 परिणाम एवं / अथवा विवेचना

....

5.11 निष्कर्ष एवं / अथवा सत्यापन

....

5.12 प्रयोग सम्बन्धित प्रश्न

1. आदर्श सरल उत्थापक मशीन को परिभाषित कीजिये।
2. यदि घर्षण में आयास हानि कम हो जाए तो दक्षता पर क्या प्रभाव पड़ेगा?

5.13 अपशिष्ट का निपटान

इस प्रयोग में फेंके जाने वाले अपशिष्ट पदार्थों को निम्नलिखित डिब्बों में वर्गीकृत करें :

अपशिष्ट के प्रकार	डिब्बे का रंग	विवरण
बायोडिग्रेबल अपशिष्ट	हरा	
ई–अपशिष्ट	काला	
प्लास्टिक और धातु अपशिष्ट	नीला	
अन्य कोई		

5.14 पर्यावरण के अनुकूल दृष्टिकोण : पुनः उपयोग, कम उपयोग एवं पुनर्चक्रण

....

5.15 सुझाई गई मूल्यांकन योजना (प्रयोग P1 के अनुसार)

P–6 : दोहरा परचेज क्रेब विन्च

6.1 प्रायोगिक कथन

दोहरा परचेज क्रैब विन्च के लिए मशीन का नियम व्युत्पन्न करना।

6.2 प्रायोगिक महत्त्व

दिए गए दोहरा परचेज क्रैब विन्च के लिए यांत्रिक लाभ, वेगानुपात और दक्षता एवं मशीन के नियम को ज्ञात करना।

6.3 प्रासंगिक सिद्धान्त

[अनुच्छेद संख्या 5.2 तथा 5.3 को देखें]

6.4 प्रैक्टिकल आउटकम्स (PrO)

प्रयोग पूर्ण करने के पश्चात् विद्यार्थी निम्न में सक्षम होंगे :

PrO1 : यांत्रिक लाभ (MA), वेगानुपात (VR) और मशीन की दक्षता को समझना।

PrO2 : मशीन का नियम $P = mW + C$ को समझना।

PrO3 : वैश्लेषिक और आरेखीय परिणामों की व्याख्या करना।

6.5 प्रायोगिक व्यवस्था

[चित्र 5.6 को देखें]

6.6 आवश्यक संसाधन

क्र	सुझाए गए आवश्यक संसाधन महत्वपूर्ण विशिष्टता वाली मशीनें / उपकरण / यंत्र	संख्या	आवश्यक वास्तविक संसाधन विस्तृत विवरण सहित मशीनें / उपकरण / यंत्र	टिप्पणी
1	दोहरा परचेज क्रैब विन्च	1		
2	1 kg, 2 kg, 3 kg के भारों का सेट	2		
3	1 g, 2 g, 5 g, 10 g, 20 g, 50 g, 100 g, 200 g, 500 g के खाँचेदार भारों का सेट	4 to 6		
4	बाहरी वर्नियर कैलिपर	1		
5	इस्पात फुट रूल और लकड़ी का मीटर पैमाना	1		
6	नायलॉन रस्सी	2		

6.7 सावधानियाँ

1. भार को बिना किसी झटके या संघात के धीरे से पलड़े में रखना चाहिए।
2. प्रयास और भार द्वारा तय की गई दूरी सावधानी से मापी जानी चाहिए।
3. ग्राफ के लिए उचित पैमाने का चयन कीजिये।

6.8 प्रयोग विधि

1. सबसे पहले दिए गए दोहरा परचेज क्रैब विन्च मशीन की कार्यप्रणाली को जानते हैं।
2. भार ड्रम पर भार W को उठाने के लिए पहिया पर आयास P को उचित मात्रा में लटकाते हैं। जिससे हम प्रयास और भार के विस्थापन क्रमशः y और x को माप सकते हैं।
3. हम आयास के विस्थापन और भार के विस्थापन क्रमशः y और x के मानों को मापकर दी गई मशीन के लिए वेगानुपात $= \frac{y}{x}$ ज्ञात कर सकते हैं।
4. वेगानुपात का औसत मान प्राप्त करने के लिए अगले पाठ्यांकों (4 से 5) के सेट के लिए चरण संख्या 2 और 3 को दोहराते हैं।
5. अब सैद्धांतिक VR $= \frac{L}{r} \times \frac{T_1 \times T_3}{T_2 \times T_4}$ ज्ञात करने के लिए हैंडल की लम्बाई या आयास पहिया की त्रिज्या (L), भार ड्रम की त्रिज्या (r), स्पर पहिया (मुख्य गियर) पर दाँतों की संख्या (T_1 तथा T_3) एवं पिनियन पहिया पर दाँतों की संख्या (T_2 तथा T_4) को मापते हैं।

6. उठाए गए भार (W) को X–अक्ष पर तथा प्रयुक्त प्रयास (P) को Y–अक्ष पर लेकर इनके बीच आरेख खींचते हैं और m और C के मानों को आरेखीय रूप से ज्ञात करते हैं।
7. समीकरण $P = mW + C$ में किन्हीं दो प्रेक्षणों को रखकर विश्लेषणात्मक रूप से स्थिरांक m और C के मानों को ज्ञात करते हैं।
8. विश्लेषणात्मक और आरेखीय रूप से प्राप्त m और C के मानों की तुलना करते हैं।

6.9 प्रेक्षण सारणी एवं गणना

(i) हैंडल की लम्बाई या आयास पहिया की त्रिज्या = L = ... mm

(ii) भार ड्रम की त्रिज्या = r .... mm

(iii) स्पर पहिया (मुख्य गियर) पर दाँतों की संख्या = T_1 = ... तथा T_3 = ...

(iv) पिनियन पहिया पर दाँतों की संख्या = T_1 = ... तथा T_4 = ...

क्र.	भार W (N)	आयास P (N)	यांत्रिक लाभ $MA = \frac{W}{P}$	विस्थापन		प्रायोगिक $VR = \frac{y}{x}$	दक्षता $\frac{MA}{VR}$	मशीन के नियम के लिए नियतांक			
				आयास का y (mm)	भार का x (mm)			विश्लेषणात्मक		आरेखीय	
								m	C (N)	m	C (N)
1											
2											
3											
4											
5											

गणना :

(I) $MA = \frac{W}{P}$

(II) $VR = \frac{y}{x}$

(III) दक्षता $= \frac{MA}{VR}$

(IV) मशीन का नियम (वैश्लेषिक) $P = mW + C$

(V) मशीन का नियम (आरेखीय) $P = mW + C$

(VI) सैद्धांतिक वेगानुपात : $VR = \frac{L}{r} \times \frac{T_1 \times T_3}{T_2 \times T_4}$

6.10 परिणाम एवं / अथवा विवेचना

....

6.11 निष्कर्ष एवं / अथवा सत्यापन

....

6.12 प्रयोग सम्बन्धित प्रश्न

1. एकल परचेज क्रैब विन्च की तुलना में दोहरे परचेज क्रैब विन्च के क्या लाभ हैं?
2. स्पर पहिया पर पिनियन पहिया की तुलना में दाँतों की संख्या अधिक क्यों होती है?
3. दोहरे परचेज क्रैब विन्च का VR किस प्रकार बढ़ाया जा सकता है?

6.13 अपशिष्ट का निपटान

इस प्रयोग में फेंके जाने वाले अपशिष्ट पदार्थों को निम्नलिखित डिब्बों में वर्गीकृत करें :

अपशिष्ट के प्रकार	डिब्बे का रंग	विवरण
बायोडिग्रेबल अपशिष्ट	हरा	
ई–अपशिष्ट	काला	
प्लास्टिक और धातु अपशिष्ट	नीला	
अन्य कोई		

6.14 पर्यावरण के अनुकूल दृष्टिकोण : पुनः उपयोग, कम उपयोग एवं पुनर्चक्रण

....

6.15 सुझाई गई मूल्यांकन योजना (प्रयोग P1 के अनुसार)

P–7 : वेस्टन का व्यासान्तरी घिरनी ब्लाक

7.1 प्रायोगिक कथन

वेस्टन का व्यासान्तरी घिरनी ब्लाक के लिए मशीन का नियम व्युत्पन्न करना।

7.2 प्रायोगिक महत्त्व

दिए गए वेस्टन का व्यासान्तरी घिरनी ब्लाक के लिए यांत्रिक लाभ, वेगानुपात और दक्षता एवं मशीन के नियम को ज्ञात करना।

7.3 प्रासंगिक सिद्धान्त

[अनुच्छेद संख्या 5.2 तथा 5.3 को देखें]

7.4 प्रैक्टिकल आउटकम्स (PrO)

प्रयोग पूर्ण करने के पश्चात् विद्यार्थी निम्न में सक्षम होंगे :

PrO1 : यांत्रिक लाभ (MA), वेगानुपात (VR) और मशीन की दक्षता को समझना।

PrO2 : मशीन का नियम $P = mW + C$ को समझना।

PrO3 : वैश्लेषिक और आरेखीय परिणामों की व्याख्या करना।

7.5 प्रायोगिक व्यवस्था

[चित्र 5.8 को देखें]

7.6 आवश्यक संसाधन

क्र	सुझाए गए आवश्यक संसाधन महत्वपूर्ण विशिष्टता वाली मशीनें / उपकरण / यंत्र	संख्या	आवश्यक वास्तविक संसाधन विस्तृत विवरण सहित मशीनें / उपकरण / यंत्र	टिप्पणी
1	वेस्टन का व्यासान्तरी घिरनी ब्लाक	1		
2	1 kg, 2 kg, 3 kg के भारों का सेट	2		
3	1 g, 2 g, 5 g, 10 g, 20 g, 50 g, 100 g, 200 g, 500 g के खाँचेदार भारों का सेट	4 to 6		
4	बाहरी वर्नियर कैलिपर	1		
5	इस्पात फुट रूल और लकड़ी का मीटर पैमाना	1		
6	नायलॉन रस्सी	2		

7.7 सावधानियाँ

1. भार को बिना किसी झटके या संघात के धीरे से पलड़े में रखना चाहिए।
2. प्रयास और भार द्वारा तय की गई दूरी सावधानी से मापी जानी चाहिए।
3. ग्राफ के लिए उचित पैमाने का चयन कीजिये।

7.8 प्रयोग विधि

1. सबसे पहले दिए गए वेस्टन का व्यासान्तरी घिरनी ब्लाक मशीन की कार्यप्रणाली को जानते हैं।

2. भार ड्रम पर भार W को उठाने के लिए पहिया पर आयास P को उचित मात्रा में लटकाते हैं। जिससे हम प्रयास और भार के विस्थापन क्रमशः y और x को माप सकते हैं।

3. हम आयास के विस्थापन और भार के विस्थापन क्रमशः y और x के मानों को मापकर दी गई मशीन के लिए वेगानुपात $= \frac{y}{x}$ ज्ञात कर सकते हैं।

4. वेगानुपात का औसत मान प्राप्त करने के लिए अगले पाठ्यांकों (4 से 5) के सेट के लिए चरण संख्या 2 और 3 को दोहराते हैं।

5. अब सैद्धांतिक $VR = \frac{2D}{(D-d)}$ ज्ञात करने के लिए बड़ी घिरनी का व्यास (D), तथा छोटी घिरनी का व्यास (d) को मापते हैं।

6. उठाए गए भार (W) को X–अक्ष पर तथा प्रयुक्त प्रयास (P) को Y–अक्ष पर लेकर इनके बीच आरेख खींचते हैं और m और C के मानों को आरेखीय रूप से ज्ञात करते हैं।

7. समीकरण $P = mW + C$ में किन्हीं दो प्रेक्षणों को रखकर विश्लेषणात्मक रूप से स्थिरांक m और C के मानों को ज्ञात करते हैं।

8. विश्लेषणात्मक और आरेखीय रूप से प्राप्त m और C के मानों की तुलना करते हैं।

7.9 प्रेक्षण सारणी एवं गणना

(i) बड़ी घिरनी का व्यास = D = ... mm

(ii) छोटी घिरनी का व्यास = d .... mm

क्र.	भार W (N)	आयास P (N)	यांत्रिक लाभ $MA = \frac{W}{P}$	विस्थापन		प्रायोगिक $VR = \frac{y}{x}$	दक्षता $\frac{MA}{VR}$	मशीन के नियम के लिए नियतांक			
				आयास का y (mm)	भार का x (mm)			विश्लेषणात्मक		आरेखीय	
								m	C (N)	m	C (N)
1											
2											
3											
4											
5											

गणना :

(I) $MA = \frac{W}{P}$

(II) $VR = \frac{y}{x}$

(III) दक्षता $= \frac{MA}{VR}$

(IV) मशीन का नियम (वैश्लेषिक) $P = mW + C$

(V) मशीन का नियम (आरेखीय) $P = mW + C$

(VI) सैद्धांतिक वेगानुपात : $VR = \frac{2D}{(D-d)}$

7.10 परिणाम एवं / अथवा विवेचना

....

7.11 निष्कर्ष एवं / अथवा सत्यापन

....

7.12 प्रयोग सम्बन्धित प्रश्न

1. प्रतिवर्ती और अप्रतिवर्ती मशीन को समझाइए।
2. व्यासान्तरी धुरी और पहिया के साथ वेस्टन के व्यासान्तरी घिरनी ब्लॉक की तुलना कीजिये।

7.13 अपशिष्ट का निपटान

इस प्रयोग में फेंके जाने वाले अपशिष्ट पदार्थों को निम्नलिखित डिब्बों में वर्गीकृत करें :

अपशिष्ट के प्रकार	डिब्बे का रंग	विवरण
बायोडिग्रेबल अपशिष्ट	हरा	
ई-अपशिष्ट	काला	
प्लास्टिक और धातु अपशिष्ट	नीला	
अन्य कोई		

7.14 पर्यावरण के अनुकूल दृष्टिकोण : पुनः उपयोग, कम उपयोग एवं पुनर्चक्रण

....

7.15 सुझाई गई मूल्यांकन योजना (प्रयोग P1 के अनुसार)

अधिक जानिए

1. एकल परचेज क्रैब विन्च को दोहरा परचेज क्रैब विन्च में रूपांतरित करें।
2. सरल उत्थापक मशीन के लिए आवश्यक प्रयास पर वेगानुपात का प्रभाव।
3. भार W के बढ़ने के साथ MA में परिवर्तन।

सन्दर्भ एवं अध्ययन हेतु सुझाव

1. D.S.Bedi, "Engineering Mechanics"; Khanna Publications, New Delhi.
2. Khurmi RS, "Applied Mechanics"; S. Chand & Co, New Delhi.
3. Ramamrutham, "Engineering Mechanics"; S. Chand & Co, New Delhi.
4. Bansal RK, "A text book of Engineering Mechanics"; Laxmi Publications, New Delhi.
5. Dhade, Jamadar & Walawelkar, "Fundamentals of Applied Mechanics"; Pune Vidhyarthi Gruh, Pune
6. Meriam JL, Kraige LG, "Engineering Mechanics- statics -Vol.-I"; Wiley Publication, New Delhi.
7. Beer, Johnson, Mazurek, Cornwell & Sanghi, "Vector Mechanics for Engineers - Statics and Dynamics?; Tata McGraw Hill, New Delhi.

परिशिष्ट-A प्रायोगिक कार्य के लिए प्रस्तावित प्रारूप

1.1 प्रायोगिक कथन

प्रयोग का कथन पाठ्यक्रम के अनुसार लिखा जाना चाहिए।

1.2 प्रायोगिक महत्त्व

यहाँ प्रैक्टिकल का महत्व लिखा जाना चाहिए।

1.3 प्रासंगिक सिद्धान्त

संबंधित प्रयोग के सिद्धान्त को सन्दर्भ के रूप में इस पुस्तक की संबंधित यूनिट से लिखा या लिया जाना चाहिए।

1.4 प्रैक्टिकल आउटकम्स (PrO)

यहाँ पाठ्यक्रम के अनुसार उन प्रैक्टिकल आउटकम का उल्लेख किया जाना चाहिएए जो कि छात्र सीखेगा।

1.5 प्रायोगिक व्यवस्था

यहाँ ड्राइंग की सहायता से संबंधित प्रयोग की प्रायोगिक व्यवस्था को समझना चाहिए अथवा वास्तविक व्याख्या का वर्णन किया जाना चाहिए।

1.6 आवश्यक संसाधन

यहाँ प्रयोग के लिए उपयोग किए जाने वाले आवश्यक संसाधन / मशीन / उपकरण / यंत्र दी गई तालिका के अनुसार लिखे जाने चाहिए।

क्र	सुझाए गए आवश्यक संसाधन महत्वपूर्ण विशिष्टता वाली मशीनें / उपकरण / यंत्र	संख्या	आवश्यक वास्तविक संसाधन विस्तृत विवरण सहित मशीनें / उपकरण / यंत्र	टिप्पणी

1.7 सावधानियाँ

प्रयोगशाला / प्रयोग से संबंधित सामान्य और विशिष्ट सावधानियों को यहाँ लिखा जाना चाहिए तथा इनका पालन करना चाहिए।

1.8 प्रयोग विधि

चरण-बद्ध तरीके से प्रयोग विधि का वर्णन करना चाहिए।

1.9 प्रेक्षण सारणी एवं गणना

सटीक निष्कर्ष लगाने के लिए प्रेक्षणों को ठीक से नोट करें। आप नीचे दी गई तालिका के समान तालिका का उपयोग कर सकते हैं :

स. क्र.	प्रेक्षण	निष्कर्ष

1.10 परिणाम एवं / अथवा विवेचना

आपको प्रत्येक प्रयोग से प्राप्त परिणाम और उसकी व्याख्या यहाँ लिखनी है।

1.11 निष्कर्ष एवं / अथवा सत्यापन

आपको यहाँ प्रयोग का निष्कर्ष / सत्यापन लिखना है।

1.12 प्रयोग सम्बन्धित प्रश्न

आपको प्रयोग से संबंधित प्रश्न का उत्तर अलग पेज में लिखना है।

1.13 अपशिष्ट का निपटान

इस प्रयोग में फेंके जाने वाले अपशिष्ट पदार्थों को निम्नलिखित डिब्बों में वर्गीकृत करें :

अपशिष्ट के प्रकार	डिब्बे का रंग	विवरण
बायोडिग्रेबल अपशिष्ट	हरा	
ई-अपशिष्ट	काला	
प्लास्टिक और धातु अपशिष्ट	नीला	
अन्य कोई		

1.14 पर्यावरण के अनुकूल दृष्टिकोण : पुनः उपयोग, कम उपयोग एवं पुनर्चक्रण

प्रयोग के लिए प्रयुक्त संसाधनों में से किन सामग्रियों का पुनरू उपयोगध्कम उपयोग ध्पुनरावृत्ति किया जा सकता है, उन्हें लिखें।

1.15 सुझाई गई मूल्यांकन योजना :

प्रयोग का आकलन सतत् रूप से होना चाहिए। दिए गए प्रदर्शन संकेत प्रक्रिया और परिणाम से संबंधित अंकों के मूल्यांकन के लिए एक दिशा-निर्देश के रूप में कार्य करना चाहिए।

विधार्थी का नाम : .... रोल नम्बर : ....

प्रक्रिया मूल्यांकन (70%)					परिणाम मूल्यांकन (30%)		
तैयारी	शुद्धता	प्रयोगशाला प्रबन्धन	उपकरण का प्रचालन	सावधानियाँ	विवेचना	परिणाम व्यक्तिकरण	मौखिक प्रश्न
/ 30	/ 10	/ 10	/ 10	/ 10	/ 10	/ 10	/ 10
शिक्षक के हस्ताक्षर एवं दिनांक					कुल प्राप्तांक / 100		

परिशिष्ट-B : नए प्रायोगिक कार्य / परियोजनाओं / गतिविधियों के लिए समूह प्रस्तुतिकरण के मूल्यांकन के लिए सांकेतिक दिशा-निर्देश

प्रक्रिया संबंधित कौशल

मानदंड और स्तर	विकासशीलता	सक्षमता	कुशलता
उपकरण का प्रचालन			
आंकड़ों को अभिलेखबद्ध करना			
समय प्रबंधन			
सामूहिक कार्य			
व्यक्तिगत कार्य			
सुरक्षा सावधानियाँ			

परिणाम संबंधित कौशल

मानदंड और स्तर	विकासशीलता	सक्षमता	कुशलता
विषय-वस्तु			
अनुसंधान / सर्वेक्षण			
नवीनतम तकनीक का प्रयोग			
विषय पर बने रहना			
तत्परता			
प्रस्तुतिकरण हेतु आत्मविश्वास			
पीपीटी बनाने के कौशल सहित आईसीटी का उपयोग			
समय प्रबंधन			
सामूहिक प्रयास			
व्यक्तिगत प्रयास			

परिशिष्ट-C : प्रयोग के लिए अनुक्रमणिका

स. क्र.	पेज संख्या	प्रयोग का नाम	दिनांक			अंक	हस्ताक्षर
			वास्तविक	पुनरावृति	अभिलेख		
1		इंजीनियरिंग यांत्रिकी से संबंधित विभिन्न उपकरणों का अध्ययन करना।					
2		व्यासान्तरी धुरी एवं पहिया के लिए यांत्रिक लाभ (MA), वेगानुपात (VR) और दक्षता एवं मशीन के नियम को ज्ञात करना।					
3		सरल स्क्रू जैक के लिए यांत्रिक लाभ (MA), वेगानुपात (VR) और दक्षता एवं मशीन के नियम को ज्ञात करना।					
4		वर्म और वर्म पहिया के लिए मशीन का नियम व्युत्पन्न करना।					
5		एकल परचेज क्रैब विन्च के लिए मशीन का नियम व्युत्पन्न करना।					
6		दोहरा परचेज क्रैब विन्च के लिए मशीन का व्युत्पन्न नियम करना।					
7		वेस्टन की व्यासान्तरी घिरनी ब्लाक के लिए मशीन का नियम व्युत्पन्न करना।					
8		बहुभुज के नियम (वैश्लेषिक) के उपयोग से संगामी बल निकाय का परिणामी ज्ञात करना।					
9		बहुभुज के नियम (आरेखीय) के उपयोग से संगामी बल निकाय का परिणामी ज्ञात करना।					

स. क्र.	पेज संख्या	प्रयोग का नाम	दिनांक			अंक	हस्ताक्षर
			वास्तविक	पुनरावृति	अभिलेख		
10		आरेखीय विधि द्वारा समानान्तर बल निकाय के परिणामी बल को ज्ञात करना।					
11		लामी की प्रमेय का सत्यापन करना।					
12		जिब क्रेन के विभिन्न अवयवों में बलों का अध्ययन करना।					
13		सरल आलम्बी धरन के लिए आलम्ब प्रतिक्रियाओं को ज्ञात करना।					
14		आरेखीय विधि से धरन की आलम्ब प्रतिक्रियाओं को ज्ञात करना।					
15		क्षैतिज और आनत तल पर गति के लिए घर्षण गुणांक को ज्ञात करना।					
16		ज्यामितीय समतल पटल आकृतियों का केन्द्रक ज्ञात करना।					

अनुलग्नक-I प्रयोगशाला में कार्य करने के लिए कुछ सामान्य और विशिष्ट निर्देश

सामान्य निर्देश

1. प्रयोगशाला में शांति और सावधानी से कार्य करें। ध्यान रहे कि किसी भी प्रयोग को करने का मुख्य उद्देश्य विश्वसनीय प्रेक्षणों को लेना है।
2. कार्य के सभी चरणों को हमेशा अपने साथी के साथ समान रूप से साझा करें।
3. सारणीबद्ध रूप में आँकड़ों का प्रस्तुतीकरण, ग्राफ और गणना सही और निष्ठा से की जानी चाहिए।
4. प्रायोगिक आंकड़ों को लिखते तथा प्रदर्शित करते समय हमेशा निष्ठावान रहें।
5. यह ध्यान रखना बहुत महत्वपूर्ण है कि सिद्धान्त के अनुसार ग्राफ को बेहतर ढंग से बनाने के लिए कभी भी मनगढ़ंत पाठ्यांकों का उपयोग या पाठ्यांकों के साथ छेड़-छाड़ न करें। यदि कोई पाठ्यांक गलत प्रतीत होता है, तो त्रुटि के स्रोत का पता लगाने के लिए मापन को बार-बार दोहरायें।
6. ग्राफ बनाते समय प्रयोग से प्राप्त सभी आंकड़ों को बिना किसी त्रुटि के ठीक से अंकित किया जाना चाहिए।
7. यह तथ्य है कि प्रयोगशाला का उद्देश्य सीखना है और आपके द्वारा एकत्र किए गए ज्ञान का सत्यापन भी है। इंजीनियरिंग यांत्रिकी के सभी महत्वपूर्ण क्षेत्रों में विभिन्न घटनाओं को दर्शाने के उद्देश्य से प्रयोगों को उचित रूप से डिजाइन किया गया हैं।
8. केवल अपनी रुचि के साथ प्रयोग करने से ही सभी सूक्ष्म बातों से परिचित होना और मापक यंत्रों से परिचित होना संभव है।
9. आपने जो सैद्धांतिक ज्ञान एकत्र किया है, उसे सत्यापित करने के लिए हमेशा अपनी रूचि एवं सीखने की मनोवृत्ति के साथ प्रयोग करें।
10. प्रयोगशाला में समय पर पहुँचने के लिए तत्पर रहे और प्रयोग के बारे में स्पष्ट ज्ञान के साथ हमेशा उचित तैयारी के साथ उपस्थित रहें।

विशिष्ट निर्देश

1. प्रयोगशाला में अपने प्रायोगिक आंकड़े एकत्र करने के लिए कार्य करते समय, नोटबुक में सभी प्रेक्षित प्रेक्षणों को अच्छी तरह से नोट करना महत्वपूर्ण होता है।
2. प्रयोगशाला छोड़ने से पहले नोटबुक में दर्ज किए गए आंकड़े की आपके प्रशिक्षक द्वारा पुष्टि की जानी चाहिए।
3. एक ही प्रयोग करने वाले सभी छात्रों को रिकॉर्ड किए गए आंकड़ों की अलग-अलग कॉपी रखनी चाहिए। जब आप प्रयोग करने के लिए आते हैं तो प्रयोगशाला नोटबुक अनिवार्य रूप से प्रयोगशाला में लाई जानी चाहिए।
4. किसी भी प्रयोग के अंत में ग्राफ ठीक से तैयार किया जाना चाहिए।
   इसके लिए आपको ग्राफ पेपर को उचित तरीके से उपयोग करना आना चाहिए। याद रखें कि सभी दोहराए गए आंकड़ों को एक ही ग्राफ शीट पर समायोजित किया जाता है।
5. ग्राफ पर उचित तरीके से नामांकन किया जाना चाहिए तथा अक्षों पर सम्बंधित इकाई लिखी जानी चाहिए।
6. प्रयोगशाला में कार्य के घंटों के दौरानए आपको अवधि का पूरी तरह से उपयोग करना चाहिए और कार्य के घंटों के पूर्ण होने से पहले प्रयोगशाला को नहीं छोड़ना चाहिए। यदि आप कार्य जल्दी खत्म कर लेते हैं, तो आप शेष समय गणना और ग्राफ बनाने में खर्च कर सकते हैं और इसके लिए प्रयोगशाला में आपको साइंटिफिक कैलकुलेटर, पेंसिल, ग्राफ पेपर और स्केल के साथ आना चाहिए।

आगामी अध्ययन हेतु संदर्भ

1. D.S.Bedi, Engineering Mechanics; Khanna publications, New Delhi.
2. Khurmi RS, Applied Mechanics; S. Chand & Co; New Delhi.
3. Ramamrutham, Engineering Mechanics; S. Chand & Co; New Delhi.
4. Bansal RK, A text book of Engineering Mechanics; Laxmi publications
5. Dhade, Jamadar &Walawelkar; Fundamentals of Applied Mechanics; Pune VidhyarthiGruh.
6. Meriam JL, Kraige LG; Engineering Mechanics- statics -Vol.-I; Wiley publication, New Delhi.
7. Beer, Johnson, Mazurek, Cornwell &Sanghi, Vector Mechanics for Engineers - Statics and Dynamics; Tata McGraw Hill, New Delhi.
8. https://nptel.ac.in/courses/112/106/112106286/
9. https://nptel.ac.in/courses/122/104/122104015/
10. https://www.youtube.com/playlist?list=PLC3A601B6060658D3
11. https://www.youtube.com/playlist?list=PLB85BDFBE784BFEB6
12. https://www.youtube.com/playlist?list=PLqTAOqgbdGVBPkVSuRKm64Fx1mIvSgdw7
13. https://nitsri.ac.in/Department/DisplayDeptPage.aspx?page=eacka&nDeptID=c

CO तथा PO अटैनमेंट तालिका

पाठ्यक्रम पूर्ण होने के उपरान्त कोर्स आउटकम्स (COs) को प्रोग्राम आउटकम्स (POs) के साथ मैप (परस्पर संबंध) किया जा सकता है तथा अंतर का विश्लेषण करने के लिए POs प्राप्ति हेतु सहसंबंध स्थापित किया जा सकता है। POs प्राप्ति में अन्तर के उचित विश्लेषण पश्चात् प्राप्त कमियों को दूर करने के लिए उचित उपाय भी किए जा सकते हैं।

CO और PO अटैनमेंट तालिका

कोर्स आउटकम्स	प्रोग्राम आउटम्स के साथ अपेक्षित सम्बन्ध *(1. कमजोर सहसम्बन्ध; 2. मध्यम सहसम्बन्ध; 3. मजबूत सहसम्बन्ध)*						
	PO-1	**PO-2**	**PO-3**	**PO-4**	**PO-5**	**PO-6**	**PO-7**
CO-1							
CO-2							
CO-3							
CO-4							
CO-5							

उपरोक्त तालिका में उल्लेखित किये गए आंकड़ों का उपयोग, अंतराल के विश्लेषण करने में किया जा सकता है।

अनुक्रमणिका

शब्दकोष

अदिश	Scalar	क्रिया बिन्दु	Point of Application
अध्यारोपण	Superposition	कील	Nail
अपशिष्ट	Disposal	कुशलता	Proficient
अप्रतिवर्ती	Irreversible	केन्द्रक	Centroid
असंपीड्य	Incompressible	खाँचेदार भार	Slotted Weight
अर्द्धगोला	Hemisphere	खिंचाव	Pull
अर्द्धवृत्त	Semi-circle	गतिकी	Dynamics
अधिकतम	Maximum	गतिज घर्षण	Dynamic Friction
अन्तर्ग्रथन	Interlocking	गिट्टी	Ballast
अनियमितता	Irregularity	गुटका	Block
अनुक्रमणिका	Index	गुरुत्व केन्द्र	Centre of Gravity
अनुभूति	Perception	गोला	Sphere
अंनुलग्नक	Annexure	घटक	Component
अनुप्रयोग	Applying	घनत्व	Density
अभिलम्ब प्रतिक्रिया	Normal Reaction	घर्षण	Friction
असदृश	Unlike	घर्षण कोण	Angle of Friction
आदर्श	Ideal	घर्षण गुणांक	Coefficient of Friction
आनत	Inclined	घर्षण बल	Frictional Force
आबद्ध	Fixed	घिरनी	Pulley
आरेखीय	Graphical	चकती	Disc
आयत	Rectangular	चतुर्थांश वृत्त	Quarter Circle
आयतन	Volume	छिन्नक	Frustum
आयास	Effort	त्वरित	Accelerate
आलम्ब	Support	तरल	Fluid
उत्थापक मशीन	Lifting Machine	द्वि-आयामी	Two Dimensional
उपकरण	Tool	दबाब	Push
उभार	Peak	दर्पण	Mirror
ऊर्ध्वाधर	Vertical	दक्षता	Efficiency
एकल आयामी	One Dimensional	दक्षिणावर्त	Clockwise
कब्जेदार	Hinge	दृढ़ पिण्ड	Rigid Body
कार्य निर्गम	Work Output	द्रव्यमान	Mass
कार्य निवेश	Work Input	दाँते	Teeth

दिशा	Direction	बेलन	Cylinder
दंतीला पहिया	Cog Wheel	भार	Weight
धरन	Beam	भूमिका	Rationale
धुरी	Axle	महत्व	Significance
न्यूनतम	Minimum	मानक	Standard
निर्देशांक	Co-ordinate	मुक्त पिण्ड	Free Body
निष्कर्ष	Conclusion	मूल्यांकन	Evaluating
पटल	Lamina	मेज	Table
परिमाण	Magnitude	मंदित	Retard
पलड़ा	Pan	यंत्र	Instrument
पहिया	Wheel	यान्त्रिक लाभ	Mechanical Advantage
पाठ्यक्रम	Syllabus	यांत्रिकी	Mechanics
पिण्ड	Body	लकड़ी का मीटर पैमाना	Wooden Meter Scale
पुनर्चक्रण	Recycle	लचीला पिण्ड	Flexible Body
पूर्व अपेक्षित ज्ञान	Pre-Requisites	लम्बकोणीय	Orthogonal
प्रतिक्रिया	Rcaction	लाबवत्	Perpendicular
प्रतिवर्तिता	Reversibility	लम्बवृत्तीय शंकु	Right Circular Cone
प्रतिवर्ती	Reversible	लोटनिक घर्षण	Rolling Friction
प्रतीक	Symbol	व्यासान्तरी	Differential
प्रस्तावना	Preface	व्युत्पन्न	Derived
प्रेक्षण	Observation	वर्ग	Square
प्रेक्षण तालिका	Observation Table	वृत्त	Circle
प्राक्कथन	Foreword	वामावर्त	Anticlockwise
प्रायोगिक	Practical	विकासशीलता	Developing
प्रायोगिक व्यवस्था	Practical Setup	विकृत पिण्ड	Deformable Body
प्रासंगिक	Relevant	वियोजन	Resolution
बल	Force	विरामावस्था	Rest
बल आघूर्ण	Moment	विवेचना	Interpretation
बल गतिकी	Kinetics	विश्लेषण	Analyzing
बाहर निकली	Over Hang	विशिष्ट	Specific
बल निकाय	Force System	विषय सूची	Course Content
बल-युग्म	Couple	विश्राम कोण	Angle of Repose
बहुभुज	Polygon	वेगानुपात	Velocity Ratio
बाह्य / बाहरी	External	वैश्लेषिक	Analytical

शब्दकोष	Glossary
शंकु	Cone
शुद्ध गतिकी	Kinematics
स्थल	Space
स्थानान्तरणशीलता	Transmissibility
स्थैतिक	Statics
स्थैतिकत: अनिर्धार्य	Statically Indeterminate
स्थैतिकत: निर्धार्य	Statically Determinate
स्पर्शज्या	Tangent
स्मरण	Remembering
सकेन्द्रित	Concentrated
सतत्	Continuous
सतह	Surface
सत्यापन	Validation
सदृश	Like
सदिश	Vector
सन्दर्भ अक्ष	Reference Axis
समकोण	Right Angle
समझ	Understanding
सममिति अक्ष	Axis of Symmetry
समतलीय	Coplanar
समलम्ब चतुर्भुज	Trapezium
समवितरित	Uniformly Distributed
समान्तर चतुर्भुज	Parallelogram
समानान्तर	Parallel
सर्पी घर्षण	Sliding Friction
सक्षमता	Competent
साम्यक	Equilibrant
साम्यावस्था	Equilibrium
सावधानियाँ	Precaution
साहुल बॉब	Plumb Bob
सिद्धान्त	Theory
सीमान्त घर्षण	Limiting Friction
संगामी	Concurrent
संपीड्य	Compressible
संयुक्त	Compound
संयोजन	Composition
संरचना	Structure
संरेखीय	Collinear
संक्षेपण	Abbreviations
सृजन	Creating
क्षेत्रफल	Area
क्षैतिज	Horizontal
त्रि-आयामी	Three Dimensional
त्रिभुज	Triangle